JavaEE软件设计与开发的技术研究

李 惠 著

吉林科学技术出版社

图书在版编目（CIP）数据

JavaEE 软件设计与开发的技术研究 / 李惠著. -- 长春 : 吉林科学技术出版社, 2021.11（2023.4重印）
ISBN 978-7-5578-8425-3

Ⅰ. ①J… Ⅱ. ①李… Ⅲ. ①JAVA 语言－程序设计 Ⅳ. ①TP312.8

中国版本图书馆 CIP 数据核字（2021）第 237566 号

JavaEE 软件设计与开发的技术研究

JAVAEE RUANJIAN SHEJI YU KAIFA DE JISHU YANJIU

著　　者　李　惠
出 版 人　宛　霞
责任编辑　王明玲
封面设计　李　宝
制　　版　宝莲洪图
幅面尺寸　185mm×260mm
开　　本　16
字　　数　360 千字
印　　张　16.5
版　　次　2021 年 11 月第 1 版
印　　次　2023 年 4月第 2 次印刷

出　　版　吉林科学技术出版社
发　　行　吉林科学技术出版社
地　　址　长春净月高新区福祉大路 5788 号出版大厦 A 座
邮　　编　130118
发行部电话 / 传真　0431—81629529　81629530　81629531
81629532　81629533　81629534
储运部电话　0431—86059116
编辑部电话　0431—81629520
印　　刷　北京宝莲鸿图科技有限公司

书　　号　ISBN 978-7-5578-8425-3

定　　价　70.00 元

前 言

随着科学信息技术的大力发展，Java 技术也经历了一系列的变革，当前经济的发展和社会的变革促进了各行各业的成长壮大，在信息化时代的 21 世纪，各类行业的快速发展对信息管理系统需求越来越大，信息化网络平台的建设越来越重要，在这样的情况下，Java EE 信息管理系统就应运而生。

Java EE 是互联网时代最为先进的面向对象计算机软件设计与开发技术，其采用了四层开发框架，构建了 JSP、Servlet 等多种组件，能够简化软件开发部署环境、提高代码的可重用性、提高系统开发的时效性、缩短软件开发周期和改进软件质量。Java EE 信息管理系统的出现，在一定程度上满足了社会主义现代化发展的需求，也满足了信息快速发展和海量数据信息处理的内在需要。基于 Java EE 的重要作用，本书就此对 Java EE 软件设计与开发技术进行探索与分析，希望能够为广大研究者提供理论的借鉴与参考，也为更好地促进 Java EE 软件系统的开发与设计提供良好的借鉴。

本书分为七章。第一章介绍了 Java EE 基本理论，包括 Java EE 产生的背景、定义、优势、编程思想、核心技术、技术框架、开发环境等；第二章到第四章分别对 JSP、JDBC、Servlet 等 Java EE 开发的基础技术进行了阐述；第五章到第七章集中论述了基于轻量级 SSH（Struts2+Hibernate+Spring）框架开发的原理和技术。本书内容齐全，理论与实践结合，既可作为高等院校计算机软件开发技术课程的教材，也可作为软件开发从业人员的技术参考书。

由于时间仓促，加之笔者水平有限，书中的错漏之处在所难免，诚请广大专家、读者给予批评指正。

目 录

第 1 章　Java EE 概述

1.1　Java EE 产生的背景

随着社会信息化程度的不断提高，越来越多的程序设计人员需要开发企业级的应用程序。为了满足开发企业级应用的需求，1998 年，Sun 公司在 J2SE（Java 2 Platform Standard Edition）的基础上，提出了 J2EE（Java 2 Platform Enterprise Edition）。自 2005 年 J2EE 5.0 版本推出以后，Sun 正式将 J2EE 的官方名称改为 Java EE。2009 年 Sun 公司被 Oracle 公司收购，因此 Java EE 也转归 Oracle 公司所有。

1.1.1　企业级应用程序特征

所谓企业级应用程序，并不是特指为企业开发的应用软件，而是泛指那些为大型组织部门创建的应用程序。与常见的应用程序相比，企业级应用程序一般具有以下特征。

（1）多用户。企业级应用通常需要服务大量用户群体，少则是一个单位或组织内的几十名员工，多则是数以亿计的社会人群。

（2）分布式。企业级应用程序通常不是运行在某个单独的 PC 上，而是通过局域网运行在某个组织内部，或通过 Internet 连接分布在世界各地的部门或用户。

（3）连续性。企业级应用通常需要 24×7 连续不停地运转，即使是短暂的服务中断也可能是无法接受的，如铁路调度系统、电子商务网站等。

（4）多变性。社会环境瞬息万变，企业组织必须不断地改变业务规则来适应社会信息的高速变化，相应地，对应用程序也不断提出新的需求。企业级应用程序必须具备弹性来及时适应需求的改变，同时又尽可能地减少资金的投入。

（5）可扩展性。在网络环境内，应用的潜在用户可能成百上千，企业级应用除了要考虑更加有效地利用企业不断增长的信息资源，还要充分考虑用户群体的膨胀给应用带来的性能上的扩展需求。

（6）安全性。维护应用系统的正常操作和运转，对于企业的成功来说至关重要。但仅仅做到这一点还不够，企业应用还必须保证企业信息的安全和系统运行的可靠。

（7）集成化。企业应用除了满足自身的需求外，还经常需要与其他信息系统进行交互对接。例如，一个电子商务网站通常需要与物流信息系统和电子支付系统进行交互。

Java EE 是专为解决企业级应用开发提出的，牢记企业应用的上述特征是深入理解和灵活运用 Java EE 开发技术的前提和基础。

1.1.2 企业级应用程序体系结构

应用程序体系结构是指应用程序内部各组件间的组织方式。企业级应用程序的体系结构的设计经历了从两层结构到三层结构再到多层结构的演变过程。

1. 两层体系结构应用程序

两层体系结构应用程序分为客户层（Client）和服务器层（Server），因此又称为C/S模式。在两层体系结构中，客户层的客户端程序负责实现人机交互、应用逻辑、数据访问等职能；服务器层由数据库服务器来实现，主要职能是提供数据库服务。这种体系结构的应用程序有以下三个缺点：

（1）安全性低。客户端程序与数据库服务器直接连接，非法用户容易通过客户端程序侵入数据库，造成数据损失。

（2）部署困难。集中在客户端的应用逻辑导致客户端程序肥大，而且随着业务规则的不断变化，需要不断更新客户端程序，大大增加了程序部署工作量。

（3）耗费系统资源。每个客户端程序都要直接连到数据库服务器，使服务器为每个客户端建立连接而消耗大量宝贵的服务器资源，导致系统性能下降。

2. 三层体系结构应用程序

为解决两层体系结构应用程序带来的问题，软件开发领域又提出了三层体系结构应用程序，在两层体系结构应用程序的客户层与服务器层之间又添加了一个第三层——应用服务器层。这样应用程序共分为客户层、应用服务器层、数据服务器层三个层次。与两层体系结构的应用相比，三层体系结构应用程序的客户层功能大大减弱，只用来实现人机交互，原来由客户层实现的应用逻辑、数据访问职能都迁移到应用服务器层上来实现，因此客户层通常被称作“瘦客户层”。数据服务层仍旧仅提供数据信息服务。由于客户层应用程序通常由一个通用的浏览器（Browser）程序实现，因此这种体系结构又被称作B/S模式或“瘦客户端”模式。应用服务器层是位于客户层与数据服务器层中间的一层，因此应用服务器被称作“中间件服务器”或“中间件”，应用服务器层又被称作“中间件服务器层”。

相对于两层体系结构的应用程序，三层体系结构的应用程序具有以下优点：

（1）安全性高。中间件服务器层隔离了客户端程序对数据服务器的直接访问，保护了数据信息的安全。

（2）易维护。由于业务逻辑在中间件服务器上，当业务规则变化后，客户端程序基本不做改动，只需要升级应用服务器层的程序即可。

（3）快速响应。通过中间件服务器层的负载均衡以及缓存数据能力，可以大大提高对客户端的响应速度。

（4）系统扩展灵活。基于三层分布体系的应用系统，可以通过在应用服务器部署新的程序组件来扩展系统规模；当系统性能降低时，可以在中间件服务器层部署更多的应用服务器来提升系统性能，缩短客户端的响应时间。

3. 多层体系结构应用程序

可以将中间件服务器层按照应用逻辑进一步划分为若干个子层，这样就形成了多层体系结构的应用程序。关于多层体系结构应用程序，类似于三层体系结构，此处不再赘述。在有些文献中也将三层以及三层以上的体系结构应用程序统称为多层体系结构应用程序。

为了满足开发多层体系结构的企业级应用的需求，Sim 公司在早期的 J2SE 基础上，针对企业级应用的各种需求提出了 Java EE。

1.2　Java EE 定义

Java EE 是一种利用 Java 2 平台来简化企业解决方案开发、部署和管理相关的复杂问题的体系结构。Java EE 技术的基础就是核心 Java 平台或 Java 2 平台的标准版，其不仅巩固了标准版中的许多优点，如“编写一次、随处运行”的特性、方便存取数据库的 JDBC API、CORBA 技术以及能够在 Internet 应用中保护数据的安全模式等，同时还提供了对 EJB（Enterprise Java beans）、Java Servlets apl、JSP（Java Server Pages）以及 XML 技术的全面支持。其最终目的就是成为一个能够帮助企业开发者大幅缩短投放市场时间的体系结构。

Java EE 体系结构提供中间层集成框架用来满足无须太多费用而又要求高可用性、高可靠性以及可扩展性的应用需求。通过提供统一的开发平台，Java EE 降低了开发多层应用的费用和复杂性，同时提供对现有应用程序集成强有力支持，完全支持 Enterprise JavaBeans，有良好的向导支持打包和部署应用，添加目录支持，增强了安全机制，提高了性能。

1.2.1 Java EE 是一个标准中间件体系结构

不要被名称 Java Platform Enterprise Edition 误导，与 Java 不同，Java EE 是一种体系结构，而不是一门编程语言。Java 是一门编程语言，可以用来编写各种应用程序。Java EE 是一个标准中间件体系结构，旨在简化和规范分布式多层企业应用系统的开发和部署。

在 Java EE 出现之前，分布式多层企业应用系统的开发和部署没有一个被普遍认可的行业标准，几家主要的中间件开发商的产品各自为政，彼此之间缺乏兼容性，可移植性差，难以实现互操作。Java EE 的出现，规范了分布式多层体系的应用开发。Java EE 将企业应用程序划分为多个不同的层，并在每一层上定义对应的组件来实现它。典型的 Java EE 结构的应用程序包括四层：客户层、表示逻辑层（Web 层）、业务逻辑层和企业信息系统层。

客户层可以是网络浏览器或者桌面应用程序。

表示逻辑层（Web 层）、业务逻辑层都位于应用服务器上，它们都是由一些 Java EE 标准组件 JSP（Java Server Page）、Servlet、EJB（Enterprise Java Beans）和 Entity 等来实现的，这些组件运行在实现了 Java EE 标准的应用服务器上，以实现特定的表示逻辑和业务逻辑。

企业信息系统层主要用于企业信息的存储管理，主要包括数据库系统、电子邮件系统、目录服务系统等。Java EE 应用程序组件经常需要访问企业信息系统层来获取所需的数据信息。

Java EE 出现之前，企业应用系统的开发和部署没有被普遍认可的行业标准。Java EE 体系架构的实施可显著地提高企业应用系统的可移植性、安全性、可伸缩性、负载平衡和可重用性。

1.2.2 Java EE 是企业分布式应用开发标准集

Java EE 不但定义了企业级应用的架构体系，还在此基础上定义了企业级应用的开发标准。作为一个企业级应用开发标准集合，Java EE 主要包含以下内容：

（1）Java EE 规范了企业级应用组件的开发标准。Java EE 定义的组件类型有 Servlet、EJB、WebSocket 等。Java EE 标准规定了这些组件应该实现哪些接口方法。开发人员需要根据这些标准来开发相应的应用组件。

（2）Java EE 规范了容器提供的服务标准。组件的运行环境称为容器，容器通过提供标准服务来支持组件的运行。不同的组件由不同的容器来支撑运行。如 JSP 组件和 Servlet 运行在 Web 容器中，EJB 组件运行在 EJB 容器中。在 Java EE 规范中，容器实现的标准服务有安全、事务管理、上下文和依赖注入、校验和远程连接等。各容器厂商需要根据服务标准来开发相应的容器产品。

（3）Java EE 规范了企业信息系统的架构标准。为规范大型企业应用系统设计中的导航控制、数据校验、数据持久化等共性问题，Java EE 提出了 JSF 和 JPA 等架构，帮助程序设计人员改善应用开发的进度和质量。

Java 标准制定组织（Java Community Process，JCP）领导着 Java EE 规范和标准的制定，开发人员可以从网址 https://jcp.org/en/jsr/detail?id=366 下载最新的 Java EE 8 规范。截至 2017 年 10 月，最新的 Java EE 8 规范包含 32 个具体的标准。

需要强调的是，Java EE 规范只是一个标准集，它不定义组件和容器的具体实现。容器由第三方厂商如 Oracle、IBM 来实现，通常被称为应用服务器。而组件由开发人员根据具体的业务需求来实现，各种不同类型的组件部署在容器里，最终构成了 Java EE 企业应用系统。

尽管不同的厂家有不同的容器产品实现，但它们都遵循同一个 Java EE 规范。因此遵循 Java EE 标准的组件，可以自由部署在这些由不同厂商生产，但相互兼容的 Java EE 容器环境内。企业级系统的开发由此变得简单高效。

随着 JavaEE 版本的升级，它所包含的技术规范越来越多。为了降低容器厂商支持 Java EE 规范的难度，Java EE 提出了 Profile 的概念。Profile 是针对特定应用领域的一个技术规范子集，它剪切掉了一些很少使用的技术，使得 Java EE 变得更加简洁，也便于开发商实现。目前 Java EE 规范中支持的唯一一个 Profile 是 Web Profile，它专门用来支持企业 Web 应用的开发。例如，Apache Tomcat 就是仅仅实现了 Web Profile 的应用服务器。

1.3 Java EE 的优势

Java EE 为搭建具有可伸缩性、灵活性、易维护性的商务系统提供了良好的机制。

1.3.1 保留现存的 IT 资产

由于企业必须适应新的商业需求，所以利用已有的企业信息系统方面的投资而不是重新制订全盘方案就变得很重要。这样，一个以渐进的（而不是激进的、全盘否定的）方式建立在已有系统之上的服务器端平台机制是公司所需求的。Java EE 架构可以充分利用用户原有的投资，如一些公司使用的 BEA Tuxedo、IBM CICS、IBM Encina、Inprise VisiBroker 以及 Netscape Application Server。这之所以成为可能是因为 Java EE 拥有广泛的业界支持和一些重要的“企业计算”领域供应商的参与。每一个供应商都对现有的客户提供了不用废弃已有投资并进入可移植的 Java EE 领域的升级途径。由于基于 Java EE 平台的产品几乎能够在任何操作系统和硬件配置上运行，现有的操作系统和硬件也能被保留使用。

1.3.2 高效的开发

Java EE 允许公司把一些通用的、很烦琐的服务端的任务交给中间件供应商去完成。这样开发人员可以把精力集中在如何创建商业逻辑上，相应地缩短了开发时间。高级中间件供应商提供以下这些复杂的中间件服务：

状态管理服务——让开发人员写更少的代码，不用关心如何管理状态，这样能够更快地完成程序开发。

持续性服务——让开发人员不用对数据访问逻辑进行编码就能编写应用程序，能生成更轻巧的、与数据库无关的应用程序，这种应用程序更易于开发与维护。

分布式共享数据对象 Cache 服务——让开发人员编制高性能的系统，极大地提高整体部署的伸缩性。

1.3.3 支持异构环境

Java EE 能够开发部署在异构环境中的可移植程序。基于 Java EE 的应用程序不依赖任何特定操作系统、中间件、硬件，因此设计合理的基于 Java EE 的程序只需开发一次就可部署到各种平台，这在典型的异构企业计算环境中是十分关键的。Java EE 标准也允许客户订购与 Java EE 兼容的第三方的现成的组件，把它们部署到异构环境中，节省了由自己制订整个方案所需的费用。

1.3.4 可伸缩性

企业必须要选择一种服务器端平台，这种平台应能提供极佳的可伸缩性去满足那些在它们系统上进行商业运作的大批新客户。基于 Java EE 平台的应用程序可被部署到各种操作系统上，如可被部署到高端 UNIX 与大型机系统，这种系统单机可支持 64~256 个处理器（这是NT服务器所望尘莫及的）。Java EE 领域的供应商提供了更为广泛的负载平衡策略。能消除系统中的瓶颈，允许多台服务器集成部署。这种部署可达数千个处理器，实现可高度伸缩的系统，满足未来商业应用的需要。

1.3.5 稳定的可用性

一个服务器端平台必须能全天候运转以满足公司客户、合作伙伴的需要。因为 Internet 是全球化的、无时无处不在的，即使在夜间按计划停机也可能造成严重损失。若是意外停机，会有灾难性后果。Jave EE 部署到可靠的操作环境中，它支持长期的可用性。一些 Java EE 部署在 Windows 环境中，客户也可选择健壮性能更好的操作系统如 Sun solaris、IBM OS/390。最健壮的操作系统可达到 99.999% 的可用性或每年只需 5min 停机时间。这是实时性较强的商业系统的理想选择。

1.4　Java EE 编程思想

Java EE 为满足开发多层体系结构的企业级应用的需求，提出“组件—容器”的编程思想。Java EE 应用的基本软件单元是 Java EE 组件。所有的 Java EE 组件都运行在特定的运行环境之中。组件的运行环境被称为容器。Java EE 组件分为 Web 组件和 EJB 组件，相应地，Java EE 容器也分为 Web 容器和 EJB 容器。

容器为组件提供必需的底层基础功能，容器提供的底层基础功能被称为服务。组件通过调用容器提供的标准服务来与外界交互。为满足企业级应用灵活部署，组件与容器之间必须既松散耦合，又能够高效交互。为实现这一点，组件与容器都要遵循一个标准规范。这个标准规范就是 Java EE。

Java EE 容器由专门的厂商来实现，容器必须实现的基本接口和功能由 Java EE 规范定义，但具体如何实现完全由容器厂商自己决定。常见的 Java EE 服务器中都包含 Web 容器或 EJB 容器的实现。组件一般由程序员根据特定的业务需求编程实现。

所有的 Java EE 组件都是在容器的 Java 虚拟机中进行初始化的，组件通过调用容器提供的标准服务来与外界交互。容器提供的标准服务有命名服务、数据库连接、持久化、Java 消息服务、事务支持、安全服务等。因此在分布式组件的开发过程中，完全可以不考虑复杂多变的分布式计算环境，而专注于业务逻辑的实现，这样可大大提高组件开发的效率，降低开发企业级应用程序的难度。

那么组件与容器之间是如何实现交互的呢？即容器如何知道要为组件提供何种服务，组件又是如何来获取容器提供的服务呢？ Java EE 采用部署描述文件来解决这一难题。每个发布到服务器上的应用除了要包含自身实现的代码文件外，还要包括一个 XML 文件，称为部署描述文件。部署描述文件中详细描述了应用中的组件所要调用的容器服务的名称、参数等。部署描述文件就像组件与容器间达成的一个“契约”，容器根据部署描述文件的内容为组件提供服务，组件根据部署文件中的内容来调用容器提供的服务。

部署描述文件的配置是 Java EE 开发中的一项重要而又烦琐的工作。值得庆幸的是，自 Java EE 5 规范推出以来，Java EE 支持在组件的实现代码中引入注解来取代配置复杂的部署描述文件。所谓注解，是 JDK 5 版本后支持的一种功能机制，它支持在 Java 组件的源代码中嵌入元数据信息，在部署或运行时应用服务器将根据这些元数据对组件进行相应的部署配置。关于注解，后面的章节中还会详细论述。容器在组件部署时通过提取注解信息来决定如何为组件提供服务。注解的出现大大简化了 Java EE 应用程序的开发和部署，是 Java EE 规范的一项重大进步。

更值得一提的是，从 Java EE 6 规范开始，还引入了一种“惯例优于配置”或者称为“仅异常才配置”的思想。通俗一点讲，就是对于 Java EE 组件的一些属性和行为，容器将按照一些约定俗成的惯例来自动进行配置，此时开发人员甚至连注解都可以省略。只有当组件的属性和行为不同于惯例时，才需要进行配置。这种编程方式大大降低了程序人员的工作量，也是需要开发人员逐渐熟悉和适应的一种编程技巧。

1.5　Java EE 核心技术

Java EE 作为一个分布式企业应用开发平台，通过一系列的企业应用开发技术来实现。其技术框架可分为三部分：组件技术、服务技术和通信技术。其中，组件是构成 Java EE 应用的基本单元，组件包括客户端组件、Web 组件和 EJB 组件。服务技术是指方便编程的各种基础服务技术，如命名服务、事务处理、安全服务、数据库连接。而通信技术则是提供客户和服务器之间，以及服务器上不同组件之间的通信机制等，相关支持技术包括 RMI、消息技术等。下面对 Java EE 中的常用技术规范进行简要的介绍。

JDBC（Java Database Connectivity）：JDBC API 为访问不同的数据库提供了一种统一的机制，像 ODBC 一样，JDBC 使操纵数据库的细节对开发者透明。另外，JDBC 对数据库的访问也具有平台无关性。

JNDI（Java Name and Directory Interface）：JNDI API 被用于执行名字和目录服务。它提供了一致的模型来存取和操作企业级的资源，如 DNS 和 LDAP，本地文件系统或应用服务器中的对象。

EJB（Enterprise Jav Bean）：Java EE 技术之所以赢得广泛重视的原因之一就是 EJB。它们提供了一个框架来开发和实施分布式商务逻辑，由此很显著地简化了具有可伸缩性和高度复杂的企业级应用的开发。EJB 规范定义了 EJB 组件在何时如何与它们的容器进行交互作用。容器负责提供公用的服务，如目录服务、事务管理、安全性、资源缓冲池以及容错性。需要说明的是，EJB 并不是实现 Java EE 企业应用的唯一渠道，它的意义在于：它是专为分布式大型企业应用而设计，用它编写的程序具有良好的可扩展性和安全性。

RMI（Remote Method Invoke）：RMI 协议调用远程对象上的方法。它使用了序列化方式在客户端和服务器端传递数据。RMI 是一种被 EJB 使用的更底层的协议。

Java IDL/CORBA（Java Interface Definition Language/Common Object Request Broker Architecture）：Java 接口定义语言 / 公用对象请求代理结构。为 Java 平台添加了公用对象请求代理体系结构（Common Object Request Broker Architecture，CORBA）功能，从而可提供基于标准的互操作性和连接性。Java IDL 使分布式、支持 Web 的 Java 应用程序可利用 Object Management Group 定义的行业标准对象管理组接口定义语言（Object Management Group Interface Definition Language，OMG IDL）及 Internet 对象请求代理间协

议（Internet Inter-ORB Protocol，HOP）来透明地调用远程网络服务。运行时组件包括一个全兼容的 Java ORB，用于通过 IIOP 通信进行分布式计算。

JSP（Java Server Pages）：JSP 页面由 HTML 代码和嵌入其中的 Java 代码所组成。服务器在页面被客户端所请求以后对这些 Java 代码进行处理，然后将生成的 HTML 页面返回给客户端的浏览器。

Java Servlet：Servlet 是一种小型的 Java 程序，它扩展了 Web 服务器的功能。作为一种服务器端的应用，当被请求时开始执行。Servlet 提供的功能大多与 JSP 一致，只是二者的构成不同。JSP 通常是在大多数 HTML 代码中嵌入少量的 Java 代码，而 Servlet 全部由 Java 写成并且生成 HTML。

XML（Extensible Markup Language）：扩展的标记语言，是一种可以用来定义其他标记语言的语言。作为数据交换和数据共享的语言，适用于很多的应用领域。XML 的发展和 Java 是相互独立的，但是，它和 Java 具有相同的目标：平台独立性。通过将 Java 和 XML 的组合，可以得到一个完美的具有平台独立性的解决方案。

JMS（Java Message Service）：Java 消息服务，是用于和面向消息的中间件相互通信的应用程序接口（API）。它既支持点对点的域，又支持发布 / 订阅（Publish/subscribe）类型的域，并且提供对下列类型的支持：经认可的消息传递、事务型消息的传递、一致性消息和具有持久性的订阅者支持。JMS 还提供了另一种方式来对用户应用与旧的后台系统相集成。使用 JMS 能够通过消息收发服务（有时称为消息中介程序或路由器）从一个 JMS 客户机向另一个 JMS 客户机发送消息。消息是 JMS 中的一种类型对象，由两部分组成：报头和消息主体。报头由路由信息以及有关该消息的元数据组成，消息主体则携带着应用程序的数据或有效负载。

JTA（Java Transaction Architecture）：Java 事务体系结构，定义了一组标准的 API，应用系统由此可以访问各种事务监控。

JTS（Java Transaction Service）：Java 事务服务，是 CORBA OTS（Object Transaction Service）事务监控的基本实现。JTS 规定了事务管理器的实现方式。该事务管理器是在高层支持 Java Transaction apl（JTA）规范，并且在较低层实现 OMG OTS Specification 的 Java 映像。JTS 事务管理器为应用服务器、资源管理器、独立的应用以及通信资源管理器提供了事务服务。

Java Mail：Java Mail 是用于存取邮件服务器的 API，它提供了一套邮件服务器的抽象类。它不仅支持 SMTP 服务器，也支持 IMAP 服务器。

JAF（Java Beans Activation framework）：JavaMa 利用 JAF 来处理 MME 编码的邮件附件。MIME 的字节流可以被转换成 Java 对象，或者转换自 Java 对象。大多数应用都可以不需要直接使用 JAF。

1.6 Java EE 技术框架

作为一个企业分布式应用开发标准集，Java EE 由一系列的企业应用开发技术来最终实现。Java EE 技术框架可以分为四个部分：组件技术、服务技术、通信技术和架构技术。

1.6.1 组件技术

组件是 Java EE 应用的基本单元。Java EE 8 提供的组件主要包括三类：客户端组件、Web 组件和业务组件。

1. 客户端组件

Java EE 客户端既可以是一个 Web 浏览器、一个 Applet，也可以是一个应用程序。

（1）Web 浏览器

Web 浏览器又称为瘦客户。它通常只进行简单的人机交互，不执行如查询数据库、业务逻辑计算等复杂操作。

（2）Applet

Applet 是一个用 Java 语言编写的小程序，运行在浏览器上的虚拟机里，通过 HTTP 等协议和服务器进行通信。

（3）应用程序客户端

Java EE 应用程序客户端运行在客户端机器上，它为用户处理任务提供了比标记语言更丰富的接口。典型的 Java EE 应用程序客户端拥有通过 Swing 或 AWT API 建立的图形用户界面。应用程序客户端直接访问服务器在 EJB 容器内的 EJB 组件。当然，Java EE 客户应用程序也可像 Applet 客户那样通过 HTTP 连接与服务器的 Servlet 通信。与 Applet 不同的是，应用程序客户端一般需要在客户端进行安装，而 Applet 是通过 Web 下载，无须专门安装。

2.Web 组件

Web 组件是在 Java EE Web 容器上运行的软件程序。它的功能是基于 HTTP 协议对 Web 请求进行响应。这些响应其实是动态生成的网页。用户每次在浏览器上单击一个链接或图标，实际上是通过 HTTP 请求向服务器发出请求。Web 服务器负责将 Web 请求传递给 Web 组件。Java EE 平台的 Web 组件对这些请求进行处理后生成动态内容再通过 Web 容器返回给客户端。

Java EE Web 组件包括 Servlet、JSP 和 WebSocke。

Servlet 是 Web 容器里的程序组件。Servlet 实质上是动态处理 HTTP 请求和生成网页的 Java 类。

JSP 是 Servlet 的变形，它像是文本格式的 Servlet，它的写法有些像写网页，这样就为应用开发者（特别是不熟悉 Java 语言的）提供了方便，JSP 在 Web 容器内会被自动编译为 Servlet，编写 JSP 比编写 Servlet 程序更简洁。

WebSocket 用来实现客户端与服务器之间基于连接的交互。

3. 业务组件

业务组件指运行在业务逻辑层的组件，它们主要完成业务逻辑处理功能。业务组件包含 EJB 组件和 Entity 组件两大类。EJB 组件用于实现特定的应用逻辑，而不是像 Web 组件一样负责处理客户端请求并生成适应客户端格式要求的动态响应。EJB 组件能够从客户端或 Web 容器中接收数据并将处理过的数据传送到企业信息系统来存储。由于 EJB 依赖 Java EE 容器进行底层操作，使用 EJB 组件编写的程序具有良好的扩展性和安全性。Java EE 支持两种类型的 EJB 组件：Session Bean（会话 Bean）和 Message-Driven Bean（消息驱动 Bean）。

Entity 组件主要用来完成应用数据的持久化操作。

1.6.2 服务技术

Java EE 容器为组件提供了各种服务，这些服务是企业应用经常用到但开发人员难以实现的，如命名服务、部署服务、数据连接、数据事务、安全服务和连接框架等。现在这些服务已经由容器实现，因此 Java EE 组件只要调用这些服务就可以了。

1. 命名服务

Java EE 命名服务提供应用组件（包括客户、EJB、Servlet、JSP 等）程序命名环境。在传统的面向对象编程中，如果一个类 A 要调用另一个类 B，A 需要知道 B 的源程序然后在其中创建一个 B 的实例。当一方程序改变时，就要重新编译，而且类之间的连接比较混乱。JNDI（Java Naming and Directory Interface，Java 命名和目录服务接口）简化了企业应用组件之间的查找调用。它提供了应用的命名环境（Naming Environment）。这就像一个公用电话簿，企业应用组件在命名环境注册登记，并且通过命名环境查找所需其他组件。

JNDI API 提供了组件进行标准目录操作的方法，如将对象属性和 Java 对象联系在一起，或者通过对象属性来查找 Java 对象。

2. 数据连接服务

数据库访问几乎是任何企业应用都需要实现的。JDBC（Java DataBase Connectivity，Java 数据库连接）API 使 Java EE 平台和各种关系数据库之间连接起来。JDBC 技术提供

Java 程序和数据库服务器之间的连接服务，同时它能保证数据事务的正常进行。另外，JDBC 提供了从 Java 程序内调用 SQL 数据检索语言的功能。Java EE 8 平台使用 JDBC 4.1。

3. Java 事务服务

JTA（Java Transaction API，Java 事务 API）允许应用程序执行分布式事务处理——在两个或多个网络计算机资源上访问并且更新数据。JTA 用于保证数据读写时不会出错。当程序进行数据库操作时，要么全部成功完成，要么一点也不改变数据库内容。最怕的是在数据更改过程中程序出错，那样整个系统的业务状态和业务逻辑就会陷入混乱。所以，数据事务有一个“不可分微粒”的概念，它是指一次数据事务过程不能间断，JTA 保证应用程序的数据读写进程互相不干扰。如果一个数据操作能整个完成，它就会被批准；否则，应用程序服务器就当什么都没做。应用程序开发者不用自己实现这些功能，从而简化了数据操作。数据事务技术使用 JTA 的 API，它可以在 EJB 层或 Web 层实现。

4. 安全服务

JAAS（Java Authentication Authorization Service，Java 验证和授权服务）提供了灵活和可伸缩的机制来保证客户端或服务器端的 Java 程序。Java 早期的安全框架强调的是通过验证代码的来源和作者，保护用户避免受到下载下来的代码的攻击。JAAS 强调的是通过验证谁在运行代码以及他 / 她的权限来保护系统免受用户的攻击。它让用户能够将一些标准的安全机制，如 Solaris NIS（网络信息服务）、WindowsNT、LDAP（轻量目录存取协议）或 Kerberos 等通过一种通用的可配置的方式集成到系统中。

5. Java 连接框架

JCA（Java Connector Architecture，Java 连接框架）是一组用于连接 Java EE 平台到企业信息系统（EIS）的标准 API。企业信息系统是一个广义的概念，它指企业处理和存储信息数据的程序系统，譬如企业资源计划（ERP）、大型机数据事务处理以及数据库系统等。由于很多系统已经使用多年，这些现有的信息系统又称为遗产系统（Legacy System），它们不一定是标准的数据库或 Java 程序，如非关系数据库等系统。JCA 定义了一套扩展性强、安全的数据交互机制，解决了遗留系统与 EJB 容器和组件的集成问题。这使 Java EE 企业应用程序能和其他类型的系统进行通话。

6. Web 服务

Web 服务通过基于 XML 的开放标准使企业之间进行信息连接，企业使用基于 XML 的 Web 服务描述语言（Web Services Description Language，WSDL）来描述它们的 Web 服务（比如银行转账、价格查询等）；通过 Internet，系统之间可以使用 Web 服务注册来查找被登记的服务目录，这样就真正实现了在 Internet 上的信息查询和交换。Java 的 Web 服务实现主要提供与 XML 和 Web 服务协议有关的 API 等。

7. 上下文和依赖注入

上下文和依赖注入（Contexts and Dependency Injection，CDI）使得容器以类型安全的松耦合的方式为 EJB 等组件提供一种上下文服务。它将 EJB 等受控组件的生命周期交由容器来管理，降低了组件之间的耦合度，大大提高了组件的重用性和可移植性。

1.6.3 通信技术

Java EE 通信技术提供了客户和服务器之间及在服务器上不同组件之间的通信机制。Java EE 平台支持几种典型的通信技术：Internet 协议、RMI（Remote Method Invocation，远程方法调用）、OMGP（Object Manage Group Protocol，对象管理组协议）、消息技术（Messaging）等。

1. Internet 协议

Java EE 平台能够采用通用的 Internet 协议实现客户服务器和组件之间的远程网络通信。

TCP/IP（Transport Control Protocol over Internet Protocol，互联协议之上的传输控制协议）是 Internet 在传输层和 Web 层的核心通信协议。

HTTP 是在互联网传送超文本文件的协议。HTTP 消息包括从客户端到服务器的请求和从服务器到客户端的响应，HTTP 协议和 Web 浏览器被称为 Internet 最普及和最常用的功能。大多数 Web 服务器都提供 HTTP 端口和互联网进行通信，在 HTTP 之上的 SOAP（Simple Object Access Protocol，简单对象访问协议）成为受到广泛关注的 Web 服务基础协议。目前使用最广泛的版本为 HTTP 1.1，不过随着 HTTP2 以更优异的性能和安全性被广泛应用，Java EE 8 规范中也提供了对 HTTP2 的支持。

SSL 3.0（Secure Socket Layer，安全套接字层）是 Web 的安全协议。它在 TCP/IP 之上对客户和服务器之间的 Web 通信信息进行加密而不被窃听，它可以和 HTTP 共同使用（HTTPS）。服务器可以通过 SSL 对客户进行验证。

2. RMI

RMI 是 Java 的一组用于开发分布式应用程序的 API。RMI 使用 Java 语言接口定义了远程对象（在不同机器操作系统的程序对象），它结合了 Java 序列化（Java serialization）和 Java 远程方法协议（Java Remote Method Protocol）。简单地说，这样使原先的程序在同一操作系统的方法调用，变成了不同操作系统之间程序的方法调用。由于 Java EE 是分布式程序平台，它以 RMI 机制实现程序组件在不同操作系统之间的通信。比如，一个 EJB 可以通过 RMI 调用网络上另一台机器上的 EJB 远程方法。

3. OMGP

OMGP 协议允许在 Java EE 平台上的对象通过 CORBA 技术和远程对象通信。CORBA 对象以 IDL（Interface Define Language，接口定义语言）定义，程序对象以 IDL 编译器使对象和 ORB（Object Request Broker，对象请求中介）连接；ORB 就像是程序对象之间的介绍人，它帮助程序对象相互查找和通信，ORB 使用 HOP（Internet Inter-ORB Protocol，Internet 间对象请求代理协议）和对象进行通信；OMG 是一个广义的概念，Java EE 平台要使用 Java IDL 和 RMI-IIOP 来实现 OMG。

4. Java 通信服务技术

Java EE 结合使用 RMI 和 OMG 来提供组件间的通信服务。Java IDL 允许 Java 客户通过 CORBA 调用使用 IDL 定义了的远程对象，它属于 Java 标准版的技术，它提供的编译器可以根据 CORBA 对象生成粧（stub，Java 客户端接口）：Java 客户连接粧并以 CORBA API 访问 CORBA 对象，编写 Java RMI 和 CORBA 的程序比较复杂，Java EE 应用服务器的好处是将此过程进行了简化，开发人员可以不必考虑很多多层 RMI 和 CORBA 的细节，只要理解其基本概念和使用方法就够了。

5.Java 消息技术和邮件技术

JMS（Java Message Service，Java 消息服务）API 允许 Java EE 应用程序访问企业消息系统，如 IBMMQ 系列产品和 JBoss 的 JBossMQ。在 Java EE 平台上，消息服务依靠消息 EJB 来实现。

Java 邮件（Java Mail）API 提供能进行电子邮件通信的一套抽象类和接口。它们支持多种电子邮件格式和传递方式。Java 应用可以通过这些类和接口收发电子邮件，也可以对其进行扩充。

1.6.4 架构技术

在 Java EE 6 之前的 Java EE 规范中，主要从微观的角度来规范企业应用的开发，关注的重点在组件级别上如何处理应用服务器与客户端的交互以及 Java EE 组件与容器之间的交互。但随着 Java EE 的广泛应用，在 Java EE 企业应用的构建过程中一些架构层面上的共性问题（如页面导航、国际化、数据持久化、输入校验等）逐渐显现。这些问题是每个 Java EE 开发人员构建企业应用时几乎都会遇到的，但 Java EE 规范并没有对此给出答案，因此，各种第三方架构大行其道，如 Struts 2、Hibernate、Spring、Seam 等。这些众多的框架给开发人员带来了很大的学习压力，也给 Java EE 服务器厂商带来了更多的麻烦，限制了他们为 Java EE 应用提供更高级的支持。因此，从 Java EE 6 规范开始，Java EE 吸收了业界流行的架构优点，增加了架构方面的一些规范标准。

1. JSF

JSF（Java Server Faces）是一种用于构建 Java EE Web 应用表现层的框架标准。它提供了一种以组件为中心的事件驱动的用户界面构建方法，从而大大简化了 Java EE Web 应用的开发。通过引入基于组件和事件驱动的开发模式，使开发人员可以使用类似于处理传统桌面应用界面的方式来开发 Web 应用程序。JSF 还通过将良好构建的模型 - 视图 - 控制器（MVC）设计模式集成到它的体系结构中，使行为与表达清晰分离，确保了应用程序具有更高的可维护性。Java EE 8 规范中包含的 JSF 的版本为 2.3。

2. JPA

持久化对于大部分企业应用来说都是至关重要的，因为企业应用中的大部分信息都需要持久化存储到关系数据库等永久介质中。尽管有不少选择可以用来构建应用程序的持久化层，但是并没有一个统一的标准可以用在 Java EE 环境中。作为 Java EE 规范中的一部分，JPA（Java Persistence API，Java 持久化应用接口）规范了 Java 平台下的持久化实现，大大提高了应用的可移植性。Java EE 8 规范中包含的 JPA 的版本为 2.2。

3. Bean Validation

输入校验是企业应用中一项重要又十分烦琐的任务。在 Java EE 分层架构的应用中，每一层都需要对企业数据进行校验。然而对于同一个业务数据多次重复实现同样的验证逻辑并不是好的设计方法，它既容易出错，还降低了应用的可维护性。为实现企业数据的统一校验，Java EE 提出了 Bean Validation 规范。Java EE 8 规范中包含的 Bean Validation 的版本为 2.0。

4. Java EE 体系架构的优点

Java EE 体系架构具有以下优点：

（1）独立于硬件配置和操作系统。Java EE 应用运行在 JVM（Java Virtual Machine，Java 虚拟机）上，利用 Java 本身的跨平台特性，独立于硬件配置和操作系统。JRE（Java 2 Runtime Environment，Java 运行环境）几乎可以运行于所有的硬件 / 操作系统组合之上。因此 Java EE 架构的企业应用使企业免于高昂的硬件设备和操作系统的再投资，保护已有的 IT 投资。

（2）坚持面向对象的设计原则。作为一门完全面向对象的语言，Java 几乎支持所有的面向对象的程序设计特征。面向对象和基于组件的设计原则构成了 Java EE 应用编程模型的基础。Java EE 多层结构的每一层都有多种组件模型。因此开发人员所要做的就是为应用项目选择适当的组件模型组合，灵活地开发和装配组件。这样不仅有助于提高应用系统的可扩展性，还能有效地提高开发速度，缩短开发周期。

（3）灵活性、可移植性和互操作性。利用 Java 的跨平台特性，Java EE 组件可以很方便地移植到不同的应用服务器环境中。这意味着企业不必再拘泥于单一的开发平台。Java EE 的应用系统可以部署在不同的应用服务器上，在全异构环境下，Java EE 组件仍可彼此协同工作。这一特征使得装配应用组件首次获得空前的互操作性。

（4）轻松的企业信息系统集成。Java EE 技术出台后不久，很快就将 JDBC、JMS 和 JCA 等一批标准归纳于自身体系之下，这大大简化了企业信息系统整合的工作量，方便企业将诸如遗产系统、ERP 和数据库等多个不同的信息系统进行无缝集成。

（5）旺盛的生命力。Java EE 规范秉着兼容并包的原则，版本一直在持续进化，对企业应用开发中不断涌现的新技术（如 HTML5、JSON 等）及时提供支持。

1.7 Java EE 开发环境

1.7.1 JDK 的下载和安装

Java 开发工具包（Java Development Kit，JDK）是 Java EE 平台应用程序的基础，利用它可以构建组件、开发应用程序。JDK 是开源免费的工具，可以到 Oracle 公司官网下载，网址为 http://www.oracle.com/technetwork/java/javase/downloads/index.html。

下载 jdk-6u21-windows-i586.exe 文件后，可以直接双击运行该文件进行安装。按照提示选择好安装路径及安装组件即可。

安装后需要设置环境变量 JAVA_HOME、PATH 及 CLASSPATH。配置环境变量的目的是为了设置与 Java 程序的编译和运行有关的环境信息。其中，JAVA_HOME 设置为 JDK 的安装目录，PATH 设置为 JDK 的程序（exe 文件）目录，CLASSPATH 则用于设置 JDK 类库搜索路径。

JDK 目录结构如下。

· bin 目录：包含编译器、解释器和一些其他工具。

· lib 目录：包含类库文件。

· demo 目录：包含演示例子。

· include 目录：包含 C 语言头文件，支持 Java 本地接口与 Java 虚拟机调试程序接口的本地编程技术。

· jre 目录：包含 Java 虚拟机、运行时类包和应用启动器。

· sample 目录：附带的辅助学习者学习的 Java 程序例子。

· src.zip：是源代码压缩文件。

在 bin 目录下包含 Java 开发工具，其中最常用的几个如下。

· javac.exe：Java 语言编译器，将 Java 源代码编译转换为字节码文件（扩展名为 .class），也称为类文件。

- java.exe：Java 解释器，它启动 Java 虚拟机（JVM），提供 Java 程序运行环境。
- appletviewer.exe：Java 小程序浏览器，提供 Java 小应用程序（applet）测试及运行环境。
- javadoc.exe：帮助文档生成器，建立关于类的信息的描述文档。
- jar.exe：对类进行打包的工具。

1.7.2 MyEclipse 集成开发环境的安装和使用

Eclipse 是 IBM 推出的开放源代码的通用开发平台。它支持包括 Java 在内的多种开发语言。Eclipse 采用插件机制，是一种可扩展的、可配置的集成开发环境（IDE）。

MyEclipse 本质上是 Eclipse 插件，其企业级开发平台（MyEclipse Enterprise Workbench）是功能强大的 Java EE 集成开发环境，在其上可以进行代码编写、配置、调试、发布等工作，支持 HTML、JavaScript、CSS、JSF、Spring、Struts、Hibernate 等开发。下面，对 MyEclipse 的安装配置、使用方法进行简要介绍。

1. 安装与配置

从 MyEclipse 官网（http://www.myeclipseide.com）下载 MyElipse 企业级开发平台。在列表中选择所用的平台的安装包进行下载，如 MyEclipse 6.0 GA 版的安装包文件是 MyEclipse 10.5。下载后，双击该文件即启动安装向导，按提示选择安装路径，其余选项可以默认进行安装。在此过程中会自动搜索 JDK 进行环境配置，或者使用自带的 JDK。

为了能够在 MyEclipse 中管理服务器，需要对其进行配置。具体配置过程如下：启动 MyEclipse，选择“Window”菜单中的“Preferences”，在弹出的窗口中选择“MyEclipse”—“Servers”—“Tomcat”—“Tomcat6.x”，然后进入服务器配置窗口。选择“Tomcat”的安装目录，然后选择上面的“Enable”单选项，最后单击“OK”按钮完成配置。然后再配置 JDK 路径。

MyEclipse 安装之后需要填写注册信息，否则只能使用 30 天。

注册 MyEclipse 的过程如下：选择“Window”—“Preferences”—“MyEclipse”—“Subscription”，在打开的窗口中填写注册信息。

2. 使用方法

（1）启动

首次启动 MyEclipse，选择“开始”—“程序”—“MyEclipse6.0”—“MyEclipse6.0.1”之后，系统会弹出一个对话框，让用户来设置工作区。所谓工作区（workspace）是指用于存放源程序文件和配置文件的文件夹。选择一个文件夹设置为默认工作区之后，再次启动 MyEclipse 时就会直接使用该工作区并且装入其中的程序。一个工作区中可以包含同一个企业级应用的所有应用程序（application），每个应用程序对应着一个项目（project），

MyEclipse 正是以项目为单位管理应用程序的。

（2）用户界面

MyEclipse的主界面中包括菜单栏、工具栏、视图、编辑器和状态栏等。菜单包括File（文件）、Edit（编辑）、Source（源代码）、Refactor（重构）、Navigate（导航）、Search（搜索）、Project（项目）、MyEclipse、Run（运行）、Window（窗口）和 Help（帮助）。

主界面窗口划分为不同的子窗口，称为视图（view）。若干视图合为一个透视图（perspective）。在 Window 菜单中有多个命令与视图及透视图有关。例如，show view、open perspective、customize perspective、save perspective、close perspective 等，有时候因为过多的操作改变了视图形状及大小而想要回到初始状态，则可以使用 reset perspective 命令恢复到默认的透视图状态。

（3）应用开发

在 MyEclipse 中进行应用开发的步骤如下。

①创建工作区：若非首次启动 MyEclipse，则可经新建 Web 项目，并指定存储位置和目录，可创建一新的工作区。然后选择“File”—“Switch Workspace”命令切换到该工作区。

②创建项目: 在默认打开的某工作区中创建新的项目，选择“File”—“New”—“Project”，输入项目名称，在存储位置（location）勾选 use default location 即可。

③创建应用程序：选择“File”—“New”菜单中列出的常用组件（class、interface、applet、servlet、HTML、JSP）之一，进入相应的窗口，编写组件代码。

④编译：编写及保存的代码可进行编译。默认的编译方式为即时编译（JIT），也可以用“project”菜单的“build project”命令进行字节码编译。

⑤打包 / 发布应用：选择“File”—“Export”打包组件准备发布。

（4）调试

在编译以及运行调试程序时可能会遇到这样那样的问题，因此需要掌握使用 MyEclipse 进行程序调试的一般步骤和基本方法。

MyEclipse 提供了强大的程序调试工具，可以采用多种方式调试程序，具体操作如下。

①设置断点：设置断点的目的是使程序执行到这个点处暂停，可通过观察程序执行的状态或者分析某些预设变量的值来分段调试程序。设置断点的方法是：先将光标移动到想要暂停的语句行的左侧区域，选择快捷菜单的“Toggle Breakpoint”或者双击鼠标即可。设为断点的语句行之前有一蓝色圆点标志。

②运行调试：执行“Run”—“Debug”菜单命令进入调试运行透视图界面，程序运行到第一个断点处暂停。按 Debug 视图下的不同按钮可以执行不同调试操作。例如，“Resume”或 <F8> 令暂停的程序恢复运行直到下一个断点；“Step Into”或 <F5> 可跟踪进入被调函数内部单步执行；Step Over 或 <F6> 则是在函数内部遇到子函数则把子函数作为一条语句看待；“Step Return”或 <F7> 指单步执行到子函数内部时，按此按钮则执行完子函数的剩余部分并返回上一层。

③查看变量的值：在调试程序过程中，通过 Variables 视图可显示当前作用域内的所有变量的值，分析变量的值的情况也是程序调试并找出程序错误的基本技术。

1.7.3 Tomcat 的安装和配置

Web 服务器是指驻留在互联网上某类型计算机上的程序。当 Web 浏览器（客户端）连接到服务器上并发出请求时，该服务器程序将处理请求，并将文件发送到该浏览器上。服务器使用 HTTP 进行信息交流，采用 HTML 文档格式，浏览器采用统一资源定位器（URL）请求资源。

常用的 Web 服务器包括 Tomcat、Resin、Jetty 等。

应用服务器是指一个创建、部署、运行、集成和维护多层分布式企业级应用的平台。如果应用服务器与 Web 服务器结合，或者包含 Web 服务器功能，则称之为 Web 应用服务器。

目前，基于 Java EE 的应用服务器主要有 Websphere、WebLogic、JBoss 等。

Tomcat 是一个开源的、免费的、用于构建中小型网络应用开发的 Web 服务器。从官网（http://tomcat.apache.org/）可以免费下载最新版本的 Tomcat，下载后解压到硬盘上即可使用。

在 Tomcat 安装目录中有一个 bin 子目录，其中有用于启动和关闭 Tomcat 服务器的两个批处理文件 startup.bat 和 shutdown.bat，双击即可启动或关闭 Tomcat 服务器。在 IDE（如 MyEclipse）中集成了 Tomcat，则可通过菜单方式启动与关闭 Tomcat 服务器。

Tomcat 默认端口是 8080，Tomcat 启动后就可以通过浏览器访问其 Web 站点。在地址栏输入 http://localhost:8080，即可打开 Tomcat 服务器主页。

Tomcat 安装目录说明如下。

（1）bin：Tomcat 执行脚本目录，主要是用来存放 tomcat 的命令，主要有两大类，一类是以 .sh 结尾的 linux 命令，另一类是以 bat 结尾的 windows 命令。很多环境变量的设置都在此处，如可以设置 JDK 路径、Tomcat 路径。startup 文件用来启动 Tomcat，shutdown 文件用来关闭 Tomcat，修改 Catalina 可以设置 Tomcat 的内存等参数。

（2）conf：conf 目录主要是用来存放 Tomcat 的一些配置文件。server.xml 可以端口号、域名或 IP、默认加载的项目；请求编码 web.xml 可以设置 Tomeat 支持的文件类型；context.xml 可以用来配置数据源之类的；tomcat-users.xml 用来配置管理 Tomeat 的用户与权限，在 Catalina 目录下可以设置默认加载的项目。

（3）lib：lib 目录主要用来存放 tomcat 运行需要加载的 jar 包。例如，可以把连接数据库的 JDBC 的包加入 lib 目录中。

（4）logs：logs 目录用来存放 Tomcat 在运行过程中产生的日志文件，如非常重要的控制台输出的日志（清空不会对 Tomcat 运行带来影响）。在 Windows 环境中，控制台的输出日志在 alialanx.xx.xx-xx.log 文件中。在 Linux 环境中，控制台的输出日志在 catalina.

out 文件中。

（5）temp：temp 目录用户存放 Tomcat 在运行过程中产生的临时文件（清空不会对 tomcat 运行带来影响）中。

（6）webapps：webapps 目录用来存放应用程序，当 Tomcat 启动时会去加载 webapps 目录下的应用程序。可以以文件夹、war 包、jar 包的形式发布应用，也可以把应用程序放置在磁盘的任意位置，在配置文件中映射好就行。

（7）work：work 目录用来存放 Tomcat 在运行过程中编译后的文件，如 JSP 编译后的文件。清空 work 目录，然后重启 Tomcat，可以达到清除缓存的作用。

Tomcat 安装后检测方法如下：

在 bin 目录下双击 starup.bat 文件运行 Tomcat，在浏览器输入 http://oalhost:8080，访问 Tomcat。如果能显示 Tomcat 的页面，证明 Tomcat 运行成功。

如果在 Win7 以上系统中，双击 startup.bat 文件可能会在 dos 命令窗口一闪而过。需要额外地配置环境变量 Tomcat 才可正常运行。配置完成后，双击 startup.bat 文件即可。

1.7.4 MySQL 数据库的安装和使用

在 MySQL 官网可以获得 MySQL 的最新版本，其网址是：www.MySQL.com，下面以 MySQL 5.0 Community Server-GA Release 为例说明其安装和使用方法。

1. 安装 MySQL 数据库

MySQL 下载完成后，得到压缩包 mysql-5.0.27.zip 并解压缩，得到 Setup.exe。参考下面的步骤进行安装。

（1）双击 Setup.exe，开始安装，如图 1-1 所示。

（2）单击“Next”按钮，选择“Custom”单选按钮，如图 1-2 所示。

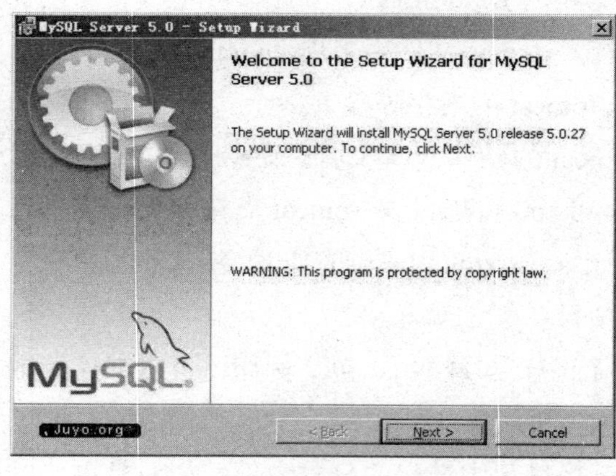

图 1–1　开始安装 MySQL

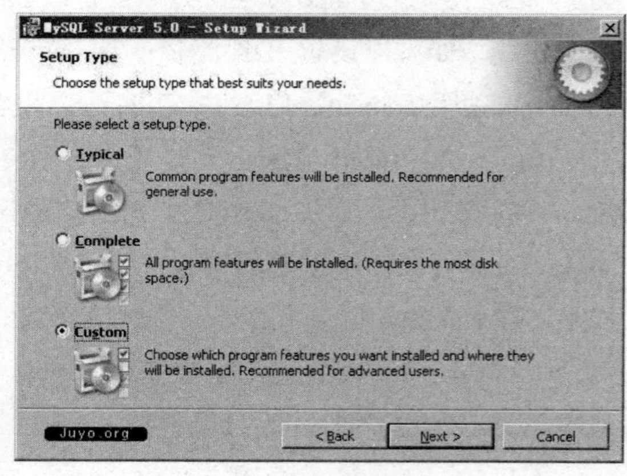

图 1–2　选择安装类型

（3）单击“Next”按钮，进入定制安装界面，如图 1-3 所示。

（4）单击“Next”按钮，进入准备安装程序界面，如图 1-4 所示。

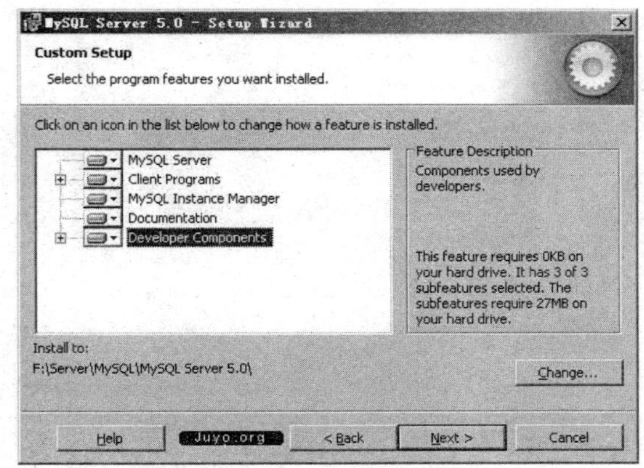

图 1-3　定制安装

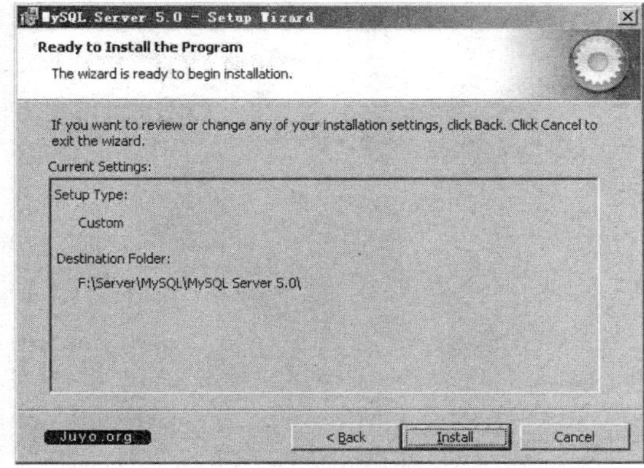

图 1-4　准备安装程序

（5）单击“Install”按钮，开始安装程序、创建文件夹、复制文件，如图 1-5 所示，完成如图 1-6 所示。

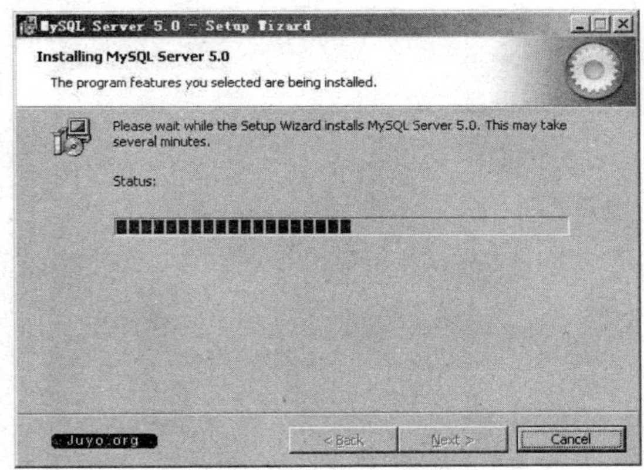

图 1-5　正在安装

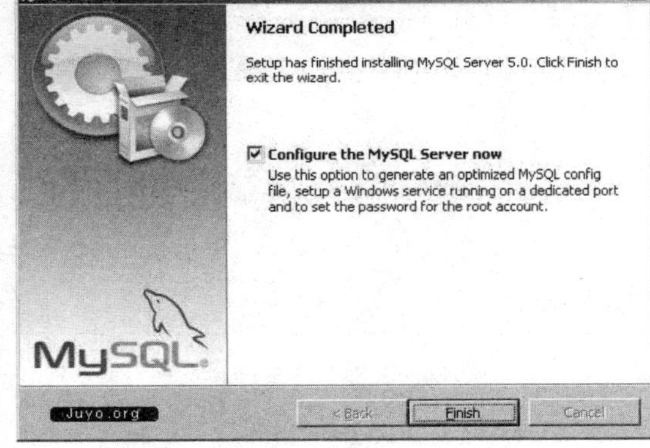

图 1-6　安装完成

2. 配置 MySQL

配置 MySQL 的方法有两种，如下。

· 在安装的最后一步，直接选择“Configue the MySQL Server now”开始配置。

· 在安装完成后，在开始菜单中执行配置程序进行配置。即按“开始”—“所有程序”—“MySQL”—“MySQL Server 5.5”—“MySQL Server Instance Config Wizard”步骤进行配置。MySQL 的具体配置步骤如下。

（1）用以上提及的两种方法之一开始配置，出现如图 1-7 所示的配置界面。

（2）单击“Next”按钮，出现如图 1-8 所示的界面。按默认设置选择“Detailed Configuration”。

（3）单击“Next”按钮，出现如图 1-9 所示界面，保留默认设置。

（4）单击“Next”按钮，出现如图 1-10 所示界面，选择数据库类型为“Multiflinctional

Database”类型。

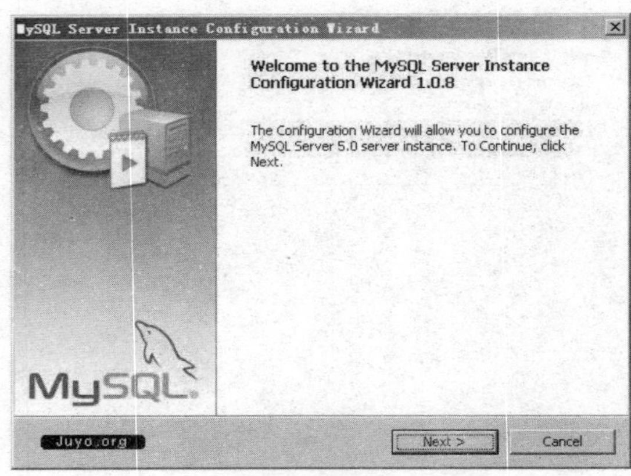

图 1–7　开始配置 MySQL Server

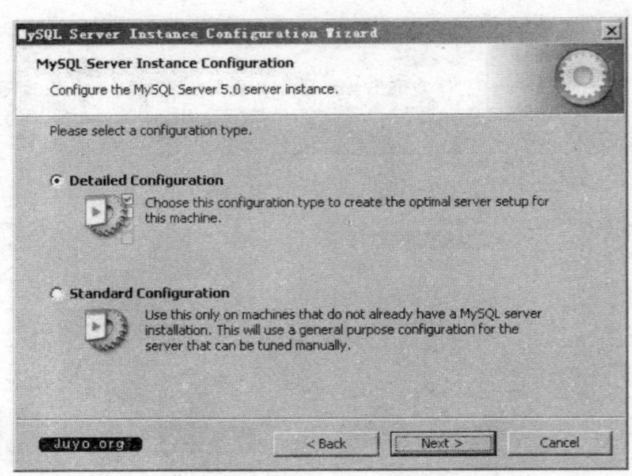

图 1–8　选择配置类型

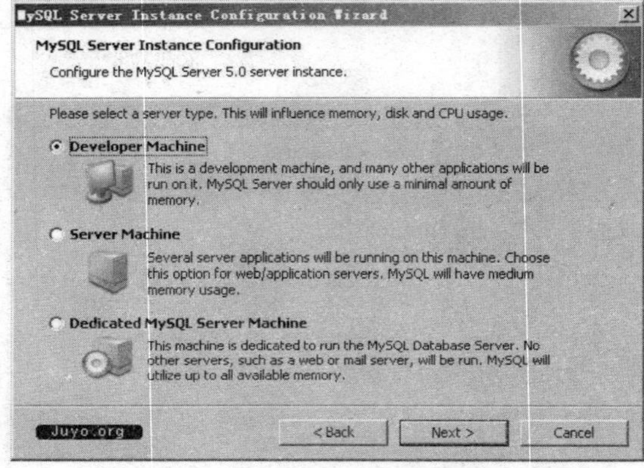

图 1–9　选择服务器类型

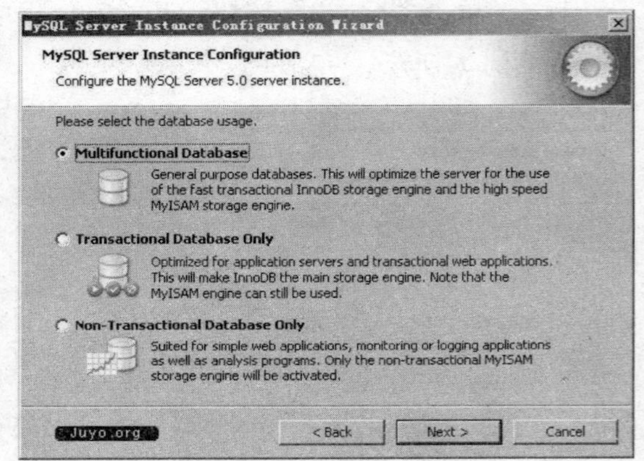

图 1–10　选择数据库类型

（5）单击“Next”按钮，出现如图 1-11 所示界面。选择表空间安装路径，默认为 MySQL 的安装路径。

（6）单击“Next”按钮，出现如图 1-12 所示界面。设置并发连接数量。默认为支持 20 个并发连接，这不是一个大的连接数。另外的选项为支持 500 个并发连接或可手动设置所需的连接数。

（7）单击“Next”按钮，出现如图 1-13 所示界面。设置 MySQL Server 使用的端口，默认为“3306”。

（8）单击“Next”按钮，出现如图 1-14 所示界面。选择字符集，默认为“Best Support For Multilingualism”。

（9）单击“Next”按钮，出现如图 1-15 所示界面。选择 My SQL Server 的 Windows 服务名。

（10）单击“Next”按钮，出现如图 1-16 所示界面。创建管理员 root 口令。

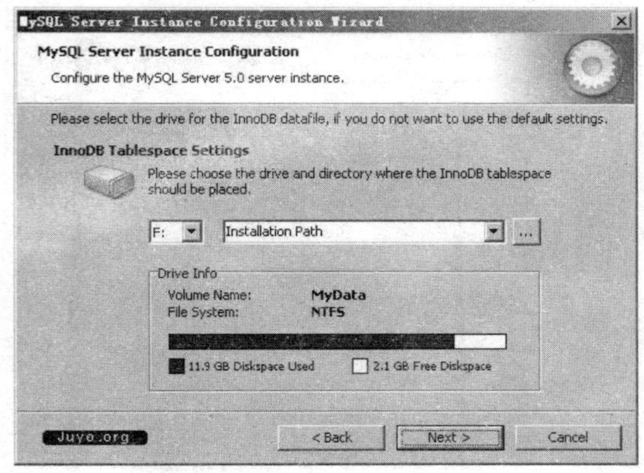

图 1-11　设置 InnoDB 文件路径

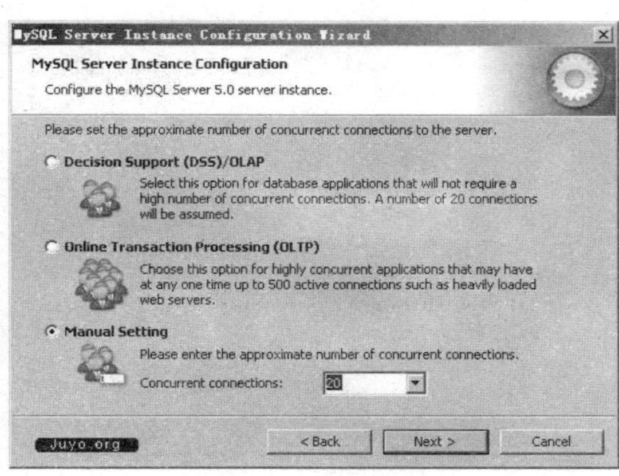

图 1-12　设置并发连接数量

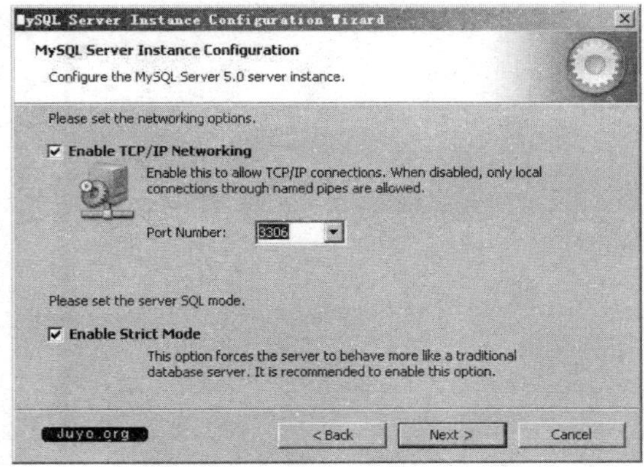

图 1-13　网络选项设置

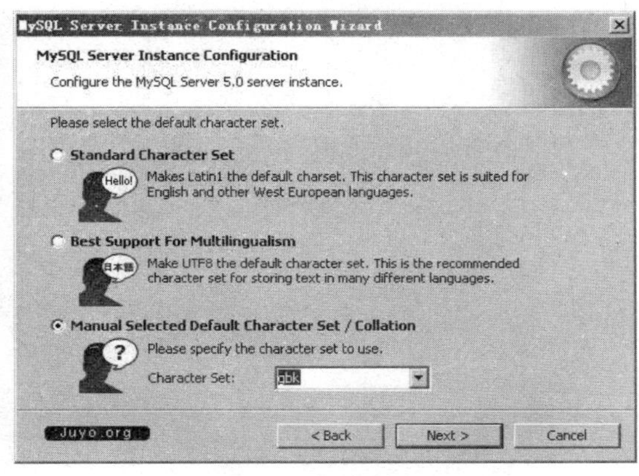

图 1-14　设置字符集

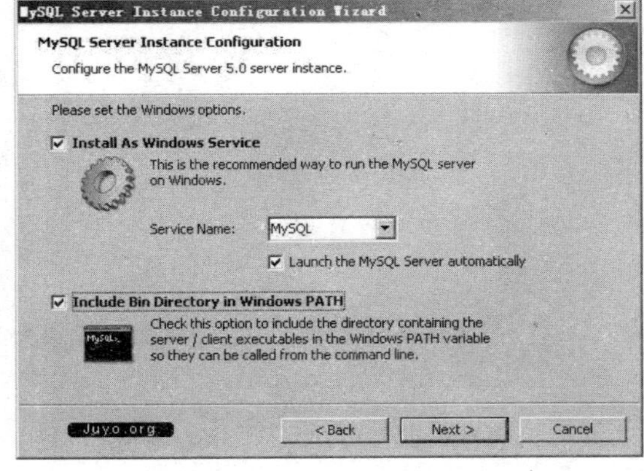

图 1-15　Windows 服务设置

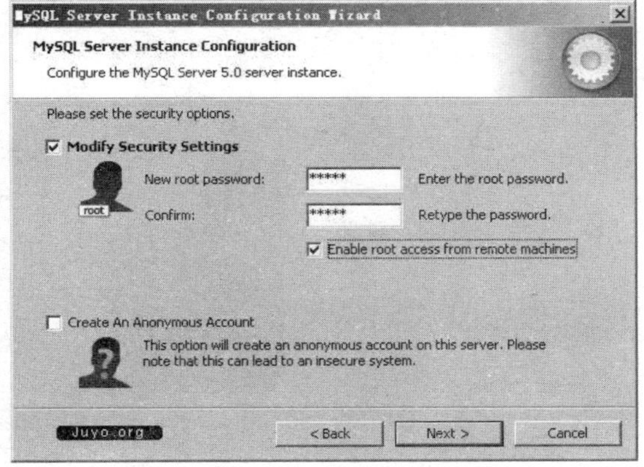

图 1-16　键入 root 口令

（11）单击“Next”按钮，出现如图 1-17 所示界面。显示配置各个阶段。

（12）单击“Execute”按钮，出现如图 1-18 所示界面。完成 My SQL Server 的配置工作。

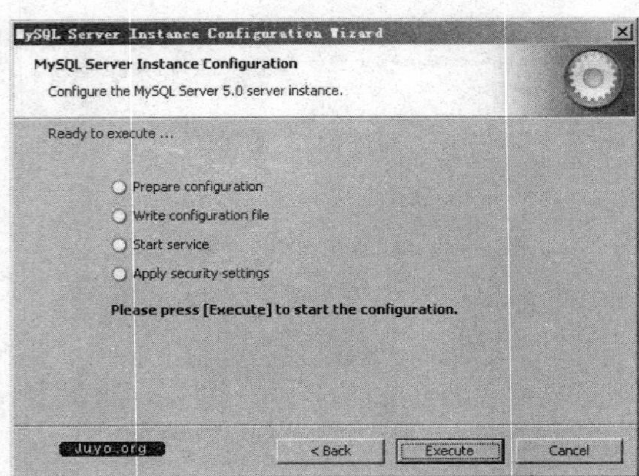

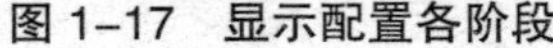
图 1–17　显示配置各阶段

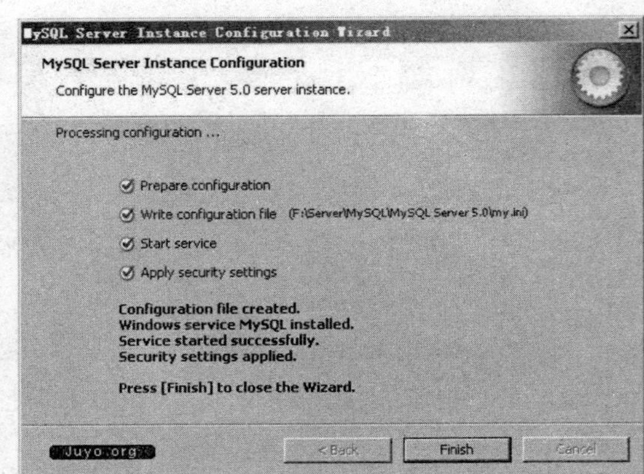

图 1–18　完成 MySQL 配置

第 2 章　JSP

2.1　JSP 概述

2.1.1 什么是 JSP

JSP（Java Server Page）是由 Sun Microsystems 公司倡导、许多公司参与一起建立的一种动态技术标准。它是在 Servlet 技术基础上发展起来的，通过在传统的网页 HTML 文件中加入 Java 程序片段（Scriptlet）和 JSP 标签，构成的一个 JSP 网页。Java 程序片段完成的所有操作都在服务器端执行，执行结果通过网络传送给客户端，这样大大降低了对客户浏览器的要求，即使客户浏览器端不支持 Java，也可以访问 JSP 网页。

JSP 页面第一次被访问时，会由 JSP 引擎自动编译成 Servlet，然后开始执行。以后每次调用 B 寸，都是直接执行编译好的 Servlet 而不需要重新编译。从这一点来看，JSP 与 Java Servlet 从功能上完全等同，只是 JSP 的编写和运行更加简单和方便。

JSP 的这种模式允许将工作分成两部分：组件开发和页面设计，使得业务逻辑和数据处理分开，提高了开发的效率和安全性。

JSP 与微软公司的 ASP 技术非常相似，两者都具有在 HTML 代码中混合某种程序代码、由语言引擎解释执行程序代码的能力。在 ASP 或 JSP 环境下，HTML 代码主要负责描述信息的显示样式，而程序代码则用来描述处理逻辑。程序代码在服务器端被执行，执行结果重新嵌入 HTML 代码中，然后一起发送给浏览器。JSP 和 ASP 都是面向 Web 服务器的技术，客户端浏览器不需要附加任何的软件支持。

但 JSP 和 ASP 也有许多不同，其最明显的区别在于两者的编程语言。JSP 使用的是 Java，ASP 使用的是 VBScript 之类的脚本语言。而且，这两种语言的引擎也使用完全不同的方式处理嵌入的代码。在 ASP 中，VBScript 代码是由 ASP 引擎解释执行；在 JSP 下，Java 代码会被编译成 Servlet 并由 Java 虚拟机执行，其编译过程只在对 JSP 页面的第一次请求时进行。

2.1.2 JSP 的特点

JSP 技术具有以下几个方面的特点。

1. 跨平台性

作为 Java 应用平台的一部分，JSP 同样具有 Java 语言“一次编写，到处执行”的特性，这表现在一个 JSP 程序能够运行在任何支持 JSP 的应用服务器上，而不需要做修改。

2. 实现角色的分离

使用 JSP 技术，Web 页面的开发人员可以使用 HTML 或 XML 标记来设计页面的显示格式，程序开发人员使用 JSP 标记或脚本代码来产生页面上的动态内容。这些产生内容的逻辑被封装在标记和 JavaBean 组件中，并在服务器端由 JSP 引擎解释 JSP 执行，将产生的结果以 HTML 或 XML 页面的形式发送回浏览器。这种方式将页面设计人员和程序开发人员的工作进行了有效分离，并且提高了开发效率。

3. 组件的可重用

JavaBean 组件是 JSP 中的一个重要组成部分，程序通过 JavaBean 组件来执行所要求的更为复杂的处理。开发人员能够共享和交换执行这些组件，或者使得这些组件为更多的使用者所用，加快了应用程序的总体开发进程。

4. 采用标记简化页面开发

在 JSP 技术中为 Web 页面设计人员提供了一种新的标记：JSP 标记。JSP 通过封装技术将一些常用功能以 JSP 标准标记的形式提供给页面设计人员，他们就可以像用 HTML 标记一样使用这些 JSP 标记，而不需要关心该标记如何实现。

同时，JSP 技术也允许程序开发人员自定义 JSP 标记库，第三方开发人员和其他人员可以根据需要建立自己的标记库，从而通过开发定制标记库的方式进行功能扩充。

通过封装成标记的形式，不仅简化了页面开发，而且可以将一些复杂而且需多次使用的功能封装在标记中实现功能的重用，提高工作效率。

2.1.3 JSP 举例

下面是一个简单的 JSP 代码，实现从 1 到 100 的累加。通过该示例了解 JSP 页面的结构和用法。

例 2.1　求 1 到 100 的累加和。

```
exmaple2_1.jsp
<%@ page contentType=“text/html;charset=gb2312” %>
```

```
<html>
<body>
<% int sum=0;
    int n=100;
    for(int i=1;i<=n;i++)
    sum+=i;
    out.print( "<br>" + "从 1 到 100 的累加和是 :" +sum);
%>
<br> 通过表达式显示累加和结果 :<%=sum%>
<br> 通过表达式显示累加和结果 :<%=sum%>
</body>
</html>
```

从上面的代码中可以看出，JSP 页面是由 HTML 标记、JSP 指令和嵌入 HTML 标记中的 JSP 脚本代码构成。

HTML 标记主要进行网页的显示，本例中使用了 <html>、<body>、
 等 3 个 HTML 标记，其中
 标记实现换行输出。

JSP 指令用于告诉 JSP 容器如何处理 JSP 网页，本例中使用了 page 指令用于指定该网页使用 gb2312 作为编码格式。

JSP 脚本代码实现了从 1 到 100 的累加，它包含在由 <%%> 标记括起来的区域中，其语句用法与 Java 语言完全一致。

JSP 文件是以 .jsp 作为扩展名。本例中将其保存为 example2_1.jSp，然后将该文件直接放在 Tomcat 的 root 目录下即可运行。打开浏览器，在地址栏输入 http://127.0.0.1:8080/example2_1.jsp，其运行结果如图 2-1 所示。

图 2-1　例 2.1 运行结果

从上例中不难发现，JSP 的开发和运行比起 Java Servlet 要简单很多，主要有以下几点。

1. 编程方式不同

Java Servlet 是一个完整的 Java 应用程序，有类和方法；而 JSP 是在 HTML 页面中嵌入的代码片段，不需要有严格的类和方法定义。

2. 编译与部署过程不同

Java Servlet 需要先编译，然后将生成的类文件部署在指定路径下，并且需要在配置文件中进行注册才能运行；而 JSP 不需要事先编译，而是将 jsp 文件直接放在相应的目录下，也不需注册就可以运行。

3. 运行速度不同

由于 Java Servlet 事先编译完成，一旦被访问，可以直接运行；而 JSP 是源代码存放，所以在首次访问时需要经过编译才能运行，因而首次执行速度会比较慢，但后面的访问速度就恢复到正常。

2.2 JSP 基本语法

2.2.1 JSP 页面的基本组成

一个 JSP 页面有四种元素组成：HTML 标记、JSP 标记、JSP 脚本代码和注释。

1. HTML 标记

HTML 标记在 JSP 页面中作为静态的内容，由浏览器识别并执行。在 JSP 的开发中，HTML 标记主要负责页面的布局和美观效果的设计，是一个网页的框架。

2. JSP 标记

JSP 标记是在 JSP 页面中使用的一种特殊标记，用于告诉 JSP 容器如何处理 JSP 网页或控制 JSP 引擎完成某种功能。根据应用作用的不同，JSP 标记分为 JSP 指令标记和 JSP 动作标记。

3. JSP 脚本代码

JSP 脚本代码是嵌入 JSP 页面中的 Java 代码，简称 JSP 脚本，在客户端浏览器中是不可见的。它们需要被服务器执行，然后由服务器将执行结果与 HTML 标记一起发送给客户端进行显示。通过执行 JSP 脚本，可以在该页面生成动态的内容。

4. JSP 注释

JSP 页面中的注释是由程序员插入的用于解释 JSP 源代码的句子或短语。注释通常以简单明了的语句解释代码所执行的操作，其并不参与运行。

2.2.2 JSP 指令标记

JSP 标记分为两类：JSP 指令标记和 JSP 动作标记。JSP 的指令标记是由 JSP 服务器解释并处理的用于设置 JSP 页面的相关属性或执行动作的一种标记，在一个指令标记中可以设置多个属性，这些属性的作用域范围是整个页面。

在 JSP 中主要包括 3 种指令标记，分别是 page 指令、include 指令和 taglib 指令。指令的通用格式为：

```
<%@ 指令名称属性 1=“属性值”属性 2=“属性值”……%>
```

在起始符号“<%@”之后和结束符号“%>”之前，可以加空格，也可以不加，但是在起始符号中的“<”和“%”之间、“%”和“@”之间，以及结束符号中的“%”和“>”之间不能有任何的空格。

JSP 也提供了对应的 XML 语法形式：

```
<jsp:directive. 指令名称属性 1=“属性值”属性 2=“属性值”……/>
```

下面分别对这 3 种指令标记进行介绍。

1. page 指令

page 指令作用于整个 JSP 页面，它定义了与页面相关的一些属性，这些属性将被用于和 JSP 服务器进行通信。

page 指令的语法如下：

```
<%@page 属性 1=“属性值”属性 2=“属性值”……%>
```

其 XML 形式为：<jsp:directive.page 属性 1=“属性值”属性 2=“属性值”……/>

page 指令有 13 个属性，具体说明如下。

（1）language=“scriptingLanguage”

该属性用于指定在脚本元素中使用的脚本语言，默认值是 java。在 JSP2.0 规范中，该属性的值只能是 java，以后可能会支持其他语言，如 C、C++ 等。

（2）extends=“className”

该属性用于指定 JSP 页面转换后的 Servlet 类所继承的父类，属性的值是一个完整的类名。通常不需要使用这个属性，JSP 容器会提供转换后的 Servlet 类的父类。

（3）import=“MimportList”

该属性用于声明在 JSP 页面中可以使用的 Java 类。属性的值和 Java 程序中的 import 声明类似，该属性的值是以逗号分隔的导入列表，如

```
<%@ pageimport= "java.util.*" %>
```

也可以重复设置 import 属性，如下。

```
<%@ pageimport= "java.util.Vector" %>
<%@pageimport= "java.io.*" %>
```

要注意的是，page 指令中只有 import 属性可以重复使用。如果不写该属性，import 默认引入 4 个包：java.lang.*、javax.servlet.*、javax.servlet.jsp.* 和 javax.servlet.http.*。

（4）session= “true|false”

该属性用于指定在 JSP 页面中是否可以使用 session 对象，默认值是 true。

（5）buffer= “none|sizeKB”

该属性用于指定 out 对象使用的缓冲区大小，如果设置为 none，将不使用缓冲区，所有的输出直接通过 ServletResponse 的 PrintWriter 对象写出。该属性的值以 KB 为单位，默认值是 8KB。

（6）autoFlush= “true|false”

该属性用于缓冲区满时，缓存的输出是否应该自动刷新。如果设置为 false，当缓冲区溢出的时候，一个异常将被抛出。默认值为 true。

（7）isThreadSafe= “true|false”

该属性用于指定对 JSP 页面的访问是否是安全的线程。如果设置为 true，则向 JSP 容器表明这个页面可以同时被多个客户端请求访问。如果设置为 false，则 JSP 容器将对转换后的 Servlet 类实现 SingleThreadModel 接口。默认值是 true。

（8）info= “info_text”

该属性用于指定页面的相关信息，该信息可以通过调用 Servlet 接口的 getServletlnfo() 方法来得到。

（9）errorPage= “error_url”

该属性用于指定当 JSP 页面发生异常时，将转向哪一个错误处理页面。要注意的是，如果一个页面通过使用该属性定义了错误页面，那么在 web.xml 文件中定义的任何错误页面将不会被使用。

（10）isErrorPage= “true|false”

该属性用于指定当前的 JSP 页面是否是另一个 JSP 页面的错误处理页面。默认值是 false。

（11）contentType= “type”

该属性用于指定响应的 JSP 页面的 MIME 类型和字符编码，也是中文页面中必然要设置的属性。例如，

```
<%@ pagecontentType= "text/html;charset=gb2312" %>
```

（12）pageEncoding= “peinfo”

该属性指定 JSP 页面使用的字符编码。如果设置了这个属性，则 JSP 页面的字符编码

使用该属性指定的字符集；如果没有设置这个属性，则 JSP 页面使用 contentType 属性指定的字符集；如果这两个属性都没有指定，则使用字符集“ISO-8859-1”。

（13）isELIgnored=“true|false”

该属性用于定义在 JSP 页面中是否执行或忽略 EL 表达式。如果设置为 true，EL 表达式将被容器忽略；如果设置为 false，EL 表达式将被执行。默认的值依赖于 web.xml 的版本，对于一个 Web 应用程序中的 JSP 页面，如果其中的 web.xml 文件使用 Servlet2.3 或之前版本的格式，则默认值是 true；如果使用 Servlet2.4 版本的格式，则默认值是 false。

以上属性中最常用的是 contentType 属性，通常在中文 JSP 页面中使用这一属性来保证页面显示的正确性。

无论将 page 指令放在 JSP 文件的哪个位置，它的作用范围都是整个 JSP 页面。然而，为了 JSP 程序的可读性，以及养成良好的编程习惯，应该将 page 指令放在 JSP 文件的顶部。

2. include 指令

include 指令用于在 JSP 页面中静态包含一个文件，该文件可以是 JSP 页面、HTML 网页、文本文件或一段 Java 代码。使用了 include 指令的 JSP 页面在转换时，JSP 服务器会在指令出现的位置插入所包含文件的文本或代码。include 指令的语法如下。

```
<%@includefile=“relativeURL”%>
```

XML 语法格式的 include 指令如下。

```
<jsp:directive.includefile=“relativeURL”/>
```

file 属性值为相对于当前 JSP 文件的 URL。

下例是一个使用 include 指令的例子。

例 2.2　include 指令的使用。

```
example2_2.jsp
<%@pagecontentType=“text/html;charset=gb2312”%>
<html>
<head><title> 欢迎你 </title></head>
<body>
欢迎你，现在的时间是
<%@includefile=“date.jsp”%>
</body>
</html>
date.jsp:
<%
out.println（newjava.util.Date（）.toLocaleString（））;
%>
```

访问 example2_2.jsp 页面，将输出下面的信息。

欢迎你，现在的时间是 2013-4-816:12:22

由于 include 指令是一种静态文件包含指令，在被包含的文件中最好不要使用 <html>、</html>、<body>、</body> 等 HTML 标记，因为这可能会与原 JSP 文件中的相同标记出现重复，有时会导致错误。另外，由于原文件和被包含的文件可以互相访问彼此定义的变量和方法，所以在包含文件时要格外小心，避免在被包含的文件中定义了同名的变量和方法，而导致转换时出错；或者不小心修改了另外文件中的变量值，而导致出现不可预料的结果。

3.taglib 指令

taglib 指令允许页面使用用户自定义的标记。taglib 指令的语法如下。

```
<%@ taglib (uri= "tagLibraryURI" |tagdir= "tagDir" )prefix= "tagPrefix" %>
```

XML 语法的格式如下。

```
<jsp:directive.taglib (uri= "tagLibraryURI" |tagdir= "tagDir" )prefix= "tagPrefix" />
```

taglib 指令有 3 个属性：

（1）uri

该属性唯一地标和前缀（prefix）相关的标签库描述符，可以是绝对或者相对的 URI。这个 URI 用于定位标记库描述符的位置。

（2）tagdir

该属性指示前缀（prefix）将被用于标志安装在 /WEB-INF/tags/ 目录或其子目录下的标签文件。一个隐含的标签库描述符被使用。下面三种情况将发生转换（translation）错误。

①属性的值不是以 /WEB-INF/tags/ 开始。

②属性的值没有指向一个已经存在的目录。

③该属性与 uri 属性一起使用。

（3）prefix

定义一个 prefixitagname 形式的字符串前缀，用于区分多个自定义标签。以 jsp:、jSpx:、java:、javax:、servlet:、sun: 和 sunw: 开始的前缀会被保留。前缀的命名必须遵循 XML 名称空间的命名约定。在 JSP 2.0 规范中，空前缀是非法的。

2.2.3 JSP 动作标记

JSP 的动作标记是 JSP 的另一种标记，它利用 XML 语法格式来控制 JSP 服务器实现某种功能。其遵循 XML 元素的语法格式，有起始标记、结束标记、空标记等，也可以有属性。

在 JSP2.0 的规范中定义了一些标准的动作，这些标准动作通过标记来实现，它们影响 JSP 运行时的行为和对客户端请求的响应，这些动作由 JSP 服务器来实现。在页面被转换为 Servlet 时，由 JSP 服务器用预先定义好的对应于该标记的 Java 代码来代替它。

JSP2.0 规范中定义了 20 个标准的动作标记，常用的 JSP 动作标记如下。

<jsp:include>：在页面被请求时动态引入一个文件。

<jsp:forward>：把请求转到一个新的页面。

<jsp:plugin>：用于产生与客户端浏览器相关的 HTML 标记（<OBJECT> 或 <EMBED>）。

<jsp:useBean>：实例化一个 JavaBean。

<jsp:setProperty>：设置一个 JavaBean 的属性。

<jsp:getProperty>：获得一个 JavaBean 的属性。

<jsp:useBean>、<jsp:setProperty> 和 <jsp:getProperty> 这 3 个动作元素用于访问 JavaBean，这里不做具体介绍。

1. <jsp:param>

这个动作元素被用来以“名 - 值对”的形式为其他标记提供附加信息，如传递参数等。它和 <jsp:include>、<jsp:forward>、<jsp:plugin> 一起使用。它的语法格式如下。

```
<jsp:paramname= “name” value= “value” />
```

它有两个必备的属性 name 和 value。

name: 给出参数的名字。

value: 给出参数的值，可以是具体的值也可以是一个表达式。

具体用法详见其他动作标记。

2. <jsp:include>

这个动作标记用于在当前页面中动态包含一个文件，一旦被包含的文件执行完毕，请求处理将在调用页面中继续进行。被包含的页面不能改变响应的状态代码或者设置报头，这防止了对类似 setCookie() 这样的方法的调用，任何对这些方法的调用都将被忽略。

<jsp:include> 动作可以包含一个静态文件，也可以包含一个动态文件。如果是一个静态文件，则直接输出到客户端由浏览器进行显示；如果是一个动态文件，则由 JSP 服务器负责执行，并将结果返回给客户端。

<jsp:include> 动作标记的语法如下。

不带传递参数：

```
<jsp: include page= “url” flush= “true|false” />
```

带传递参数：

```
<jsp:include page= “url” flush= “true|false” >
{<jsp:param…. />}*
```

```
</jsp:include>
```

<jsp:include> 动作有两个属性 page 和 flush，各自含义如下。

（1）page 属性

该属性指定被包含文件的相对路径，该路径是相对于当前 JSP 页面的 URL。

（2）flush 属性

该属性是可选的。如果设置为 true，当页面输出使用了缓冲区，那么在进行包含工作之前，先要刷新缓冲区。如果设置为 false，则不会刷新缓冲区。该属性的默认值是 false。

<jsp:include> 动作可以在它的内容中包含一个或多个 <jsp:param> 标记，为包含的页面提供参数信息。被包含的页面可以访问 request 对象，该对象包含原始的参数和使用 <jsp:param> 元素指定的新参数。如果参数的名称相同，原来的值保持不变，新的值其优先级比已经存在的值要高。例如，请求对象中有一个参数为 param=valuel，然后又在 <jsp:param> 元素中指定了一个参数 param=value2，在被包含的页面中，接收到的参数为 param=value2，valuel，调用 javax.servlet.ServletRequest 接口中的 getParameter() 方法将返回 value2。如需获取所有返回值，可以使用 getParameterValues() 方法。

<jsp:include> 动作标记和 include 指令的主要区别如表 2-1 所示。

表 2-1　<jsp:include> 和 include 指令的区别

语法	相对路径	发生时间	包含的对象	描述
<%@includefile=“url” %>	相对于当前文件	转换期间	静态	包含的内容被 JSP 容器分析
<jsp:includepage=“url” />	相对于当前页眉	请求处理期间	静态和动态	包含的内容不进行分析，但在相应的位置被包含

要注意，表 2-1 中 include 指令包含的对象为静态，并不是指 include 指令只能包含像 HTML 这样的静态页面，include 指令也可以包含 JSP 页面。所谓静态和动态指的是：include 指令将 JSP 页面作为静态对象，将页面的内容（文本或代码）在 include 指令的位置处包含进来，这个过程发生在 JSP 页面的转换阶段。而 <jsp:include> 动作把包含的 JSP 页面作为动态对象，在请求处理期间，发送请求给该对象，然后在当前页面对请求的响应中包含该对象对请求处理的结果，这个过程发生在执行阶段（请求处理阶段）。

当采用 include 指令包含资源时，相对路径的解析在转换期间发生（相对于当前文件的路径来找到资源），资源的内容（文本或代码）在 include 指令的位置处被包含进来，两者合并成为一个整体，被转换为 Servlet 源文件进行编译。因此，如果其中一个文件有修改就需重新进行编译。而当采用 <jSp:indiide> 动作包含资源时，相对路径的解析在请求处理期间发生（相对于当前页面的路径来找到资源），当前页面和被包含的资源是两个独立的个体，当前页面将请求发送给被包含的资源，被包含资源对请求处理的结果将作为当前页面对请求响应的一部分发送到客户端。因此，对其中一个文件的修改不会影响另一个文件。

3. <jsp:forward>

这个动作允许在运行时将当前的请求转发给另一个 JSP 页面或者 Servlet，请求被转向到的页面必须位于同 JSP 发送请求相同的上下文环境中。

这个动作会终止当前页面的执行，如果页面输出使用了缓冲，在转发请求之前，缓冲区将被清除；如果在转发请求之前，缓冲区已经刷新，将抛出 Illegal State Exception 异常。如果页面输出没有使用缓冲，而某些输出已经发送，那么试图调用 <jsp:forward> 动作，将导致抛出 Illegal State Exception 异常。这个动作的作用和 RequestDispatcher 接口的 forward() 方法的作用是一样的。

<jsp:forward> 动作的语法格式如下。

不带参数：

```
<jsp:forwardpage= "url" />
```

带参数：

```
<jsp:forwardpage= "url" >
{<jsp:param….>}*
</jsp:forward>
```

<jsp:forward> 动作只有一个 page 属性。page 属性指定请求被转向的页面的相对路径，该路径是相对于当前 JSP 页面的 URL，也可以是经过表达式计算得到的相对 URL。

下面是使用 <jsp:forward> 动作的一个程序片段。

```
<%String command=request.getParameter( "command" );
if(command.equals( "reg" )){%>
      <jsp:forward page= "reg.jsp" />
<%}
else if(command.equals( "logout" )){%>
      <jsp:forward page= "logout.jsp" />
<%}
else{%>
      <jsp:forward page= "login.jsp" />
<%}
%>
```

该程序根据接收的 command 字符串结果转向对应的 JSP 页面。

4. <jsp:plugin>，<jsp:params> 和 <jsp:fallback>

<jsp:plugin>a 作用于产生与客户端浏览器相关的 HTML 标记（<OBJECT> 或 <EMBED>），从而导致在需要时下载 Java 插件（Plug-in），并在插件中执行指定的 Applet 或 JavaBean。<jsp:plugin> 动作将根据客户端浏览器的类型被替换为 <object> 或 <embed> 标记。在 <jsp:plngin> 动作的内容中可以使用另外两个标记：<jsp:params> 和 <jsp:fallback>。

<jsp:params> 是 <jsp:plugin> 动作的一部分，并且只能在 <jsp:plugin> 动作中使用。<jsp:params> 动作包含一个或多个 <jsp:param> 动作，用于向 Applet 或 JavaBean 提供参数。

<jsp:fallback> 是 <jsp:plugin> 动作的一部分，并且只能在 <jsp:plugin> 动作中使用，主要用于指定在 Java 插件不能启动时显示给用户的一段文字。如果插件能够启动，但是 Applet 或 JavaBean 没有发现或不能启动，那么浏览器会有一个出错信息提示。

<jsp:plugin> 动作的语法如下。

```
<jsp:plugin type= "bean|applet" code= "objectCode" codebase= "objectCodebase" {align= "alignment" } {archive= "archiveList" }{height= "height" }{hspace= "hspace" } {jreversion= "jreversion" }{name= "componentName" } {vspace= "vspace" }{width= "width" } {nspluginurl= "url" }{iepluginurl= "url" }>
{<jsp:params>
{<jsp:param name= "paramName" value= "paramValue" />}+
</jsp:params> }
{<jsp:fallback> arbitrary_text</jsp:fallback }
</jsp:plugin>
```

<jsp:plugin> 动作的属性含义如表 2-2 所示。

表 2-2　<jsp:plugin> 动作的属性含义

属性名	属性值	说明
type	bean|applet	声明组件的类型，是 JavaBean 还是 Applet
code	组件类名	要执行的组件的完整的类名，以 .class 结尾
codebase	类路径	指定要执行的 Java 类所在的目录
align	left|right|bottom|top|texttop|middle|absmiddle|baseline|absbottom	指定组件对齐的方式
archive	文件列表	声明待归档的 Java 文件列表
height	高度值	声明组件的高度，单位为像素
width	宽度值	声明组件的宽度，单位为像素
hspace	左右空间空白值	声明组件的左右空白空间，单位为像素

续 表

属性名	属性值	说明
vspace	上下空间空白值	声明组件的上下空白空间，单位为像素
jreversion	版本号	声明组件运行时需要的 JRE 版本
name	组件名称	声明组件的名字
nspluginurl	URL 地址	声明对于网景浏览器，可以下载 JRE 插件的 URL
iepluginurl	URL 地址	声明对于 IE 浏览器，可以下载 JRE 插件的 URL

例 2.3 <jsp:plugin> 动作的应用示例。

```
example2_3.jsp
<%@ pagecontentType= “text/htinl;charset=gb2312” %>
<jsp:plugintype= “applet” code= “TestApplet.class” width= “600” height= “400” >
<j sp:params>
<jsp:param name= “font” value= “楷体 _GB2312” />
</jsp:params>
<jsp: fallback> 您的浏览器不支持插件 </jsp: fallback>
</jsp:plugin>
TestApplet.java
import java.applet.
import java.awt.*;
        publicclassTestAppletextends Applet
        {
        StringstrFont;
        publicvoid init ()
        {
        strFont=getParameter (” font” );
        }
        public voidpaint (Graphicsg)
        {
                Fontf=new Font (strFont,Font.BOLD,30);
                g.setFont (f);
                g.setColor (Color.blue);
                g.drawstring ( “这是使用 <jsp:plugin> 动作元素的例子” ,0,30);
        }
}
```

请读者自己运行该示例，观察运行结果。

2.2.4 JSP 脚本

在 JSP 页面中，其脚本包括三种元素：声明、JSP 表达式和脚本程序。通过这些脚本，可以在 JSP 页面中声明变量、定义方法或进行各种表达式的运算。

1. JSP 声明

JSP 声明用于定义页面范围内的变量、方法或类，让页面的其余部分能够访问它们。声明的变量和方法是该页面对应 Servlet 类的成员变量和成员方法，声明的类是 Servlet 类的内部类。

声明并不在 JSP 页内产生任何输出。它们仅仅用于定义，而不生成输出结果。要生成输出结果，还需要用 JSP 表达式或脚本片段。

JSP 声明格式：

<! 变量声明 | 方法声明 | 类声明 %>

例 2.4　JSP 声明示例。

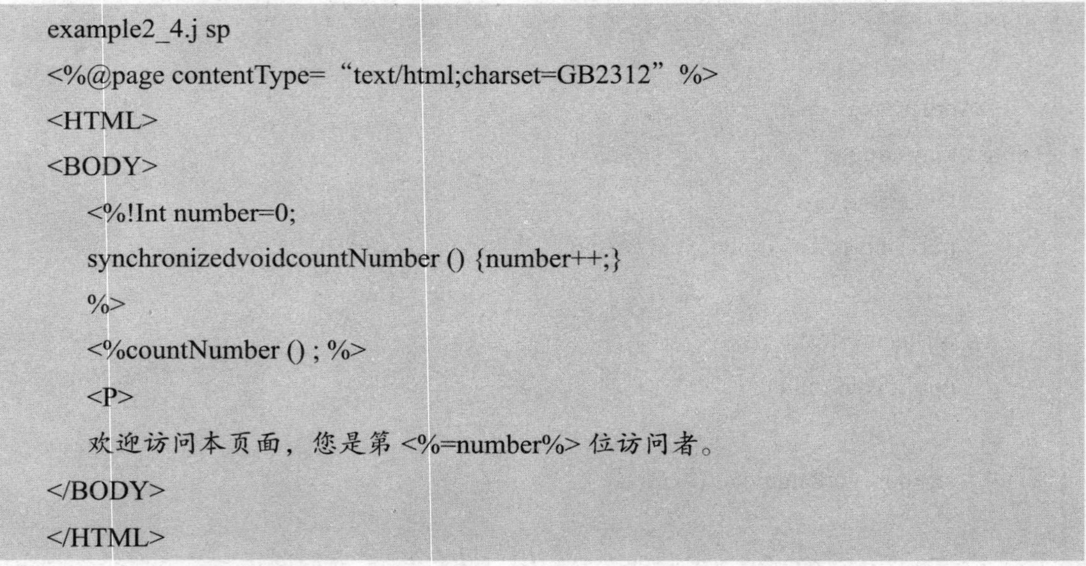

```
example2_4.j sp
<%@page contentType= “text/html;charset=GB2312” %>
<HTML>
<BODY>
    <%!Int number=0;
    synchronizedvoidcountNumber () {number++;}
    %>
    <%countNumber () ; %>
    <P>
    欢迎访问本页面，您是第 <%=number%> 位访问者。
</BODY>
</HTML>
```

运行结果如图 2-2 所示。

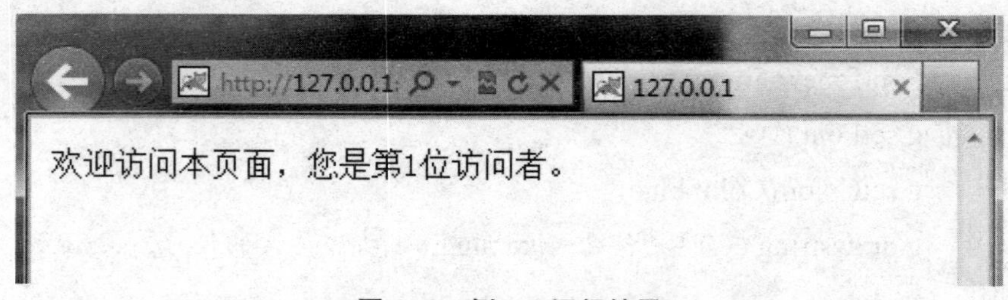

图 2–2　例 2.4 运行结果

代码说明：

本例中声明了一个变量 number 和一个方法 countNumber()。当用户访问该页面时，会显示其是第几位访问者。其中，变量 number 为声明变量，相当于 Java 中的静态变量，只初始化一次，以后就被访问该页面的所有访问用户所共享。声明方法 countNumber() 的功能是对共享变量 number 进行加 1 操作，为保证线程安全，在方法名前用关键字 synchronized 进行了修饰。对方法的调用则通过脚本代码来实现。本示例实现了一个简单的当前页面访问量计数器功能，但由于服务器重启后变量 number 的值就会清零，因此可以将该值写入一个文件中以实现累计的功能，有兴趣的读者可以尝试一下。

2. JSP 表达式

JSP 表达式用于向页面输出表达式计算的结果,其功能与输出语句相当,但格式更简便。

表达式的语法形式如下：

```
<%= 表达式 %>
```

其 XML 格式为：

```
<j sp: expression> 表达式 </expression>
```

在一个表达式中可以包含下列内容。

数字和字符串、算术运算符、基本数据类型的变量、声明类的对象、在 JSP 中声明方法的调用、声明类所创建对象的方法调用。

从上述内容中可以看出，表达式中可以包含任何 Java 表达式，只要表达式可以求值。JSP 表达式中的“<%=”是一个完整的符号，各符号之间不能有空格，而且表达式中不能插入语句，也不能以分号结束。

由于表达式格式简单、书写方便,而且很容易嵌入HTML标记中,所以得到了广泛应用。上例中就使用了 JSP 表达式来显示访问者数量，这里就不进行单独举例了。但对于一些比较复杂的输出，表达式还无法代替输出语句。

3. JSP 脚本

JSP 脚本就是一段包含在“<%”和“%>”之间的 Java 代码片段，代码中含有一个或多个完整而有效的 Java 语句。当服务器接收到客户端的请求时，由 JSP 服务器执行 JSP 脚本并进行输出。JSP 脚本是 JSP 动态交互的核心部分，其语法形式为：

```
<% Java 代码 %>
```

XML 的语法形式为 <jsp:scriptlet>Java 代码 </jsp:scriptlet>。

例如，

```
<%
Int sum=0;
for（int i=0;i<=10;i++）
```

```
{
sum+=i;
}
out.println（“sum is”+sum）;
%>
```

本例是实现从 1 到 10 的累加，其中在代码段里定义了一个变量 sum，这个变量是一个局部变量，只对本次访问的用户有效，不会影响其他用户。

一个 JSP 页面中可以包含多个 JSP 脚本，各脚本按照先后顺序进行执行。在脚本之间可以插入一些 HTML 标记来进行页面显示的定义，从而实现页面显示和代码设计的分离。

在 JSP 页面中通过 page 指令的 import 属性，可以在脚本代码内调用所有 Java API。因为 JSP 页面实际上都被编译成 Java servlet，它本身就是一个 Java 类，所以在 JSP 中可以使用完整的 Java API，几乎没有任何限制。

JSP 脚本中定义的变量是局部变量，只对当前对象有效；而 JSP 声明中定义的变量是成员变量，相当于 Java 中的静态变量，对访问该页面的所有对象有效。所以在程序设计时要根据具体情况进行恰当的选择。

2.2.5 JSP 的注释

为方便开发人员对页面代码的阅读和理解，JSP 页面提供了多种注释，这些注释的语法规则和运行的效果有所不同，下面介绍 JSP 中的各种注释。

1. HTML 注释

HTML 注释是由“<!--”和“-->”标记所创建的。这些标记出现在 JSP 中时，它们将不被改动地出现在生成的 HTML 代码中，并发送给浏览器。在浏览器解释这些 HTML 代码时忽略显示此注释。但查看 HTML 源代码时可见。

其语法形式为：

```
<!-- 注释内容 -->
```

2. 隐藏注释

隐藏注释也称为 JSP 注释，其不会包含在回送给浏览器的响应中，只能在原始的 JSP 文件中看到。其语法形式为：

```
<%-- 注释内容 --%>
```

JSP 服务器会忽略此注释的内容。由于在编译 JSP 页面时就忽略了此种注释，因此在 JSP 翻译成的 Servlet 中就看不到隐藏注释。

3. 脚本注释

脚本注释是指包含在 Java 代码中的注释，这种注释和 Java 中的注释是相同的。而且，该注释不仅在 JSP 文件中能看到，而且在 JSP 翻译成的 Servlet 中也能看到。

其语法形式如下。

```
单行注释：// 注释内容
多行注释：/* 注释内容 */
```

4. 注释举例

下面通过一个示例来说明注释的使用方法和适用范围。

例 2.5　输入一个数字，计算这个数的平方。

```
example2_5.jsp：
<%@ page contentType= "text/html;charset=gb2312" %>
<HTML>
   <HEAD>JSP 注释示例 </HEAD>
<BODY>
   <!-- 这是 HTML 注释，不在浏览器页面中显示 -->
   欢迎学习 JSP!
   <P> 请输入一个数：
   <BR>
   <!-- 以下是一个 HTML 表单，用于向服务器提交这个数 -->
   <FORM action= "example4_2.jsp"  method=post name=form>
          <INPUT type= "textn"  name= "num" >
          <BR>
          <INPUT TYPE= "submit"  value= "提交" >
   </FORM>
   <%-- 获取用户提交的数据 --%>
   <% Stringnumber=request.getParameter( "num" );
          double result=0;
   %>
   <%-- 判断字符串是否为空，如果为空则初始化 --%>
          <% if(number==null)
                 {number= "0" ; }
          %>
   <%-- 计算这个数的平方 --%>
                 <% try{ result=Double.valueOf(number).doubleValue(); // 将字符串转
```

```
                                                        换为 double 类型
                    result=result*result;// 计算这个数的平方
                    out .print( "<BR>" +number+ "的平方为 : " +result ) ;
                } catch(NumberFormatException e).
                    {out.print( "<BR>" + "请输入数字字符" );
                }
        %>
    </BODY>
</HTML>
```

2.3 JSP 中的隐含对象

为了方便程序开发和信息交互，JSP 提供了 9 个隐含对象，这些对象不需要声明就可以在 JSP 脚本和 JSP 表达式中使用，大大提高了程序的开发效率。

隐含对象特点如下。

- 由 JSP 规范提供，不需编写者进行实例化。
- 通过 Web 容器实现和管理。
- 所有 JSP 页面均可使用。
- 可以在 JSP 脚本和 JSP 表达式中使用。

这些对象可分为如下四类。

（1）输出输入对象：request 对象、response 对象、out 对象。

（2）与属性作用域相关对象：pageContext 对象、session 对象、application 对象。

（3）Servlet 相关对象：page 对象、config 对象。

（4）错误处理对象：exception 对象。

2.3.1 out 对象

out 对象是 javax.servlet.jsp.jspWriter 类的实例，是向客户端输出内容常用的对象，与 Java 中的 System.out 功能基本相同。JSP 可以通过 page 指令中的 buffer 属性来设置 out 对象缓存的大小，甚至关闭缓存。

out 对象的主要方法如表 2-3 所示。

表 2-3　out 对象的主要方法

方法名	方法说明
Print() 或 println()	输出数据
newLine()	输出换行字符
flush()	输出缓冲区数据
close()	关闭输出流
clear()	清除缓冲区中数据，但不输出到客户端
clearBuffer()	清除缓冲区中数据，输出到客户端
getBufferSize()	获得缓冲区大小
getRemaining()	获得缓冲区中没有被占用的空间
isAutoFlush()	是否为自动输出

out 对象的使用非常广泛，在这里只举一个例子来展示 out 对象的主要方法。

例 2.6　out 对象应用举例。

example2_6.jsp:

```
<%@ page contentType= “text/html;charset=GBK” %>
<html>
   <body>
            <% for(int i = 1; i < 4; i++)
            {out.println ( “<h” +i+ “>JSP 页面显示 </h” +i+ “>” );}
            out.println ( “<p> 缓冲区的大小 : ” + out.getBufferSize() );// 获得缓冲区的大小
            out.println ( “<p> 缓冲区剩余空间的大小 : ” + out.getRemaining() );// 获得剩余的空间大小
            out.flush();
            out.clear();// 清除缓冲区里的内容
            //out.clearBuffer();
            %>
   </body>
</html>
```

运行结果如图 2-3 所示。

图 2-3　例 2.6 运行结果

2.3.2 request 对象

request 对象在 JSP 页面中代表来自客户端的请求，通过它可以获得用户的请求参数、请求类型、请求的 HTTP 头等客户端信息。它是 javax.servlet.http.HttpServletRequest 接口类的实例。

request 对象是实现信息交互的一个重要对象，它的方法很多，在这里只列举常用的一些方法。

（1）获取访问请求参数的方法如表 2-4 所示。

表 2-4　request 对象获取请求参数的方法

方法名	方法说明
String getParameter(String name)	获得 name 的参数值
Enumeration getParameterNames()	获得所有的参数名称
String [] getParameterValues(String name)	获得 name 的所有参数值
Map getPararaeterMap()	获得参数的 Map

（2）管理属性的方法如表 2-5 所示。

表 2-5　request 对象管理属性的方法

方法名	方法说明
Object getAttribute(String name)	获得 request 对象中的 name 属性值
void setAttribute(String name，Object obj)	设置名字为 name 的属性值 obj
void removeAttribute(String name)	移除 request 对象的 name 属性
Enumeration getAttributeNames()	获得 request 对象的所有属性名字
Cookie [] getCookies()	获得与请求有关的 cookies

（3）获取 HTTP 请求头的方法如表 2-6 所示。

表 2-6　request 对象获取 HTTP 请求头的方法

方法名	方法说明
String getHeader(String name)	获得请求头中 name 头的值
Enumeration getHeaders(String name)	获得请求头中 name 头的所有值
int gtIntHeader(String name)	获得请求头中 name 头的整数类型值
long getDateHeader(String name)	获得请求头中 name 头的日期类型值
Enumeration getHeaderNames()	获得请求头中的所有头名称

（4）获取客户端信息的方法如表 2-7 所示。

表 2-7　request 对象获取客户端信息的方法

方法名	方法说明
String getProtocol()	获得请求所用的协议名称
String getRemoteAddr()	获得客户端的 IP 地址
String getRemoteHost()	获得客户端的主机名
int getRemotePort()	获得客户端的主机端口号
String getMethod()	获得客户端的传输方法，get 或 post 等
String getRequestURI()	获得请求的 URL，但不包括参数字符串
String getQueryString()	获得请求的参数字符串（要求 get 传送方式）
String getContentType()	获得请求的数据类型
int getContentLength()	获得请求数据的长度

（5）其他常用方法如表 2-8 所示。

表 2–8　request 对象的其他方法

方法名	方法说明
String getServerName()	获得服务器的名称
String getServletPath()	获得请求脚本的文件路径
int getServerPort()	获得服务器的端口号
String getRequestedSessionId()	获得客户端的 SessionID
void setCharacterEncoding(String code)	设定编码格式
Locale getLocale()	获得客户端的本地语言区域

例 2.7　request 对象请求示例。

```
example2_7.jsp
<%@ page contentType="text/html;charset=gb2312" %>
<html>
    <head>
            <title>request 请求举例 </title>
    </head>
    <body>
            <form action="" method="post" >
                    <input type="text" name="req" >
                    <input type="submit" value="提交" >
            </form>
            获得请求方法 : <%=request.getMethod()%><br>
            获得请求的 URL: <%=request.getRequestURI()%><br>
            获得请求的协议 : <%=request.getProtocol()%><br>
            获得请求的文件名 : <%=request.getServletPath()%><br>
            获得服务器的 IP: <%=request.getServerName()%><br>
            获得服务器的端口 : <%=request.getServerPort()%><br>
            获得客户端 IP 地址 : <%=request .getRemoteAddr()%><br>
            获得客户端主机名 : <%=request .getRemoteHost()%><br>
            <%request.setCharacterEncoding("gb2312");%>
            获得表单提交的值 : <%=request .getParameter("req")%><br>
    </body>
</html>
```

运行结果如图 2-4、图 2-5 所示。

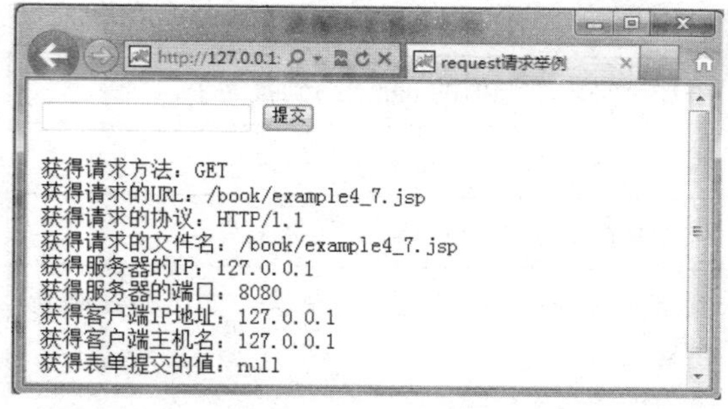

图 2-4　无表单提交内容结果图

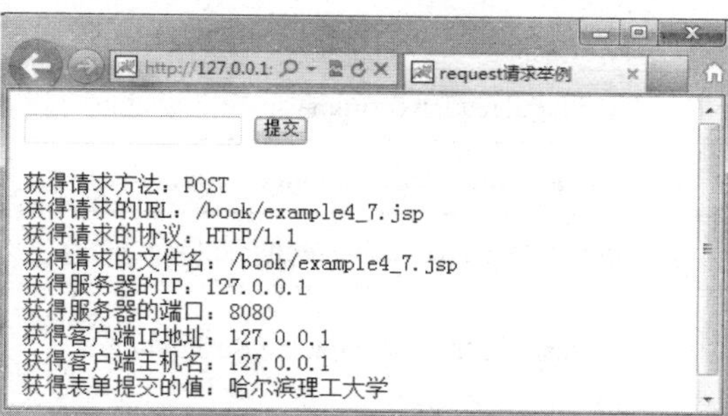

图 2-5　有表单提交内容结果图

2.3.3 response 对象

response 对象与 request 对象相对应，其主要作用是用于响应客户端请求。它是 javax.servlet.http.HttpServletResponse 接口类的实例，它封装了 JSP 产生的响应，并发送到客户端以响应客户端的请求。和 request 对象一样，response 的方法也有很多，在这里只列举常用的方法。

1. 设置 HTTP 响应报头的方法

HTTP 协议采用了请求 / 响应模型。客户端向服务器发送一个请求，服务器以一个状态行作为响应，相应的内容包括消息协议的版本，成功或者错误编码加上包含服务器信息、实体元信息以及可能的实体内容。response 可以根据服务器要求设置相关的响应报头内容返回给客户端。常用的 HTTP 响应报文头内容如表 2-9 所示。

表 2-9　HTTP 响应报文头

应答头	说明
Content-Encoding	文档的编码（Encode）方法
Content-Length	表示内容长度
Content-Type	表示后面的文档属于什么 MIME 类型
Date	当前的 GMT 时间
Expires	应该在什么时候认为文档已经过期，从而不再缓存它
Last-Modified	文档的最后改动时间
Location	表示客户应当到哪里去提取文档
Refresh	表示浏览器应该在多长时间之后刷新文档，以秒计

对应这些报文头内容，response 对象提供了相应的方法来完成响应的设置。这些方法如表 2-10 所示。

表 2-10 response 响应报头的方法

方法名	方法说明
voidaddHeader(Stringname,Stringvalue)	添加字符串类型值的 name 头到报文头
voidaddIntHeader(Stringname,intvalue)	添加整数类型值的 name 头到报文头
voidaddDateHeader(Stringname,longvalue)	添加日期类型值的 name 头到报文头
voidsetHeader(Stringname,Stringvalue)	指定字符串类型的值到 name 头，如已存在则新值覆盖旧值
voidsetIntHeader(Stringname,intvalue)	指定整数类型的值到 name 头，如已存在则新值覆盖旧值
voidsetDateHeader(Stringname,longvalue)	指定日期类型的值到 name 头，如已存在则新值覆盖旧值
booleancontainsHeader(name)	检查是否含有 name 名称的头
voidsetContentType(Stringtype)	设定对客户端响应的 MIME 类型
voidsetContentLength(intleng)	设定响应内容的长度
voidsetLocale(Localeloc)	设定响应的地区信息

设置 HTTP 报文头最常用的方法是 setHeader 方法，其两个参数分别表示 HTTP 报文头的名字和值。例如，可以使用 response.setHeader（“refresh”“1”）实现当前页面每过 1 秒刷新一次。

2. 用于 URL 重定向的方法

response 对象可以实现页面的重定向，与 forward 类似可以根据需要将页面重定向到其他的页面。其提供的主要方法如表 2-11 所示。

表 2-11 response 对象的 URL 重定向方法

方法名	方法说明
VoidsendRedirect(Stringlocation)	进行页面重定向，可使用相对 URL
StringencodeRedirectURL(Stringurl)	对使用 sendRedirect() 方法的 URL 进行编码
VoidsendError(intnumber)	向客户端发送指定的错误响应状态码
VoidsendError(intnumber,Stringmsg)	向客户端发送指定的错误响应状态码和描述信息
VoidsetStatus(intnumber)	设定页面响应的状态码

需要注意的是，response 重定向和 forward 跳转都能实现从一个页面跳转到另一个页面，但两者也有很多不同。

（1）response 重定向

①执行完当前页面的所有代码，再跳转到目标页面。

②跳转到目标页面后，浏览器的地址栏中 URL 会改变。

③它是在浏览器端重定向。

④可以跳转到其他服务器上的页面。

（2）forward 跳转

①直接跳转到目标页面，当前页面后续的代码不再执行。

②跳转到目标页面后，浏览器的地址栏中 URL 不会改变。

③它是在服务器端重定向。

④不能跳转到其他服务器上的页面。

3. 其他方法

除了以上介绍的常用方法外，response 对象还提供了一些关于输出缓冲区的相关方法。通过这些方法，response 对象可以根据需要进行输出缓冲区的大小设置、清空缓冲区等操作，具体方法如表 2-12 所示。

表 2-12　response 对象的其他方法

方法	方法说明
ServletOutputStreamgetOutputStream()	获得返回客户端的输出流
voidflushBuffer()	强制将缓冲区内容发送给客户端
intgetBufferSize()	获得使用缓冲区的实际大小
voidsetBufferSize（intsize）	设置响应的缓冲区大小
voidreset()	清除缓冲区的数据和报头以及状态码

2.3.4 session 对象

HTTP 协议是一种无状态协议，当完成用户的一次请求和响应后就会断开连接，此时服务器端不会保留此次连接的有关信息。当用户进行下一次连接时，服务器无法判断这一次连接和以前的连接是否属于同一用户。为解决这一问题，JSP 提供了一个 session 对象，让服务器和客户端之间一直保持连接，直到客户端主动关闭或超时（一般为 30 分钟）无反应才会取消这次会话。

利用 session 的这一特性，可以在 session 中保存用户名、用户权限、订单信息等需要持续存在的内容，实现同一用户在访问 Web 站点时在多个页面间共享信息。

session 对象是 javax.servlet.http.HttpSession 类的一个实例，用于存储有关会话的属性。session 对象的主要方法如表 2-13 所示。

表 2-13 session 对象的常用方法

方法名	方法说明
voidsetAttribute(Objectname,Objectvalue)	在 session 中保存指定名称 name 的属性值 value
ObjectgetAttribute(Objectname)	获取指定名称 name 的属性值
EnumerationgetValueNames()	获取 session 中所有属性名
StringgetID()	获取 session 的唯一标志
voidinvalidate()	撤销 session 对象，删除会话中的全部内容
booleanisNew()	检测当前 session 对象是否新建立
longgetCreationTime()	返回建立 session 对象的时间（毫秒）
longgetLastAccessedTime()	返回客户端最后一次发出请求的时间（毫秒）
intgetMaxInactiveInterval()	返回客户端 session 不活动的最大时间间隔（秒），超过该时间将取消本次 session 会话
voidsetMaxInactiveInterval(intinterval)	设置 session 不活动的最大时间间隔（秒）

如要在 JSP 网页中使用 session 对象，需要将 page 指令的 session 属性设为 true，否则使用 session 对象会产生编译错误。

当客户首次访问 Web 站点的 JSP 页面时，JSP 容器会产生一个 session 对象，并分配一个唯一的字符串 ID，保存到客户端的 Cookie 中，服务器就通过该 sessionID 作为识别客户的唯一标识。只要该客户没有关闭浏览器且没有超时访问，客户在该服务器的不同页面之间进行转换或从其他服务器再次切换回该服务器，都会使用同一 sessionID。只有客户主动撤销 session 对象、关闭浏览器或超时没有访问，分配给客户的 session 对象才会取消。

session 对象中的常用方法是 setAttribute() 和 getAttribute()，用于实现会话中的一些可持续信息，如用户名、访问权限的跨页共享。正是由于这一点，使得 session 对象在身份认证、在线购物等应用中得到广泛使用。下面通过一个简单的例子看一下 session 的应用。

login.jsp 用于显示 sessionID，并将用户信息写入 session，check.jsp 用于显示用户信息，logout.jsp 注销 session 中的用户信息。

login.jsp：

```
<%@ page contentType="text/html;charset=GBK" %>
<% String name="";
    if (!session.isNew() )
            {name=(String) session.getAttribute ("username");
    if (name==null) name="";
    }%>
    <p> 欢迎访问！</p>
```

```
        <p>Session ID:<%=session.getId()%></p>
    <form name= “loginForm”  method= “post”  action= “check.jsp">
        用户名：
        <input type= “text”  name= “username”  value=<%=name%>>
        <input type= “Submit” name= “Submit” value= “提交” >
    </form>
    check.jsp:
    <%@ page contentType= “text/html; charset=GBK” %>
    <%String name=null;
        name=request.getParameter ( “username” );
    if (name!=null)
        session.setAttribute ( “username), name) ;%>
        <p> 当前用户为：<%=name%></P>
        <a href= “login.jsp"> 登 录 </a>   <a href “logout.jsp” >
注销 </a>
    logout.jsp:
        <%@ page contentType= “text/html;charset=GBK” %>
        <%String name= (String) session.getAttribute( “username” );
        session.invalidate();
    %>
  <%=name%>, 再见！
```

运行结果如图 2-6、图 2-7、图 2-8 所示。

图 2–6　用户登录　　图 2–7　登录成功　　图 2–8　退出登录

2.3.5 application 对象

application 对象用于保存应用程序在服务器上的全局数据。服务器启动时就会创建一个 application 对象，只要没有关闭服务器，该对象就一直存在。而且与 session 对象分别对应各自的客户不同，所有访问该服务器的客户共享同一个 application 对象。

application 对象是 javax.servlet.ServletContext 类的实例，其主要方法如表 2-14 所示。

表 2-14　application 对象的主要方法

方法名	方法说明
Object getAtrribute(Object,name)	获得 application 对象中 name 名称的属性值
void setAttribute(Object name,Object value)	设置 application 对象中 name 名称的属性值
Enumeration gelAttributeNames()	获得 application 对象中所有的属性名称
void removeAttribute(String name)	删除 name 名称的属性及其属性值
ServletContext getContext(String uripath)	获得指定 WebApplication 的 application 对象
String getInitParameter(String name)	获得 name 名称的初始化参数值
Enumeration getInitParameterNames()	获得所有应用程序初始化参数的名称
String GetServerInfo()	获得服务器信息
String getMimeType()	获得指定文件的 MIME 类型
String getRealPath(path)	将 path 转换成文件系统路径名
String getResource(path)	获得指定 path 的 URL 地址
void log(message)	向日志中写消息
RequestDispatcher getRequestDispatcher(path)	获得指定 path 的请求分发器
int getMajorVersion()	获得 Servlet 的主要版本

下面这个示例片段是通过 application 来实现网站访问量的计数功能。

```
<%! synchronized void count(){
    Integer number=(Integer)application.getAtrribute( “CountNumber” );
    if(number==null){
            number=new Integer(1);
            application.setAttribute ( “CountNumber” , number);
    }
            else{
            number=ner Integer ( number.intValue () +1);
            application.setAttribute( “CountNumber” , number);
            }
    }%>
    <%
    if(session.isNew()){
            count();
            out.println ( “<p> 欢迎访问本网页！” ) ;
    }%>
```

<p> 您是第 <%=((Integer) application.getAtrribute (“CountNumbern”)). intValue() %>位访问本网页的客户。

2.3.6 其他对象

在 JSP 的隐含对象中，pageContext、page、config 和 exception 对象是不经常使用的，下面分别对这几个对象进行简要介绍。

1. pageContext 对象

pageContext 对象是一个比较特殊的对象，它相当于页面中所有其他对象功能的集合，使用它可以访问本页中的所有对象。

pageContext 对象是 javax.servlet.jsp.PageContext 类的实例，其主要方法是获得其他隐含对象和对象属性，分别如表 2-15 和表 2-16 所示。

表 2-15　pageContext 对象的常用方法

方法名	方法说明
Jsp Writer getOut()	获得当前页面的输出流，即 out 对象
Object getPage()	获得当前页面的 Servlet 实体（instance），即 page 对象
ServletRequest getRequest()	获得当前页面的请求，即 request 对象
ServletResponse getResponse()	获得当前页面的响应，即 response 对象
HttpSession getSession()	获得当前页面的会话，即 session 对象
ServletConfig getServletConfig()	获得当前页面的 ServletConfig 对象，即 config 对象
ServletContext getServletContext()	获得当前页面的执行环境，即 application 对象
Exception getException()	获得当前页面的异常，即 exception 对象

表 2-16　pageContext 对象属性的处理方法

方法名	方法说明
Object getAttribute(String name，int scope)	获得 name 名称，范围为 scope 的属性值
Enumeration getAttributeNamesInScope(int scope)	获得所有属性范围为 scope 的属性名称
void setAttribute(String name，Object value，int scope)	设置属性对象的名称为 name、值为 value、范围为 scope
int getAttributesScope(String name)	获得属性名称为 name 的属性范围
void removeAttribute(String name)	移除属性名称为 name 的属性对象
void removeAttribute(String name，int scope)	移除属性名称为 name，范围为 scope 的属性对象
Object findAttribute(String name)	寻找在所有范围中属性名称为 name 的属性对象

其中，scope 可以设置为如下 4 个范围参数，分别代表 4 种范围：PAGE_SCOPE、REQUEST_SCOPE、SESSION_SCOPE 和 APPLICATION_SCOPE。

2.page 对象

page 对象表示的是 JSP 页面本身，它代表 JSP 被编译成的 Servlet，可以使用它来调用 Servlet 类中所定义的方法，等同于 Java 中的 this。

3. config 对象

config 对象代表当前 JSP 配置信息，其方法如表 2-17 所示。

表 2-17　config 对象的常用方法

方法名	方法说明
String getInitParameter(name)	获得名字为 name 的初始化参数值
Enumeration getInitParameterNames()	获得所有初始化参数的名字
Sring getServletName()	获得 Servlet 名字

通常，Servlet 的初始化参数信息放在 web.xml 文件中，利用 config 对象就可以完成对 Servlet 的读取。

例如，web.xml 文件中的 servlet 配置如下。

```
<servlet>
    <description> Servlet Example</description>
    <display-name>Servlet</ </display-name>
    <servlet-name>HelloWorld</servlet-name>
    <servlet-class>HelloWorld</servlet-class>
    <init-param>
            <param-name>user</param-name>
            <param-value>alex</param-value>
    </init-param>
    <init-param>
            <param-name>address</param-name>
            <param-value>http://www.hrbust.edu.cn</param-value>
            </init-param>
            <load-on-startup>1</load-on-startup>
    </servlet>
    <servlet-mapping>
            <servlet-name>HelloWorld </servlet-name>
```

```
        <url-pattern>/servlet/HelloWorld</url-pattern>
</servlet-mapping>
```

那么，我们就可以直接使用语句 String user_name=config.getInitParameter(“usern”) 来取得名称为 user、其值为 alex 的参数。

4.exception 对象

exception 对象是一个例外对象。当一个页面在运行过程中发生例外，就会产生这个对象。如果一个 JSP 页面要应用此对象，就必须把 isErrorPage 设为 true，否则无法编译。exception 对象的常用方法如表 2-18 所示。

表 2–18 exception 对象的常用方法

方法名	方法说明
String getMessage()	返回描述异常的消息
String toString()	返回关于异常的简短描述消息
void printStackTrace()	显示异常及其栈轨迹
Throwable FilllnStackTrace()	重写异常的执行栈轨迹

2.4 EL 表达式和标签

2.4.1 表达式语言

EL（Expression Language）表达式是 JSP 2.0 中提出的一种计算和输出 Java 对象的简单语言。它为不熟悉 Java 语言的页面开发人员提供了一个开发 JSP 应用的新途径。

EL 表达式语言是一种类似于 JavaScript 的语言，主要用于在网页上显示动态内容，替代 Java 脚本完成复杂功能。

EL 表达式的特点如下。

①在 EL 表达式中可以获得命名空间；

②可以访问一般变量；

③可以使用算术运算符、关系运算符、逻辑运算符；

④可以访问 JSP 的作用域（page、request、session 和 application）。

由于 EL 表达式是在 JSP 2.0 之后出现的，为了与以前的规范相兼容，可以通过设置 page 指令标记的 isELIgnored 属性来声明是否忽略 EL 表达式，如下。

```
<%@page isELIgnored= “true|false” %>
```

如果设置为 true 则忽略，只将表达式作为一个字符串输出。如果设置为 false，则解析页面中的 EL 表达式。

1.EL 表达式的简单应用

（1）语法结构

EL 表达式语法很简单，它的特点就是使用很方便。其表达式语法格式如下。

${expression}

在上面的语法中，expression 为待处理的表达式。由于“${”符号是表达式的起始符号，所以要想在网页中显示“${”字符串，需要进行字符转换。一种方式是在前面加上“\”字符，即“\${”；另一种方式是写成“${‘$’}”，也就是用表达式来输出“${”符号。

（2）“[]”与运算符

EL 提供“.”和“[]”两种运算符来存取数据或对象的属性。大部分情况下，这两种运算符可以互换使用，但下面两种情况下只能使用“[]”运算符：

当要存取的属性名称中包含一些特殊字符，如或“?”等并非字母或数字的符号，要使用“[]”。例如，${user.My-Name} 应当改为 ${user[“My-Name”]}。

如果需要动态取值，要用“[]”来完成。例如，${sessionScope.user[data]}，其中 data 是一个变量，当值为“name”时，该式等价于 ${sessionScope.user.name}；若值为 password，该式等价于 ${sessionScope.user.password}。

（3）变量

EL 存取变量数据的方法很简单，如 ${usemame}。它的意思是取出某一范围中名称为 username 的变量值。

因为没有指定哪一个范围的 username，所以它会依序从 page、request、session、application 范围中查找。如果查找过程中找到 usemame，就直接回传，不再继续找下去；如果全部的范围都没有找到，就回传 null。

属性范围 page、request、session、application 在 EL 中的名称分别是 PageScope、RequestScope、SessionScope、ApplicationScope。

2. 运算符

EL 表达式语言提供了如表 2-19 所示运算符，其中大部分是 Java 中常用的运算符。

表 2-19　EL 表达式运算符

类型	运算符号
算术型	+、-（二元）、*、/、div、%、mod、-（一元）
逻辑型	and、&&、or、||、!、not
关系型	==、eq、!=、ne、、gt、<=、le、>=、ge。可以与其他值进行比较，或与布尔型、字符串型、整型或浮点型文字进行比较

续 表

类型	运算符号
空	空操作符是前缀操作，可用于确定值是否为空
条件型	A?B:C。根据 A 赋值的结果来赋值 B 或 C

3. 隐含对象

EL 表达式语言定义了一组隐含对象，如表 2-20 所示，其中许多对象在 JSP 脚本和 EL 表达式中都可用，且与 JSP 的隐含对象功能相近，因此不做详细介绍。

表 2–20　EL 表达式的隐含对象

对象	说明
pageContext	JSP 页的上下文。它可以用于访问 JSP 隐式对象。例如，${pageContext.response} 为页面的响应对象赋值
param	将请求参数名称映射到单个字符串参数值。表达式 $(param.name) 相当于 requestgetParameter(name)
param Values	将请求参数名称映射到一个数值数组。它与 pamm 隐式对象非常类似，但它检索一个字符串数组而不是单个值。表达式 ${paramvalues.name} 相当于 request.getParamterValues(name)
header	将请求头名称映射到单个字符串头值。表达式 ${header.name} 相当于 request.getHeader(name)
headerValues	将请求头名称映射到一个数值数组。它与头隐式对象非常类似。表达式 $fheaderValues.name} 相当于 request.getHeaderValues(name)
cookie	将 cookie 名称映射到单个 cookie 对象。向服务器发出的客户端请求可以获得一个或多个 cookie。表达式 ${cookie. name.value} 返回带有特定名称的第一个 cookie 值。如果请求包含多个同名的 cookie，则应该使用 ${headerValues. name} 表达式
InitParam	将上下文初始化参数名称映射到单个值。
pageScope	将页面范围的变量名称映射到其值。例如，EL 表达式可以使用 S{pageScope.objectName} 访问一个 JSP 中页面范围的对象，还可以使用 ${pageScope.objectName.attributeName} 访问对象的属性
requestScope	将请求范围的变量名称映射到其值。该对象允许访问请求对象的属性。例如，EL 表达式可以使用 ${requestScope. objectName } 访问一个 JSP 请求范围的对象，还可以使用 ${requestScope. objectName. attributeName} 访问对象的属性
sessionScope	将会话范围的变量名称映射到其值。该对象允许访问会话对象的属性。例如，${sessionScope. name}

2.4.2 JSTL 标签库

1. 概述

JSP 标准标签库（JSP Standard Tag Library，JSTL）是一个实现 Web 应用程序中常见的通用功能的定制标签库集，这些功能包括迭代和条件判断、数据管理格式化、XML 操作以及数据库访问。它是由 JCP（Java Community Process）所制定的一种标准规范，由 Apache 的 Jakarta 小组负责维护。

通过使用 JSTL 和 EL，程序员可以取代传统的向 JSP 页面中嵌入 Java 代码的做法，大大提高程序的可维护性、可阅读性和方便性。

JSP 标准标签库包括：核心标签库、I18N 与格式化标签库、数据库访问标签库、XML 处理标签库、函数标签库。

（1）核心标签库：主要用于完成 JSP 页面的基本功能，包括基本输入输出、流程控制、迭代操作和 URL 操作。

（2）I18N 与格式化标签库：包含国际化标签和格式化标签，用于对经过格式化的数字和日期的输出结果进行标准化。

（3）数据库访问标签库：包含对数据库访问和更新的标签，可以方便地对数据库进行访问。

（4）XML 处理标签库：包含对 XML 操作的标签，使用这些标签可以很方便地开发基于 XML 的 Web 应用。

（5）函数标签库：包含对字符串处理的常用函数标签，包括分解和连接字符串、返回子串、确定字符串是否包含特定子串等。

使用这些标签之前需要在 JSP 页面中使用 <%@taglib%> 指令定义标签库的位置和访问前缀。同时还需要下载 jstl.jar 和 standard.jar 文件并复制到 Web 应用目录 \WEB-INF\lib 下。

各个标签库的 taglib 指令格式如表 2-21 所示。

表 2-21　JSTL 标签库的指令格式

JSTL	taglib 指令格式
核心标签库	<%@taglib prefix=“c” uri=“http://java.sun.com/jsp/jst!/core” %>
I18N 格式化标签库	<%@taglib prefix=“fmt” uri=“http://java.sun.com/jsp/jstl/fint” %>
数据库访问标签库	<%@taglib prefix=“sqruri=“http://java.sim.com/jsp/jstl/sql” %>
XML 处理标签库	<%@taglib prefix=“xml” uri=“http://java.sun.com/jsp/jstl/xml” %>
函数标签库	<%@taglib prefix=“fii” uri=“http://java.sun.com/jsp/jstl/fimctions” %>

例如，jstlTest.jsp，其代码如下。

```
<%@ page contentType= "text/html;charset=GB2312"  isELIgnored= "false" %>
<%@ taglib prefix= "c"  uri= "http://java.sun.com/jsp/jstl/core" %>
<html>
    <head>
            <title> 测试你的第一个 JSTL 网页 </title>
    </head>
    <body>
            <c:out value= "欢迎测试你的第一个 JSTL 网页" />
            </br> 你使用的浏览器是：</br>
            <c:out value= "${header[ 'User-Agent' ]}" /></br>
            <c:set var= "user"  value= "Jack"  />
            <c:out value= "JSTL 测试成功！"  escapeXml= "true" />
    </body>
</html>
```

运行结果如图 2-9 所示。

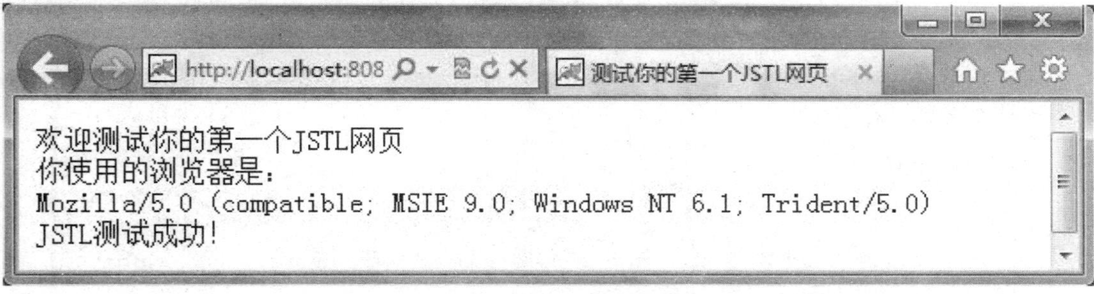

图 2–9 JSTL 示例运行结果

这段程序代码主要使用了核心标签库 core 的 out 标签，配合 EL 表达式显示了浏览器的类型。

2. 核心标签库

JSTL 核心标签库标签共有 13 个，功能上分为四类。

（1）表达式控制标签：out、set、remove、catch。

（2）流程控制标签：if、choose、when、otherwise。

（3）循环标签：forEach、forTokens。

（4）URL 操作标签：import、url、redirect。

使用标签时，一定要在 jsp 文件头加入以下代码。

```
<%@taglib prefix= "c"  uri= "http://java.sun.com/jsp/jstl/core"  %>
```

下面对这些标签进行说明。

（1）<c:out>

<c:out>标签是一个最常用的标签，用来显示数据对象（字符串、表达式）的内容或结果。它的作用是用来替代通过 JSP 隐含对象 out 或者 <%=%> 标签来输出对象的值。

语法 1: 没有 body 体

```
<c:out value= “value” [escape Xml = “{true|false}” ] [default= “defaultValue” ]/>
```

语法 2: 有 body 体

```
<c:out value= “value” [escape Xml = “{true|false}” ]>
Body 部分
</c:out>
```

各属性说明如表 2-22 所示。

表 2-22 <c:out> 的属性说明

属性名	类型	必须	默认值	说明
value	Object	Y	无	用来定义需要求解的表达式
escape xml	boolean	N	true	用于指定在使用 <c:out> 标记输出特殊字符时是否应该进行转义。如果为 true，则会自动地进行编码处理
default	Object	N	无	当求解后的表达式为 null 或者 String 为空时将打印这个缺省值

说明：假若 value 为 null，会显示 default 的值；假若没有设定 default 的值，则会显示一个空的字符串。

example2_8.jsp 的代码片段：

```
<body>
    <c:out value= “&lt 欢迎使用标签（未使用转义字符）&gt” escapeXml= “true” default= “默认值” ></c:out><br/>
    <c:out value= “&lt 欢迎使用标签（使用转义字符）&gt” escapeXml= “false” default= “默认值” ></c:out><br/>
    <c:out value= “${null}” escapeXml= “false” > 若表达式结果为 null，则输出此默认值 </c:outxbr/>
</body>
```

其显示结果如图 2-10 所示。

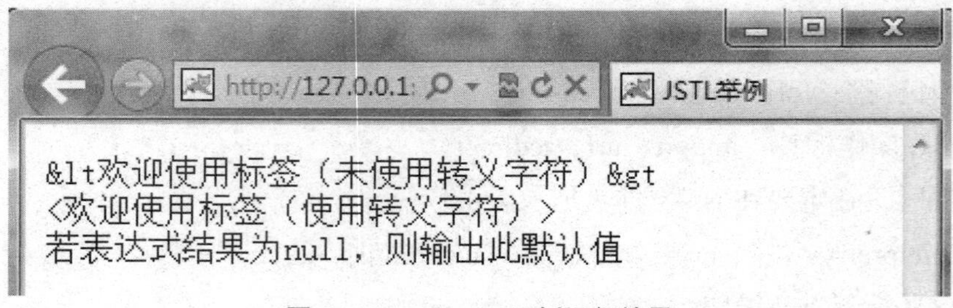

http://127.0.0.1:
JSTL举例
&lt欢迎使用标签（未使用转义字符）&gt
<欢迎使用标签（使用转义字符）>
若表达式结果为null，则输出此默认值

图 2-10 <c:out> 示例运行结果

（2）<c:set>

<c:set> 标签是对某个范围中的名字设置值，也可以对某个已经存在的 JavaBean 对象的属性设置值，其功能类似于 <%request.setAttrbute(“name”,“value”);%> 语句。

其语法格式如下。

语法 1: 没有 body 体，将 value 的值存储到范围为 scope 的 varName 变量之中。

```
<c:set value= "value"  var= "varName"  [scope= "{page|request|session|application}" ]/>
```

语法 2: 有 body 体，将 body 内容存储至范围为 scope 的 varName 变量之中。

```
<c:set value= "value"  [scope= "{page|request|session|application}" ]>
body 体内容
</c:set>
```

语法 3: 将 value 的值存储至 target 对象属性中。

```
<c:set value= "value"  target= "target"  property= "propertyName" />
```

语法 4: 将 body 内容的数据存储至 target 对象属性中。

```
<c: set target= "target"  property= "propertyName" >
body 体内容
</c:set>
```

说明：如果 value 值为 null 时，<c:set> 将由设置变量改为移除变量。

target 是要设置属性的对象。必须是 JavaBean 对象或 java.util.Map 对象。如果 target 为 Map 类型时，则执行 Map.remove(property); 如果 target 为 JavaBean 时，property 指定的属性值为 null。

需要注意的是，var 和 scope 这两个属性不能使用表达式来表示，不能写成 scope= “${ourScope}” 或 vai= “${a}” 。

（3）<c:remove>

<c:remove> 标签用于删除存在于 scope 中的变量。其实现功能类似于 <%session.remove Attribute（ “name” ）%>。

语法格式为：

```
<c: remove var= "varName"  [scope= " {page | request | session | application}" ] />
```

（4）<c:catch>

<c:catch> 用来处理 JSP 页面中产生的异常，并存储异常信息。当异常发生在 <c:catch> 和 </c:catch> 之间时，只有 <c:catch> 和 </c:catch> 之间的程序会被中止忽略，整个网页不会被中止。它包含一个 var 属性，是一个描述异常的变量，该变量可选。若没有 var 属性的定义，那么仅仅捕捉异常而不做任何事情。若定义了 var 属性，则可以利用 var 所定义的异常变量进行判断，转发到其他页面或提示报错信息。

语法格式为：

```
<c:catch [var= "var" ]>
```

可能产生异常的代码

```
</c:catch>
```

（5）<c:if>

动作仅当所指定的表达式计算为 true 时才计算其主体。计算结果也可以保存为一个作用域 Boolean 变量。

语法 1: 无 body 体

```
<c:if test="booleanExpression"
var="var" [scope="page | request | session | application" ]/>
```

语法 2: 有 body 体

```
<c: if test="booleanExpression" >
body 体
</c:if>
```

var 用来存储 test 运算后的结果，true 或 false。

例如，

```
<c:if test="${empty param.empDate}" >
<jsp:forward page="input.jsp" >
<jsp:param name="msg"  value="Missing the Employment Date"  />
</j sp:forward>
</c:if>
```

如果参数 empDate 为空的话则转向 input.jsp 页面。

（6）<c:choose>、<c:when>、<c:otherwise> 标签

<c:choose> 动作用于控制嵌套 <c:when> 和 <c:otherwise> 动作的处理，它只允许第一个测试表达式计算为 true 的 <c:when> 动作得到处理；如果所有 <c:when> 动作的测试表达式都计算为 false，则会处理一个 <c:otherwise> 动作。<c:choose> 标签类似于 Java 中的 switch 语句，其作为父标签，<c:when>、<c:otherwise> 作为其子标签来使用。语法格式为：

```
<c:choose>
Body(<when> 和 <otherwise>)
</c:choose>
```

<c:choose> 标签的内容只能是如下值。

①空；

② 1 或多个 <c:when>；

③ 0 或多个 <c:otherwise>。

<c:when> 标签等价于“if”语句，它包含一个 test 属性，该属性表示需要判断的条件。

语法格式为：

```
<c:when test="testCondition" >
```

```
Body
</c:when>
```

<c:otherwise> 标签没有属性，它等价于“else”语句。

语法格式为：

```
<c:otherwise>
conditional block
</c:otherwise>
```

说明：

<c:when> 和 <c:otherwise> 标签只能是 <c:choose> 的子标签，不能独立存在。

在 <c:choose> 中，<c:when> 要出现在 <c:otherwise> 之前。如果有 <c:otherwise> 标签，一定是 <c:choose> 中的最后一个标签。

在 <c:choose> 中，如果多个 <c:when> 同时满足条件，只有第一个 <c:when> 被执行。

（7）<c:forEach>

该标签功能类似于 Java 中的 for 循环语句，根据循环条件遍历集合 Collection 中的元素。当条件满足时，就会重复执行标签中的体内容部分。

语法格式：

语法 1: 基于集合元素的迭代

```
<c:forEach items= “collection” [var= “var” ] [varStatus= “varStatus” ]
[begin= “startIndex” ] [end= “stopIndex” ] [step= “increment” ]>
体内容
</c:forEach>
```

语法 2: 迭代固定次数

```
<c: forEach [var= “var” ] [varStatus= “varStatus” ]
begin= “startIndex”  end= “stopIndex”  [step= “increment” ]>
体内容
</c:forEach>
```

各属性说明如表 2-23 所示。

表 2–23　<c:forEach> 的属性说明

属性名	类型	默认值	说明
begin	int	0	结合集合使用时的开始索引，从 0 计起。对于集合来说默认为 0
end	int	最后一个成员	结合集合使用时的结束索引（元索引要小于等于此结束索引），从 0 计起。默认为集合的最后一个元素。如果 end 小于 begin，则根本不计算体集合，迭代即要针对此集合进行

续 表

属性名	类型	默认值	说明
items	Collection，Iterator，Enumeration，Map，String Arrays，数组	无	集合，迭代即要针对此集合进行
step	int	1	每次迭代时索引的递增值。默认为 1
var	String	无	保存当前元素的嵌套变量的名字
varStatus	String	无	保存 LoopTagStatus 对象的嵌套变量的名字

说明：

假若 items 为 null 时，则表示为一空的集合对象。

假若 begin 大于或等于 items 时，则迭代不运算。

注意：

varName 的范围只存在于 <c:forEach> 本体中，如果超出了本体，则不能取得 varName 的值。

如，

```
<c:forEach items= “${atts}”  var= “item” ></c:forEach>
${item}</br>
```

${item} 不会显示 item 的内容。

<c:forEach> 除了支持数组之外，还有标准的 J2SE 的结合类型。例如，ArrayList、List、LinkedList、Vector、Stack 和 Set 等；另外，包括 java.util.Map 类的对象，如 HashMap、Hashtable、Properties、Provider 和 Attributes。

此外，<c:forEach> 提供了 varStatus 属性，主要用来存放现在所指成员的相关信息。其属性含义如表 2-24 所示。

表 2–24 varStatus 的属性含义

属性	类型	含义
index	number	现在所指成员的索引
count	number	总共成员的总和
first	boolean	现在所指成员是否为第一个
last	boolean	现在所指成员是否为最后一个

例 2.9 <c: forEach> 示例如下。

```
example2_9.jsp
<%@ page contentType= “text/html;charset=GBK" isELIgnored="false"%>
<%@page import= “java.util.List” %>
```

```
<%@ page import= "java.util.ArrayList" %>
<%@ taglib prefix= "c"  uri= "http://java.sun.com/jsp/jstl/core"  %>
<html>
    <head>
            <title>JSTL; --. forBach 标签实例 </tit1e>
    </head>
    <body>
            <h4><c:out value= "forEach 实例"  /></h4>
            <hr>
            <8
                    List a=new ArrayList();
                    a.add( "贝贝" );
                    a. add( "晶晶" );
                    a. add( "欢欢" );
                    a. add ( "莹莹" );
                    a.add ( "妮妮" );
            request. setAttribute( "a" ,a);
    %>
            <B><c:out value= "不指定 begin 和 end 的迭代 :" /></B><br>
            <c:forEach var= "fuwa"  items= "${a}" >
              <c:out value= "${fuwa}" /><br>
            </c:forEach>
            <B><c:out value= "指定 begin 和 end 的迭代 :" /></B><br>
            <c:forEach var= "fuwa"  items= "${a}"  begin= "1"  end= "3"  step= "2" >
             <c:out value= "${fuwa}"  /><br>
            </c: forEach>
            <B><c:out value= "输出整个迭代的信息 :" /></B><br>
            <c:forEach var= "fuwa"  items= "${a}"  begin= "3"  end= "4"
                                                    step= "1"  varStatus= "s" >
             <c:out value= "${fuwa}"  /> 的四种属性 : <br>
                所在位置，即索引 : <c:out value= "${s.index}"  />;
                总共已迭代的次数 : <c:out value= "${s.count}"  /><br>
                是否为第一个位置 : <c:out value= "${s.first}"  />;
                是否为最后一个位置 : <c:out value= "${s.last}"  /><br>
            </c: forEach>
```

```
    </body>
</html>
```

其运行结果如图 2-11 所示。

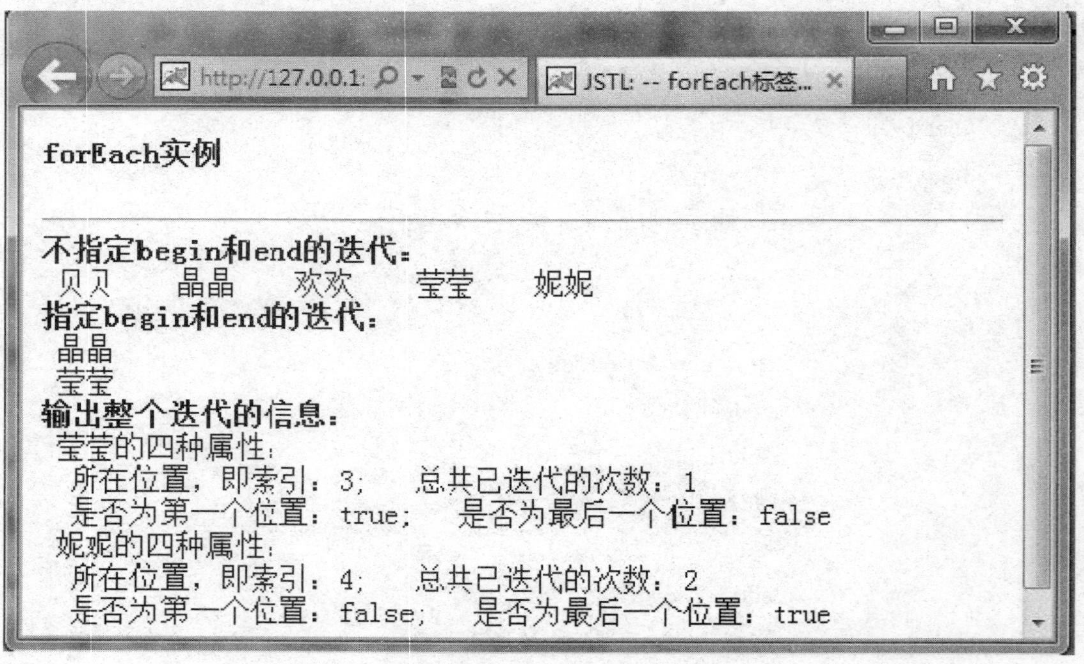

图 2–11　<c:forEach> 示例运行结果

（8）<c:forTokens> 标签

该标签用于遍历字符串中的成员，成员之间通过 delimis 属性设置的符号分割。其相当于 java.til.String Tokenizer 类。

语法格式为：

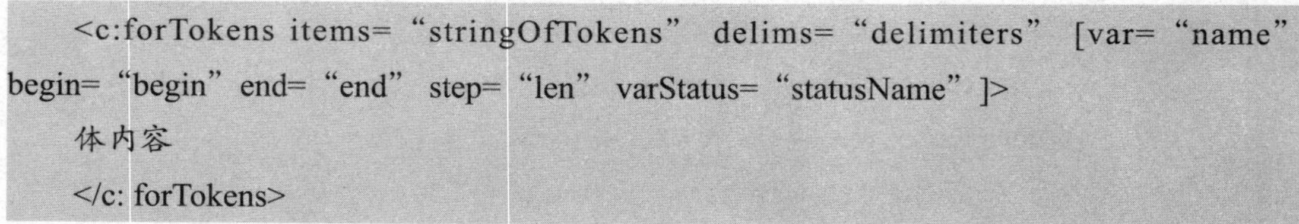

```
<c:forTokens items= "stringOfTokens"  delims= "delimiters"  [var= "name"
begin= "begin" end= "end"  step= "len"  varStatus= "statusName" ]>
体内容
</c: forTokens>
```

各属性含义如表 2-25 所示。

表 2–25　<c:forTokens> 各属性含义

属性名	类型	是否必须	默认值	说明
var	String	否	无	用来存放现在指定的成员
items	String	是	无	被迭代的字符串
delims	String	是	无	定义用来分割字符串的字符
varStatus	String	否	无	用来存放现在指定的相关成员信息

续　表

属性名	类型	是否必须	默认值	说明
begin	int	否	0	开始的位置
end	int	否	最后一个成员	结束的位置
step	int	否	1	每次迭代步长

说明：

<c:forTokens> 中的 begin、end、step、var 和 varStatus 属性用法与 <c:forEach> 标签相同，只是要求 items 必须是字符串，delims 是分隔符。

如果有 begin 属性时，begin 必须大于等于 0; 如果有 end 属性时，必须大于 begin; 如果有 step 属性时，step 必须大于等于 1。

如果 itmes 为 null 时，则表示为空的集合对象。如果 begin 大于等于 items 的大小时，则迭代不运算。

例如，

```
<c:forToken items= "A，B，C，D，E，F，G" delims= "，" var= "item" >
${item}
</c:forToken>
```

items 属性也可以用 EL，如

```
<%
String phonenumber= "123-456-7899" ;
request.setAttribute( "userPhone" ,phonenumber);
%>
<c: forTokens items= "$ {userPhone} " delims= "-" var= "item" >
${item}
</c:forTokens>
```

（9）<c:import>

<c:import> 标签用于把其他静态或动态文件包含到 JSP 页面。其与 <jsp:include> 标记功能基本相同，主要的区别是：<c:import> 标签不仅能包含同一个 Web 应用中的文件，还可以包含其他 Web 应用中的文件，甚至是网络上的资源。

语法 1:

```
<c:import url= "url" [context= "context" ]
[var= "varName" ] [scope= "{page|request|session|application}" ]
[charEncoding= "charEncoding" ]>
内容
</c:import>
```

语法 2:

```
<c:import url= "url" [context= "context" ]
varReader= "varReaderName" [charEncoding= "charEncoding" ]>
内容
</c:import>
```

说明：<c:import> 中必须要有 url 属性，它是用来设定被包含网页的地址。它可以为绝对地址或是相对地址。

当使用相对路径访问外部 context 资源时，context 指定了这个资源的名字。

属性 var 和 varReader 的区别在于 var 是一个字符串参数，而 varReader 是 Reader 对象。

（10）<c:url>

主要用来产生一个 URL。

语法 1：没有本体内容

```
<c:url value= "value" [context= "context" ][var= "varName" ]
[scope= "{page|request|session|application}" ] />
```

语法 2：本体内容代表查询字符串（Query String）参数

```
<c:url value= "value" [context= "context" ] [var= "varName" ]
[scope= "{page|request|session|application}" ] >
<c:param> 标签
</c:url>
```

例如，

```
<c:url value= "http://www.javafan.net" >
<c:param name= "param" value= "value" />
</c:url>
```

上面执行结果将会产生一个网址为 http://www.javafan.net?param=value 的 URL，我们更可以搭配 HTML 的 <a> 标签使用。

```
<a href= "<c:url value= "http://www.javafan.net" >
<c:param name= "param" value="value" />
</c :url>" >Java 爱好者 </a>
```

如果 <c:url> 有 var 属性时，则网址会被存到 varName 中，而不会直接输出网址。

（11）<c:redirect>

该标签用来实现请求的重定向。例如，对用户输入的用户名和密码进行验证，不成功则重定向到登录页面；或者实现 Web 应用不同模块之间的衔接。

语法 1：没有体内容

```
<c:redirect url= "url" [context= "context" ] />
```

语法 2：体内容代表查询字符串（Query String）参数

```
<c:redirect url= "url" [context= "context" ] >
<c:param>
</c:redirect >
```

例如，

```
<%@ page contentType= "text/html; charset=GBK" %>
<%@ taglib prefix= "c" uri= "http://java.sun.com/jsp/jstl/core" %>
<c: redirect url= "http: //127.0.0.1: 8080" >
    <crparam name= "uname" >user</c:param>
    <c:param name= "password" >123456</c:param>
</c:redirect>
```

则运行后，页面跳转为：http://7127.0.0.1:8080/?uname=user&password=123456。

（12）<c:param>

<c:param> 标签可以作为 <c:import>、<c:url> 和 <c:redirect> 标签的子标签，用于传递相关参数。

语法格式为：

```
<c:param name= "参数名" value= "参数值" />
<c:param name= "参数名" > 体内容 </c:param>
```

2.4.3 自定义标签

除了标准的 JSP 标签以外，JSP 还允许用户定义自己的标签，通过自定义标签来封装用户特定的动作和行为，从而扩展标签的功能。自定义标签的使用方法和 JSP 的标准标签一样，但其定义和运行需要完成如下几方面的定义。

（1）标签处理类（Tag Handle Class）

标签处理类是一个 Java 类，这个类继承了 TagSupport 或者扩展了 SimpleTag 接口，通过这个类可以实现自定义 JSP 标签的功能。

（2）标签库描述文件（Tag Library Descriptor）

标签库描述（TLD）文件是一个 XML 文件，这个文件提供了标签库中类和 JSP 中对标签引用的映射关系。它是一个配置文件，和 web.xml 类似。JSP 容器在遇到标签库中的自定义标签时需要使用该文件找到对应的标签处理器类，来决定如何处理。

（3）web.xml 文件中对标签库的描述

对标签库描述文件的定位和描述需要在 web.xml 文件中指明。在 web.xml 文件中使用 taglib 标记及其子标记 taglib-uri 和 taglib-location 来实现这一目的。

（4）在 JSP 页面中使用自定义标签

在 JSP 页面中使用 taglib 指令声明自定义标签。

```
<%@taglib uri= "taglibURI" prefix= "tagPrefix" @%>
```

其中，uri 是用户自定义标签库描述文件的 URL 地址，prefix 是标签库描述文件的前缀。下面通过一个完整示例来说明自定义标签的定义与使用过程。

1. 标签处理类的定义

标签处理类就是一个 java 类，只是需要继承 TagSupport 类或扩展 SimpleTag 接口。

```
package tag;
import java.io.IOException;
import javax.servlet.jsp.*;
import javax.servlet.jsp.tagext.*;
    public class TagTest extends TagSupport
    {
            public int doStartTag() throws JspTagException
            {
            returnEVAL_BODY_INCLUDE;
    }
    public int doEndTag() throws JspTagException
    {
            try{
    pageContext.getOut().write( "Welcome to TagTest!<br/>" +
     " class name is " +getClass().getName());
    }
            catch ( IOException e) {}
            return EVAL_ PAGE;
    }
}
```

说明如下。

doStartTag(): 在自定义标签开始时调用，返回在标签接口中定义的 int 常量。doStartTag() 方法覆盖了 TagSupport 类中的此方法，会抛出 JspTagException 异常。

doEndTag(): 在自定义标签结束时调用，返回在标签接口中定义的 int 常量。

完成类的编写后编译生成 TagTestxlass。

2. 标签库描述文件的定义

编写标签库描述文件 tagLib.tld，它是一个 XML 文档。

```
<?xml version= "1.0"  encoding= "ISO-8859-1"  ?>
```

```
<!DOCTYPE taglib
PUBLIC  "-//Sun Microsystems, Inc./DTD JSP Tag Library 1.1//EN"
 "http://java.sun.com/Java EE/dtds/web-jsptaglibrary_1_1.dtd" >
   <taglib>
            <tlibversion>1.0</tlibversion>
            <j spversion>1.1</j spversion>
            <shortname>TagExample</shortname>
            <info>Simple example library.</info>
   <tag>
            <name>tagTest</name>
            <tagclass>tag.tagTest</tagclass>
            <bodycontent>JSP</bodycontent>
            <info>Taglib example</info>
   </tag>
</taglib>
```

说明：

<tlibverSion> 为标签库的版本号，不能忽略。

<jspversioiP> 为 JSP 规范的版本号，缺省为 1.1。

<shortname> 为标签库命名空间前缀，一般与 taglib 指令中的 prefix 属性值一致。该项不能忽略。

<info> 为标签库的描述信息。

在一个标签库描述文件中可以出现任意多个 <tag></tag> 标签，用于声明自定义的标签。<name> 为标签名称，即标签后缀。

<tagclass> 为自定义标签类。

<bodycontent> 表示用户自定义标签是否包含体内容。值为 JSP 表示 Servlet 容器对体内容求值。

<tag> 标签中的 <name> 和 <tagclass> 子标签是不能省略的。

3. web.xml 文件的描述

在 web.xml 文件中需要配置对标签库描述文件的描述和定位。在配置文件中增加如下语句。

```
<taglib>
<taglib-uri>/TagTest</taglib-uri>
<taglib-location>/WEB-INF/tlds/tagLib.tld</taglib-location>
</taglib>
```

说明：<taglib> 标签用于说明标签库描述文件的所在位置和相关 uri。

<taglib-uri> 子标签中定义的内容要与 JSP 文件中 <%@taglib uri= “taglibURTprefix” = “tagPrefix” @%> 的 uri 属性值相一致。

<taglib-location> 子标签指出标签库描述文件的所在位置。

4. JSP 文件的编写

下面编写一个 JSP 文件，应用自定义标签。

```
<%@ taglib uri= “/TagTest”  prefix= “TagExample” %>
<html>
    <head>
            <title>tag Example</title>
    </head>
    <body>
            <h1>TagLib Example:</h1>
            The Taglib content is<br/>
            <b><examples:tagTest>
            </examples:tagTest>
            </b><br/>
            content end
    </body>
</html>
```

运行结果如图 2-12 所示。

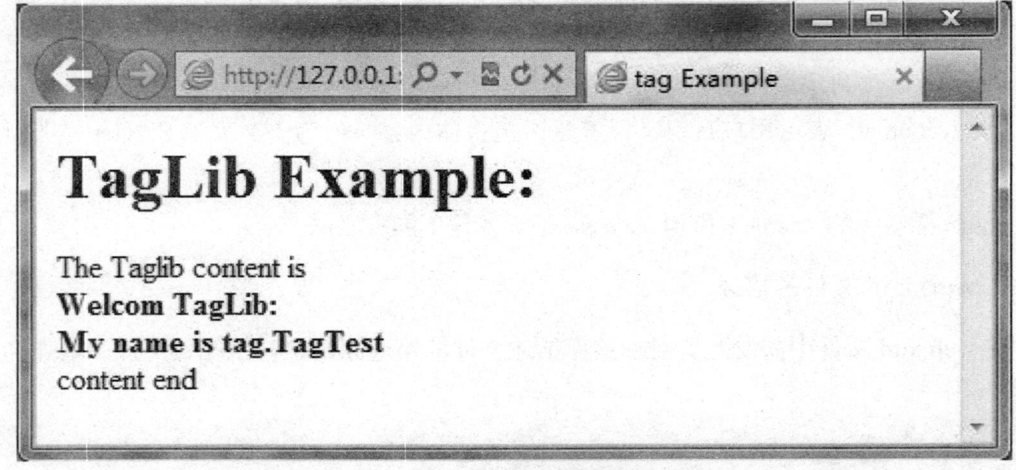

图 2–12　TagLib 示例运行结果

第 3 章　JDBC

3.1　JDBC 概述

JDBC（Java Data Base Connectivity，Java 数据库连接）是一种用于执行 SQL 语句的 Java API，可以为多种关系数据库提供统一访问，由一组用 Java 语言编写的类和接口组成。JDBC 是使用 Java 语言访问数据库的解决方案，易学易用。

3.1.1 JDBC 数据库应用模型

JDBC 由两层构成，一层是 JDBC API, 负责在 Java 应用程序与 JDBC 驱动程序管理器之间进行通信，负责发送程序中的 SQL 语句。另一层是 JDBC 驱动程序 API, 与实际连接数据库的第三方驱动程序进行通信，返回查询信息或者执行规定的操作。

1. Java 应用程序

Java 程序包括应用程序、Applet 以及 Servlet, 这些类型的程序都可以利用 JDBC 实现对数据库的访问，JDBC 在其中所起的作用包括：请求与数据库建立连接、向数据库发送 SQL 请求、处理查询、错误处理等操作。

2. JDBC 驱动程序管理器

JDBC 驱动程序管理器动态地管理和维护数据库查询所需要的驱动程序对象，实现 Java 程序与特定驱动程序的连接。它完成的主要任务包括：为特定的数据库选取驱动程序、处理 JDBC 初始化调用、为每个驱动程序提供 JDBC 功能的入口、为 JDBC 调用传递参数等。

3. 驱动程序

驱动程序一般由数据库厂商或者第三方提供，由 JDBC 方法调用，向特定数据库发送 SQL 请求，并为程序获取结果。驱动程序完成下列任务：建立与数据库的连接、向数据库发送请求、在用户程序请求时进行翻译、错误处理。

4. 数据库

数据库指数据库管理系统和用户程序所需要的数据库。

3.1.2 JDBC 驱动程序

JDBC 驱动程序分为以下四种类型。

（1）类型 1：JDBC-ODBC Bridge Driver，这种驱动方式通过 ODBC 驱动器提供数据库连接。使用这种方式要求客户机装入 ODBC 驱动程序。

（2）类型 2：Native-API partly-Java Driver, 这种驱动方式将数据库厂商所提供的特殊协议转换为 Java 代码及二进制代码，利用客户机上的本地代码库与数据库进行直接通信。和类型 1 一样，这种驱动方式也存在很多局限，由于使用本地库，因此，必须将这些库预先安装在客户机上。

（3）类型 3: JDBC-Net All-Java Driver, 这种类型的驱动程序是纯 Java 代码的驱动程序，它将 JDBC 指令转换成独立于 DBMS 的网络协议形式并与某种中间层连接，再通过中间层与特定的数据库通信。该类型驱动具有最大的灵活性，通常由非数据库厂商提供，是四种类型中最小的。

（4）类型 4: Native-protocol All-Java Driver, 这种驱动程序也是一种纯 Java 的驱动程序，它通过本地协议直接与数据库引擎相连，这种驱动程序也能应用于 Internet。在全部四种驱动方式中，这种方式具有最好的性能。

3.1.3 用 JDBC 访问数据库

用 JDBC 访问数据库要经过以下几个步骤。

1. 建立数据源

这里的数据源是指 ODBC 数据源，这一点不是 JDBC 所必需的，而是使用驱动程序类型 1（JDBC-ODBC Bridge）建立连接时所需要的步骤。

2. 装入 JDBC 驱动程序

DriverManager 类管理各种数据库驱动程序，建立新的数据库连接。

JDBC 驱动程序通过调用 registerDriver 方法进行注册。用户在正常情况下不会直接调用 DriverManager.registerDriver，而是在加载驱动程序时由驱动程序自动调用。加载 Driver 类，自动在 DriverManager 类中注册的方法有以下两种。

（1）调用方法 Class.forName() 将显式地加载驱动程序类。例如，加载 Sybase 数据库驱动程序：

```
Class.forName(“com.Sybase.jdbc2.jdbc.SybDriver”);
```

（2）通过将驱动程序添加到 java.lang.System 的属性 jdbc.drivers 中。初始化 DriverManager 类时，它自动搜索系统属性 jdbc.drvers 且加载其中包含的一个或多个驱动程序。例如，下面的代码准备加载三个驱动程序类：

```
jdbc.drivers = ei.bar.Driver:bee.sql.Driver:see.test.ourDriver;
```

以上两种情况，新加载的 Driver 类需要调用 DriverManager.registerDriver 进行注册。一旦 DriverManager 被初始化，它就不再检查 jdbc.drivers 属性列表。因此，在大多数情况下，调用方法 Class.forName 显式地加载驱动程序更为可靠。

3. 建立连接

与数据库建立连接的方法包括：

```
DriverManager.getConnection(String url)
DriverManager.getConnection(String url,Properties pro)
DriverManager.getConnection(String url,String user,String password)
```

其中，url 指出使用哪个驱动程序以及连接数据库所需的其他信息。其格式如下。

```
jdbc:<subprotocol>:<subname>
```

例如，

```
String url = "jdbc:microsoft:sqlserver://localhost:1433;User=JavaDB;Password=javadb;DatabaseName=northwind";
```

这里，subprotocol 为 microsoft，而 subname 为 sqlserver 及其后的内容。用户名和口令也是存取数据所需的信息。有时候，可以采用另一种方式建立连接，格式如下。

```
String url = "jdbc:microsoft:sqlserver://localhost:1433;DatabaseName=northwind";
Connection con = DriverManager.getConnection(url, "JavaDB", "javadb");
```

4. 执行 SQL 语句

与数据库建立连接之后，需要向访问的数据库发送 SQL 语句。在特定的程序环境和功能需求下，可能需要不同的 SQL 语句，如数据库的增、删、改、查等操作，或者数据库或表的创建及维护操作等。需要说明的是：Java 程序中所用到的 SQL 语句是否能得到正确的执行，是否会产生异常或错误，需要关注的不仅是语句本身的语法正确性，还要关注所访问的数据库是否支持。例如，有的数据库不支持存储过程操作，则发送调用存储过程的语句，即抛出异常。

有 3 个类用于向数据库发送 SQL 语句。

（1）Statement 类，调用其 createStatement() 方法可以创建语句对象，然后利用该语句对象可以向数据库发送具体的 SQL 语句。例如，

```
String query = "select * from tablel";          // 查询语句
Satement st = con. createStatement () ;         // 或用带参数的 createStatement () 方法
```

```
ResultSet rs = st.executeQuery(query};          //发送 SQL 语句，获得结果
```

（2）PreparedStatement 类，调用其方法 prepareStatement() 创建预处理语句对象，可以向数据库发送带有参数的 SQL 语句。该类有一组 set × × × 方法，用于设置参数值。这些参数被传送到数据库，预处理语句被执行。这个过程类似于给函数传递参数之后执行函数，完成预期的处理。使用 PreparedStatement 类与使用 Statement 类相比，有较高的效率。具体的例子如下。

```
PreparedStatement ps;
ResultSet rs=null;
String query= "select name,age,addr from xsda where addr = ?" ;
ps=con.prepareStatement(query);
ps.setstring(1, "hei" );
rs=ps.executeQuery();
```

（3）CallableStatement 类的方法 prepareCall() 可用于创建对象，该对象用于向数据库发送调用某存储过程的 SQL 语句。prepareCall() 和 prepareStatement() 一样，所创建的语句允许带有参数，用 set × × × () 设置输入参数，即 IN 参数，同时需接收和处理 OUT 参数、INOUT 参数以及存储过程的返回值，概要说明其使用方法的语句例子如下。

```
CallableStatement cstmt;
ResultSet rs;
cstmt = con.prepareCall( "{?=call stat(?,?)}" );
    //stat 是一存储过程的名字，它有两个参数，且有返回值
cstmt.setstring(2, "Java Programming Language" );
rs = cstmt.executeQuery();
```

5. 检索结果

数据库执行传送到的 SQL 语句，结果有多种存储位置，这与所执行的语句有关。以查询语句 select 为例，其结果需返回到程序中一个结果集对象，即前面语句例子中的 ResultSet 类对象 rs。rs 可看作是一个表子集，有若干行和若干列，行列的具体数量与查询条件及满足查询条件的记录数有关。要浏览该表内容可以借助 ResultSet 类的相关方法完成。例如，行指针移动方法 rs.next() 和取列内容的方法 rs.get × × × () 等。若是执行数据更新语句 update, 则返回的是成功进行更新的数据库记录行数。所以，检索结果操作要依程序的具体内容而定。

6. 关闭连接

完成对数据库的操作之后应关闭与常用数据库的连接。关闭连接使用 close() 方法，格式如下：

```
con.close();
```

3.1.4 JDBC 常用接口和类

JDBC 中包含的接口和类主要有 DriverManager、Connection、Statement、PreparedStatenient 及 Resultset，使用时要引入 java.sql.*。下面分别进行介绍。

1. DriverManager

用于管理 JDBC 驱动程序的服务类。在程序中使用该类的主要功能是获取 Connection 对象，该类使用最多的方法是 getConnection()。该方法可以获得 URL 对应数据库的连接，其原型如下。

```
public static. Connection getConnection（String url. String user，String password）throws SQLException
```

2. Connection

代表数据库的连接对象，每个 Connection 代表一个物理连接会话。应用程序要访问数据库，就必须先得到数据库连接对象。该接口的常用方法如下。

```
Statement createStalement()throws SQLException;    // 该方法返回一个 Statement 对象
PreparedStatement prepareStatement (String sql) throws SQLExceplion;    // 该方法返回预编译的 Statement 对象，即将 SQL 语句提交到数据库进行预编译
CallableStatement prepareCall (String sql) throws SQLException;    // 该方法返回 CaliableSlatenient 对象，该对象用于调用存储过程
```

上面几个方法都返回用于执行 SQL 语句的 Statement 对象，PreparedStatement 和 Callable-Statement 是 Statement 的子类，只有获得了 Statement 之后才可以执行 SQL 语句。除此之外，Connection 还有以下几个用于控制事务的方法。

```
Savepoint setSavepoint()throws SQLException;    // 创建一个保存点
Savepoint setSavepoint (String name) throws SQLExceplion;  // 以指定名称来创建一个保存点
void selTransactionIsolation (int level) throws SQLException; // 设置事务的隔离级别
void rollback()throws SQLException;    // 回滚事务
void rollback(Savepoint savepoint) throws SQLException; // 将事务回滚到指定的保存点
void setAutoCommit( boolean auloCommil) throws SQLException;    // 关闭自动提交，打开事务
void rommit() throws SQLException;    // 提交事务
```

3. Stalement

用于执行 SQL 语句的工具接口。该对象既可以用于执行 DDL、DCL 语句，又可以用

于执行 DML 语句，还可以用于执行 SQL 查询。当执行 SQL 查询时，返回查询到的结果集。

Statement 接口的常用方法如下。

ResultSet executeQuery(String sql) throws SQLException; //该方法用于执行查询语句，并返回查询结果对应的丨 tSel 对象。该方法只能用于执行查询语句

int executeUpdate(String sql) throws SQLException; //该方法用于执行 01\1[语句，并返回受影响的行数；该方法也可用于执行 DDL 语句，执行该语句将返回 0

boolean execute(String sql) throws SQLException; //该方法可以执行任何 SQL 语句。如果执行后的第一个结果为 KesultSet 对象，则返回 true; 如果执行后的第一个结果为受影响的行数或没有任何结果，则返回 false

4. PreparedStatement

预编译的 Statement 对象。PreparedStateraent 是 Statement 的子接口，它允许数据库预编译 SQL 语句（这些 SQL 语句通常带有参数），以后每次只改变 SQL 命令的参数，避免数据库每次都需要编译 SQL 语句，无须再传入 SQL 语句，只要为预编译的 SQL 语句传入参数值即可。所以它比 Statement 多了以下方法。

void set×××(im paramelerlndex，××× value); //该方法根据传入参数值的类型不同，需要使用不同的方法。传入的值根据索引传给 SQL 语句中指定位置的参数

5. ResultSet

结果集对象。该对象包含访问查询结果的方法，ResultSet 可以通过列索引或列名获得列数据。它常用以下几个方法来移动记录指针。

void close()throws SQLExceyition; //释放 ResullSet 对象

boolean absolule(int row) throws SQLExcepUon; //将结果集的记录指针移动到第 row 行，如果 row 是负数，则移动到倒数第 row 行。如果移动后的记录指针指向一条有效记录，则该方法返回 true

boolean nexl()throws SQLException; //将结果集的记录指针定位到下一行，如果移动后的记录指针指向一条有效记录，则该方法返回 true

boolean last()throws SQLException; //将结果集的记录指针定位到最后一行，如果移动后的记录指针指向一条有效记录，则该方法返回 true

3.2 连接数据库

3.2.1 建立连接

在连接数据库时，可以在 JSP 页面中直接编写 Java 脚本代码进行连接，也可以将表示层（JSP 页面）和业务层（JavaBeans）分开。这里为了简化数据库连接过程，采用直接在 JSP 页面中连接数据库的方法。但在实际的 Java Web 项目中，还是采用后一种方法更好一些。

在进行数据库连接时，需要用到两个 JDBC 中的类：Connection 和 DriverManager，均包含在 java. sql. * 包中。典型的数据库连接代码如下。

```
// 加载 mysql 驱动程序
Class. forNaine( “com. mysqL jdbc. Driver” ).newInstance();
// 设置连接字符串（包括主机名、端口、数据库名、用户名和密码等）
String url = “ jdbc : mysql : //localhost : 3306/studb? user = root&password = 123456” ;
// 建立数据库连接
Connection conn = DriverManager. getConnection(url);?
```

在 Java Web 项目中打开 index.jsp 页面，将连接数据库的脚本代码写在该页面中，即可建立与数据库的连接，只要 Connection 对象 conn 创建成功，即可说明数据库连接成功。其关键代码如下：

```
<%
// 注册 jdbc 驱动
Class.forName( “com.mysql.jdbc.Driver” ).newInstance();
// 设置连接字符串（包括主机名、端口、数据库名、用户名、密码等）
String url = “jdbc:mysql://localhost:3306/studb?useUnicode=true&characterEncoding=UTF-8&user=root&password=123456” ;
// 建立数据库连接
Connection conn = DriverManager.getConnection(url);
if conn!=null
    out.print( “数据库连接成功 !” );
else
    out.print( “数据库连接失败 !” );
// 创建语句
```

```
%>
```

运行 index.jsp 页面，数据库连接成功，界面如图 3-1 所示。

数据库连接成功后，就可以进一步使用 JDBC 的 Statement 和 ResuhSet 接口进行数据库的其他操作了，如查询、插入及删除等。

图 3–1　数据库连接成功

3.2.2 简单查询 Statement

在数据库连接成功后，即可进行简单的查询及插入等操作。简单查询操作的处理步骤如下。

（1）根据连接对象创建一个 Statement 对象，具体代码如下。

```
Statement statemenl =conn. createSlatement();                    //conn 为 已 创 建 的
Connection 对象
```

（2）调用 Statement 对象的 executeQuery() 方法执行查询语句，并将查询结果保存在 resultSet 对象中，具体示例代码如下。

```
ResultSet resultSet = statement executeQuery( “SELECT * FROM student” );
```

（3）将查询到的结果集中的数据逐个显示在 JSP 页面上，具体示例代码如下。

```
// 循环读取结果记录集
while(resultSet.next()) {
out.print(resultSet.getString(1)+ “ ” +resultSet.getString(2)+ “” +resultSet.
getString(3)+ “ ” +resultSet.getString(4)+ “<br>” );
}
```

在 Query.jsp 页面中进行简单查询的关键代码如下。

```
<%
// 注册 jdbc 驱动
Class.forName( “com.mysql.jdbc.Driver” ).newInstance();
```

```
    // 设置连接字符串（包括主机名、端口、数据库名、用户名、密码等）
    String url = "jdbc:mysql://localhost:3306/studb?useUnicode=true&characterEncoding=UTF-8&user=root&password=123456";
    // 建立数据库连接
    Connection conn = DriverManager.getConnection(url);
    if conn!=null
        out.print("数据库连接成功！");
    else
        out.print("数据库连接失败！");
    %> 插入后查询结果如下：<br>
    <%
    // 创建语句
    Statement statemenl =conn. createSlatement();
    // 执行查询语句，并将结果保存在 resultSet 对象中
    ResultSet resultSet = statement.executeQuery("SELECT * FROM student");
    // 循环读取结果记录集
    while(resultSet.next()) {
    out.print(resultSet.getString(1)+ " " +resultSet.getString(2)+ "" +resultSet.getString(3)+ " " +resultSet.getString(4)+ "<br>");
    }
    %>
```

运行结果如图 3-2 所示。

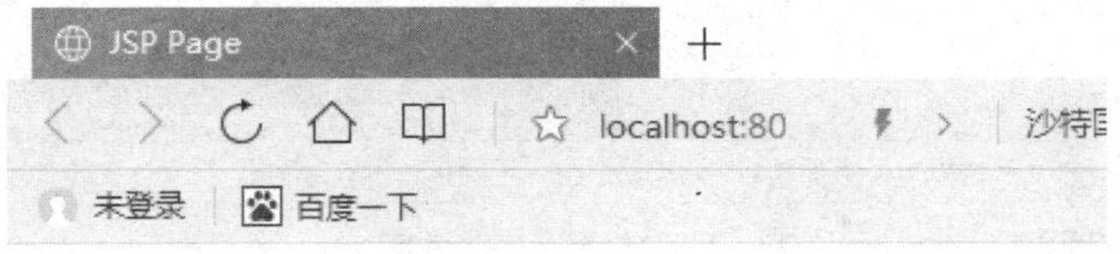

查询结果如下：
数据库连接成功！
1　张三　男　13512345678
2　李四　男　13612345678
3　王五　女　13712345678

图 3-2　简单查询结果

3.2.3 带参数查询 PreparedStatement

PreparedStatement 是 Statement 的子接口，其用法与 Statement 类似，但可以实现带参数的动态查询，即可以在查询语句 select 中设置参数。当然，在使用 PreparedStatement 对象之前，也要先进行数据库连接，然后才能进行带参数的查询。比如，要查询 student 表中 id=3 的记录，就可以采用 PreparedStatement 执行带参数的查询语句。

关键代码如下。

```
//conn 为数据库连接对象
String sql = "SELECT * FROM student WHERE id = ?"; // 定义查询预处理语句
try {
    PreparedStatement ps = conn.prepareStatement(sql); // 实例化 PreparedStatement 对象
    ps.setInt(1, 3); // 设置预处理语句参数 :1 代表第一个参数，即 id=3
    ResultSet rs = ps.executeQuery(); // 执行预处理语句获取查询结果集
    while(rs.next()){ // 循环遍历查询结果集
out.print(rs.getString(1)+ " " +rs.getString(2)+ "" +rs.getString(3)+ " " +rs.
getString(4)+ "<br>" );
}
    } catch (SQLException e) {
            e.printStackTrace();
    }
```

运行结果如图 3-3 所示。

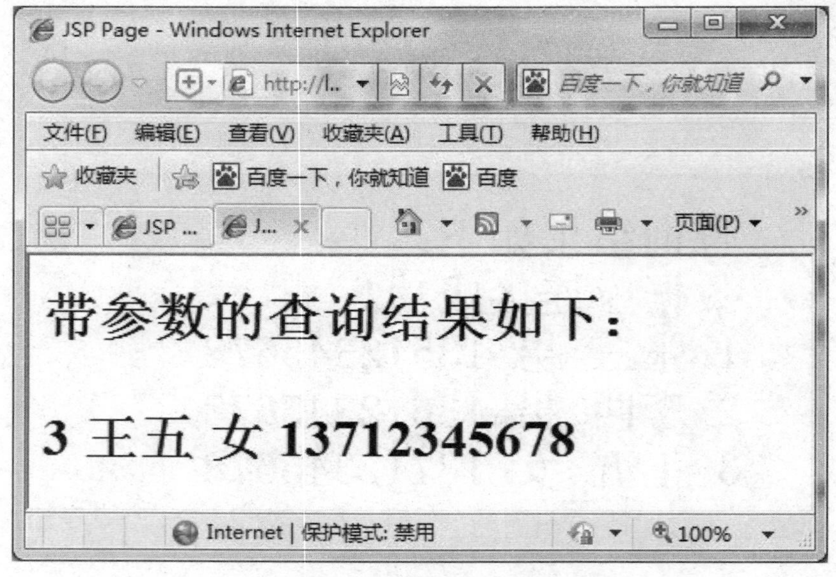

图 3–3　带参数的查询

3.3.4 使用存储过程

存储过程（Stored Procedure）是一组为了完成特定功能的 SQL 语句集，可以实现一些比较复杂的逻辑功能，类似于 Java 语言中的方法。存储过程经编译后存储在数据库中，用户通过指定存储过程的名称和给定参数（如果该存储过程带有参数）来调用执行它。它是主动调用的，可以有输入 / 输出参数，可以声明变量，包括 if/else、case 和 while 等控制语句，通过编写存储过程可以实现复杂的逻辑功能。

MySQL 存储过程创建的格式如下。

```
CREATE PROCEDURE? 过程名 ? ([ 过程参数 [，...]])
[ 特性 ?…]? 过程体
```

举例如下。

```
CREATE PROCEDURE ‘ adder’ (IN1 c1INT)
LANGUAGE SQL
NOT DETERMINISTIC
CONTAINS SQL SQL
SECURITY INVOKER
COMMENT”
BEGIN
select * from student where id = c;
END
```

上例中的存储过程名为 adder，根据需要可能会有输入、输出或输入 / 输出参数，这里有一个输入参数 c，类型是 INT 型，如果有多个参数，用“,”分割开。过程体的开始与结束分别使用 BEGIN 与 END 进行标志。将这个例子在 HeidiSQL 中进行演示，其过程如图 3-4 至图 3-7 所示。

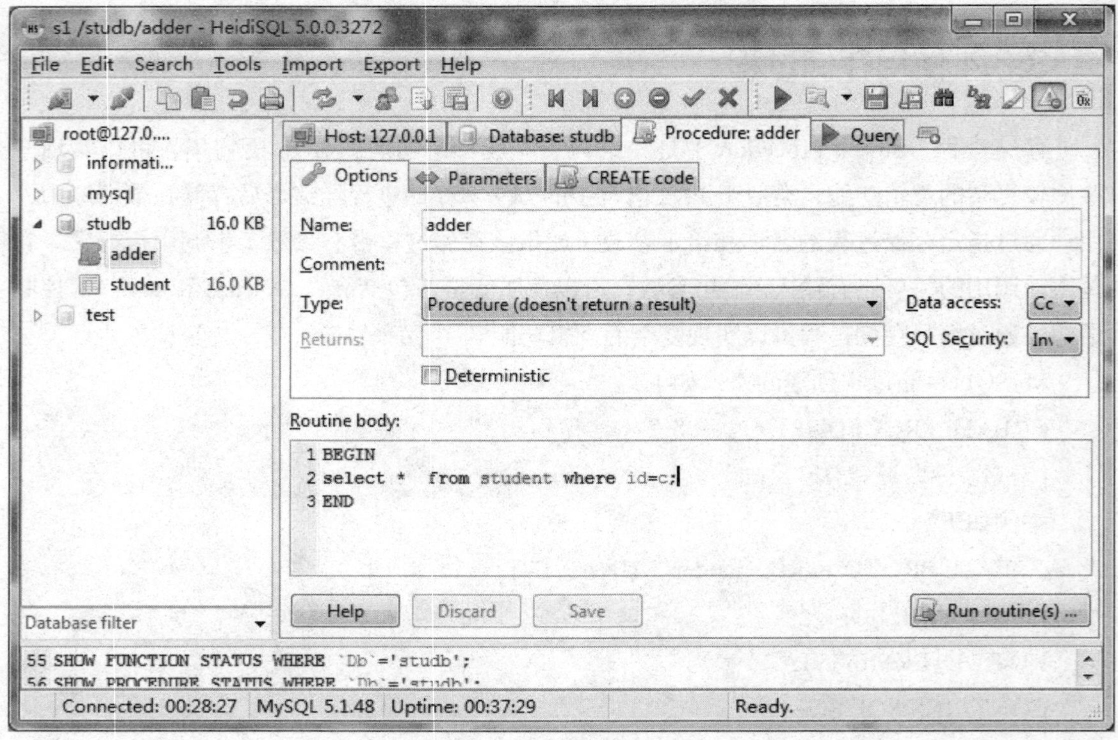

图 3–4　创建存储过程 adder

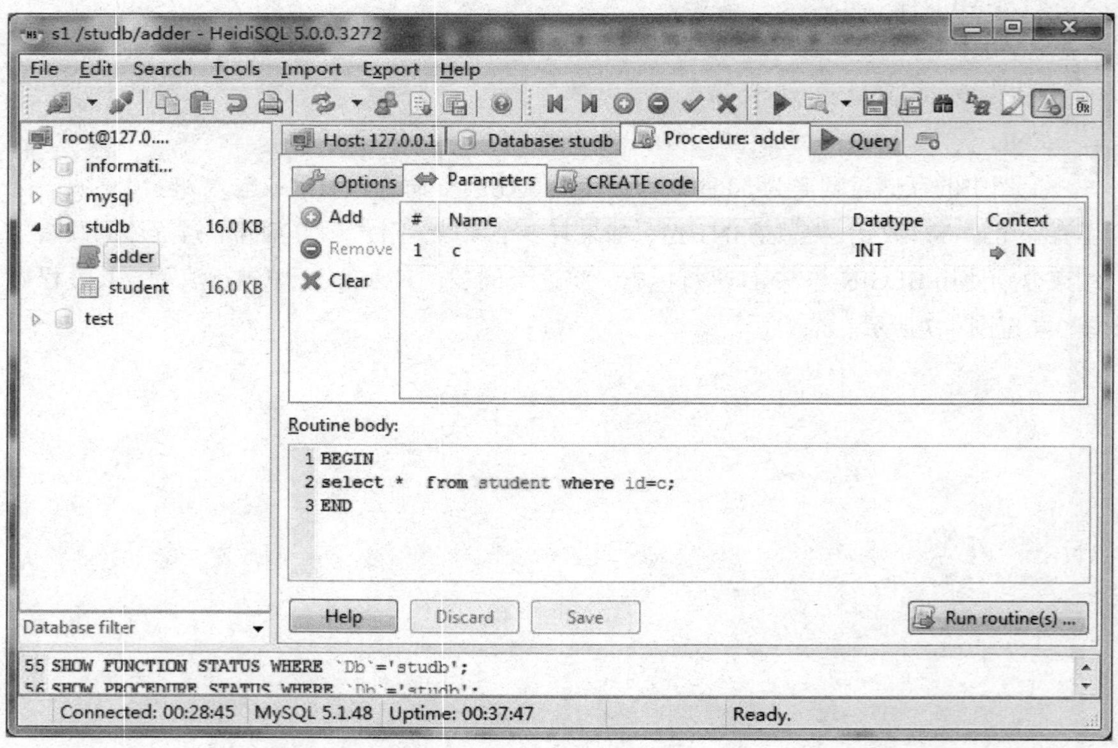

图 3–5　设定输入参数 c

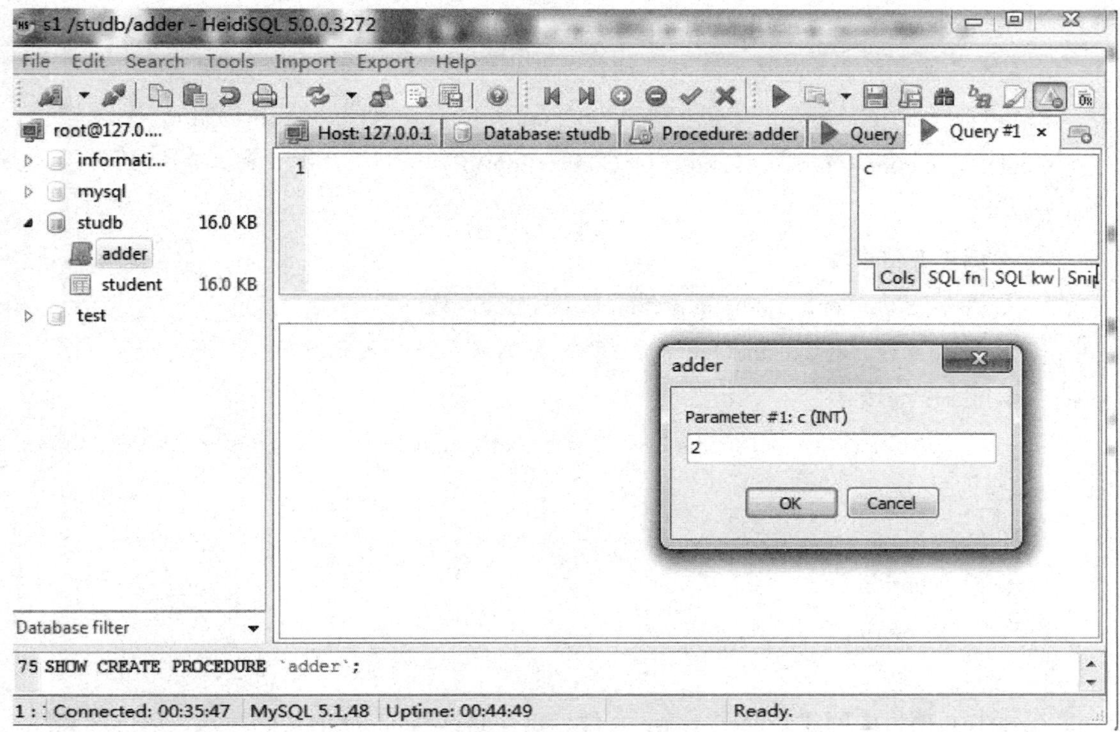

图 3–6　运行存储过程

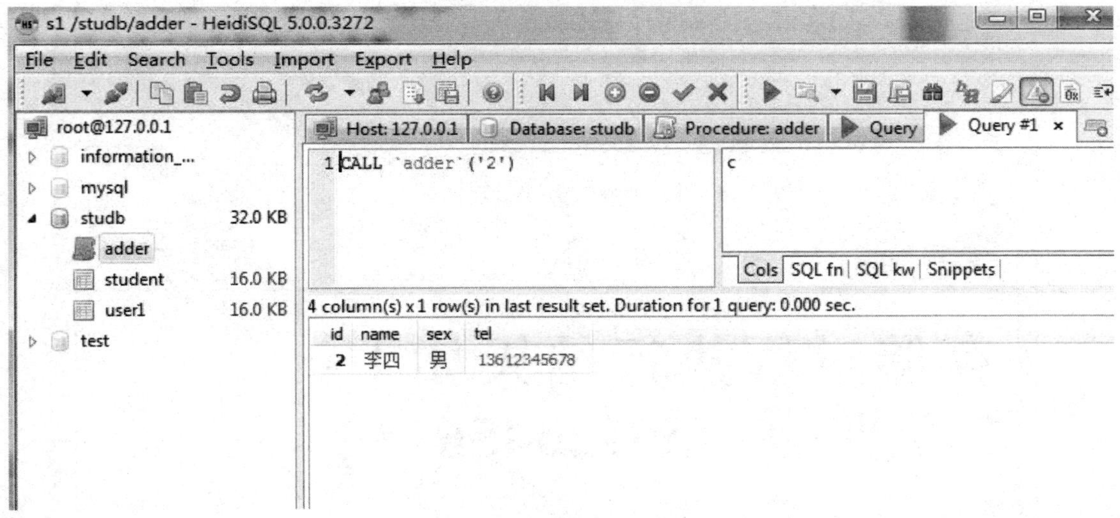

图 3–7　存储过程的运行结果

存储过程是数据库中的一个重要对象，任何一个设计良好的数据库应用程序都应该用到存储过程。在 JavaWeb 程序中也可以实现对 MySQL 存储过程的调用，主要步骤如下。

（1）使用 JDBC 连接数据库。

（2）使用 call 命令调用存储过程。

典型代码如下。

```
    Class. forName( " com. mysql. jcibc. Driver" ). newlnstance();
    //设置连接字符串（包括主机名、端口、数据库名、用户名和密码等）
    String url = "jdbc:mysql://localhost:3306/studb?user=root&password=123456";
    Connection conn = DriverManager.getConnection(url);          //建立数据库连接
    try{
        //调用存储过程
        CallableStatement cs = conn.prepareCall( "{call adder(2)}" );
        ResultSet rs = cs.executeQuery(); //执行查询操作，并获取结果集
        while(rs.next()){
                out.print(rs.getString(1)+ " " +rs.getString(2)+ " " +rs.getString(3)+ "" +rs.
getString(4)+ "<br>" );
        }
    }catch(Exception e){
                e.printStackTrace();
    }
```

在 dbTest 项目中创建 procedure.jsp 文件，将存储过程 adder 的代码写入，运行该文件，可以得到存储过程的运行结果，如图 3-8 所示。

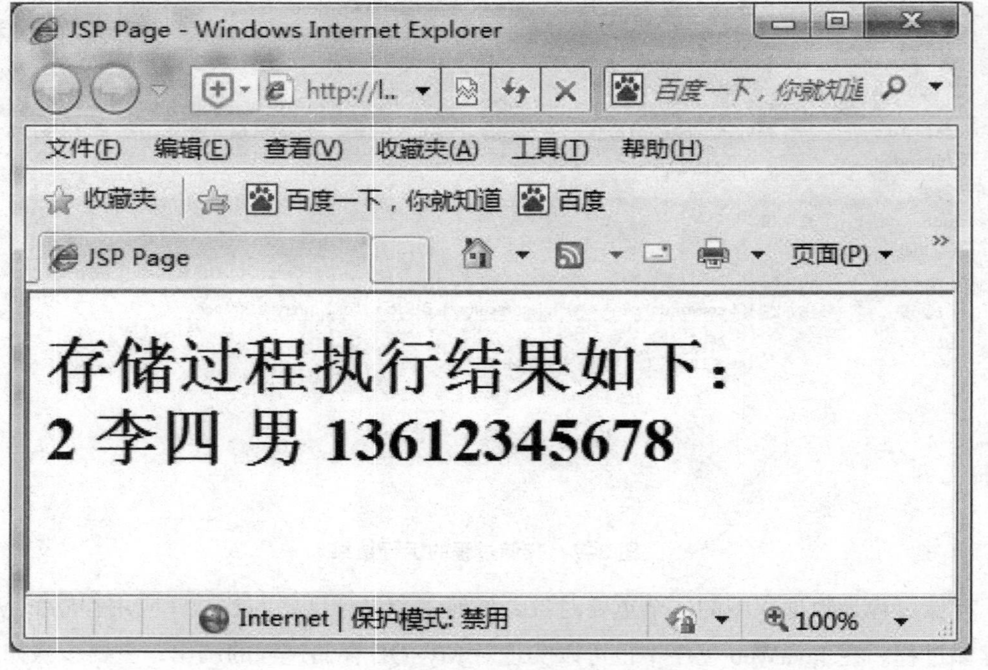

图 3–8　存储过程的运行结果

3.3.5 向数据库中插入数据

向数据库中插入（Insert）数据，其基本过程和查询类似，也可以使用 Statement 接口来操作数据库，典型代码如下。

```
// 插入数据操作
statement = conn.createStatement();
sql = "INSERT INTO student VALUES (4, '马丽', '女', '13812345678');";
int Rs = statement.executeUpdate(sql);
if ((Rs > 0)
    out.print("插入数据成功！");
else
    out.print("插入数据失败！");
```

为了进行测试，在项目 dbTest 中创建 insert，jsp 文件，主要代码如下。

```
<%
// 注册 jdbc 驱动
Class.forName("com.mysql.jdbc.Driver").newInstance();
// 设置连接字符串（包括主机名、端口、数据库名、用户名、密码等）
String url = "jdbc:mysql://localhost:3306/studb?useUnicode=true&characterEncoding=UTF-8&user=root&password=123456";
// 建立数据库连接
Connection conn = DriverManager.getConnection(url);
Statement statement = conn.createStatement();
String sql = "INSERT INTO student VALUES (4, '马丽', '女', '13812345678');";
int Rs = statement.executeUpdate(sql);
if ((Rs > 0)
    out.print("插入数据成功！");
else
    out.print("插入数据失败！");
%> 插入后查询结果如下：<br>
<%
// 执行查询语句，并将结果保存在 resultSet 对象中
ResultSet resultSet = statement.executeQuery("SELECT * FROM student");
// 循环读取结果记录集
while(resultSet.next()) {
```

```
    out.print(resultSet.getString(1)+ " " +resultSet.getString(2)+ "" +resultSet.
getString(3)+ " " +resultSet.getString(4)+ "<br>" );
    }
    %>
```

向数据库中插入数据程序的运行结果如图 3-9 所示。

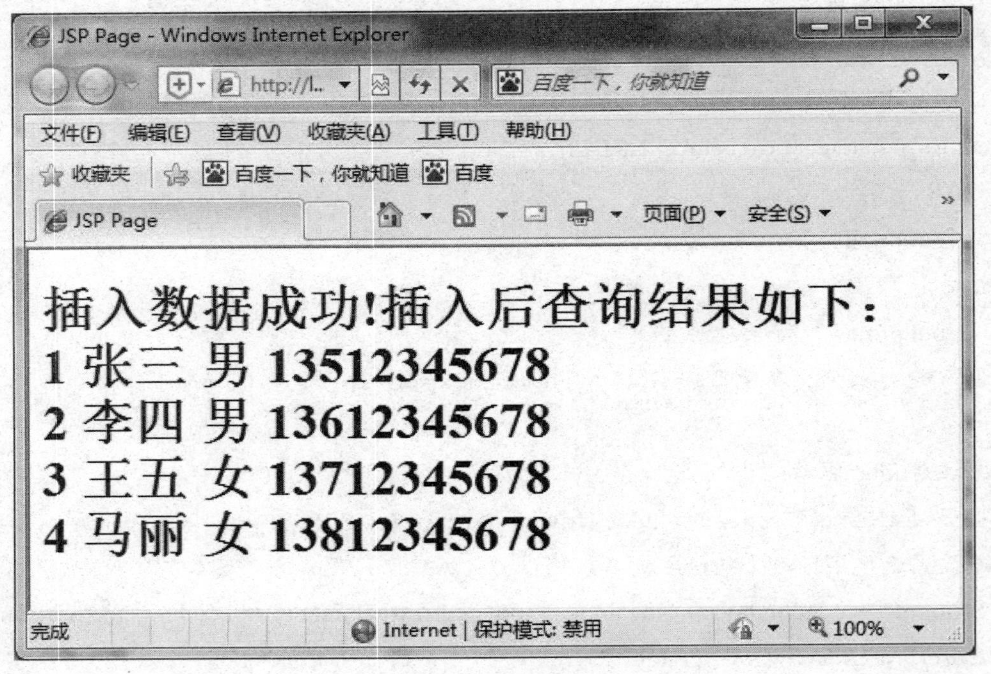

图 3-9　插入数据

3.3　数据的更新和删除

3.3.1 数据的更新

对数据库表中的数据进行更新（Update），其基本过程与插入类似，也可以使用 Statement 接口来操作数据库，典型代码如下。

```
// 更新数据操作
statement = conn. createStateraent();
sql = "Update student set tel = '13912345678' where id =4; " ;
int Rs = statement. executeUpdate ( sql ) ;
if ( ( Rs>0 )
```

```
    out.Prim(“更新数据成功！”);
else
    out.print(“更新数据失败！”);
```

为了进行测试，在项目 dbTest 中创建 update，jsp 文件，主要代码如下。

```
<%
// 注册 jdbc 驱动
Class.forName(“com.mysql.jdbc.Driver”).newInstance();
// 设置连接字符串（包括主机名、端口、数据库名、用户名、密码等）
String url = “jdbc:mysql://localhost:3306/studb?useUnicode=true&characterEncoding=UTF-8&user=root&password=123456”;
// 建立数据库连接
Connection conn = DriverManager.getConnection(url);
Statement statement = conn.createStatement();
String sql = “Updatestudentset tel=‘13912345678’ where id=4;”;
int Rs = statement.executeUpdate(sql);
if (Rs > 0)
    out.print(“更新数据成功！”);
else
    out.print(“更新数据失败！”);
%> 数据更新后查询结果如下：<br>
<%
// 执行查询语句，并将结果保存在 resultSet 对象中
ResultSet resultSet = statement.executeQuery(“SELECT * FROM student”);
// 循环读取结果记录集
while(resultSet.next()){
out.print(resultSet.getString(1)+ “” +resultSet.getString(2)+ “ ” +resultSet.getString(3)+ “ ” +resultSet.getString(4)+ “<br>”);
}
%>
```

更新数据程序的运行结果如图 3-10 所示。

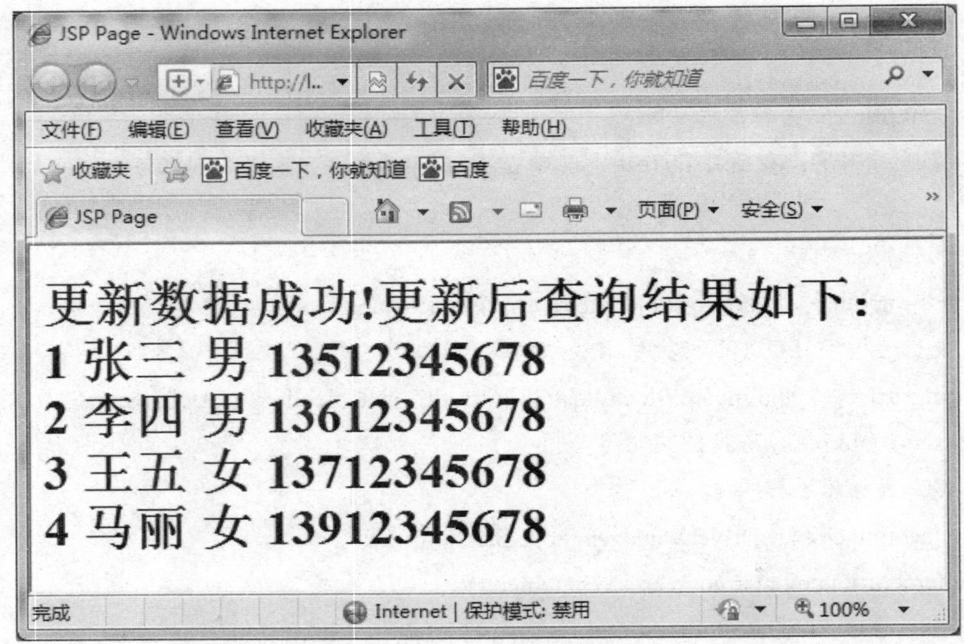

图 3-10 更新数据

3.3.2 数据的删除

将数据库表中的若干条记录数据删除（delete），其基本过程也与插入类似，可以使用 Statement 接口来操作数据库，典型代码如下。

```
// 删除数据操作
statement = conn.createStatement();
sql = "Delete fromstudent where id=4;";
int Rs = statement.executeUpdate(sql);
if ((Rs > 0)
    out.print("删除数据成功！");
else
    out.print("删除数据失败！");
```

为了进行测试，在项目 dl）Test 中创建 delete，jsp 文件，主要代码如下。

```
<%
// 注册 jdbc 驱动
Class.forName("com.mysql.jdbc.Driver").newInstance();
// 设置连接字符串（包括主机名、端口、数据库名、用户名、密码等）
String url = "jdbc:mysql://localhost:3306/studb?useUnicode=true&characterEncoding=UTF-8&user=root&password=123456";
```

```
// 建立数据库连接
Connection conn = DriverManager.getConnection(url);
Statement statement = conn.createStatement();
String sql = "Delete fromstudent where id=4;";
int Rs = statement.executeUpdate(sql);
if ((Rs > 0)
    out.print("删除数据成功!");
else
    out.print("删除数据失败!");
%> 删除后查询结果如下：<br>
<%
// 执行查询语句，并将结果保存在 resultSet 对象中
ResultSet resultSet = statement.executeQuery("SELECT * FROM student");
// 循环读取结果记录集
while(resultSet.next()){
out.print(resultSet.getString(1)+ "" +resultSet.getString(2)+ " " +resultSet.
getString(3)+ " " +resultSet.getString(4)+ "<br>");
}
%>
```

执行删除操作后的运行结果如图 3-11 所示。

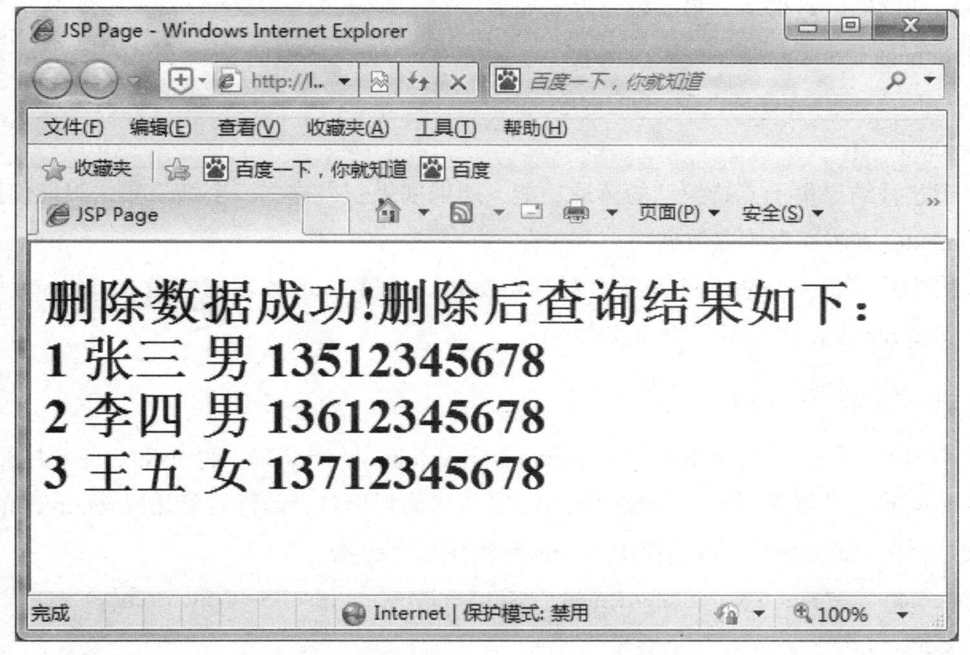

图 3-11　删除数据

3.4 两种结果集的使用

3.4.1 ResultSet 类

ResultSet（结果集）是数据库中查询结果返回的一种对象，可以说结果集是一个存储查询结果的对象。ResultSet 不仅具有存储功能，还具有操纵数据的功能，也可以完成对数据的更新等。前面的例子中大部分使用的都是 ResuhSet 结果集。

ResultSet 提供的读取数据的方法主要是 get×××()，××× 可以代表的类型有基本数据类型如整型（im）、布尔型（Boolean）、浮点型（Float，Double）及字符串（String）等。get×××() 的参数可以是整型，表示第几列（是从 1 开始的），还可以是列名。返回的是对应的 ××× 类型的值。如果对应那列是空值，××× 是数字类型，如 im 等则返回 0，boolean 则返回 false。

ResultSet 是执行 Statement 语句后产生的，因此，可以根据 Statement 的创建方式将 ResultSet 分为四类。

1. 最基本的 ResultSet

ResultSet 最基本的作用就是完成查询结果的存储功能，而且只能读取一次，不能来回多次地滚动读取。这种结果集的创建方式如下。

```
Statement st = conn. CreateStatement
ResultSet rs = Statement. excuteQuery(sqlStr) ;
rs. next();
```

由于这种结果集不支持滚动的读取功能，所以如果获得这样一个结果集，只能使用它里面的 next() 方法逐个读取数据。

代码中用到的 Connection 并没有对其初始化，变量 conn 代表的就是 Connexion 对应的对象，sqlStr 代表的是相应的 SQL 语句。

2. 可滚动的 ResultSet

这个类型支持前后滚动取得记录 next() 和 previous()，回到第一行 firSt()，同时还支持要去的 ResultSet 中的第几行 absolute(int n)，以及移动到相对当前行的第几行 relative(int n)。要实现这样的 ResultSet，在创建 Statement 时使用以下方法。

```
Statement st=fann. CreateStatement(int resultSetType, int resullSetConcurrency)
ResultSet rs =st. executeQuery(sqlStr)
```

其中，两个参数的含义如下。

（1）resultSetType 是设置 ResultSet 对象的类型可滚动，或者是不可滚动，取值如下。

```
ResultSet. TYPE_FORWARD_ONLY                    // 向前滚动，对于修改不敏感
ResultSet. TYPE_SCR0LL_INSENS1TIVE              // 任意的前后滚动
ResultSet. TYPE_SCROLL_SENSmVE                  // 任意的前后滚动，对于修改敏感
```

（2）resuhSetConcurrency 是设置 ResultSet 对象能够修改的，取值如下。

```
ResultSet CONCUR_READ_ONLY                      // 设置为只读类型的参数
ResultSet CONCUR_UPDATABLE                      // 设置为可修改类型的参数
```

所以如果只是想要可以滚动的 ResultSet，只要把 Statement 按照下列代码所示赋值即可。

```
Statement si = conn. createStatement(ResultSet TYPE_SCROLL_INSENITIVE, ResultSet
CONCUR_READ_ONLY);
ResultSet rs = st exculeQuery(sqlStr);
```

用这个 Statement 执行的查询语句得到的就是可滚动的 ResultSet。

3. 更新的 ResultSet

ResultSet 对象可以完成对数据库中表的修改，但是相当于数据库中表的视图，所以并不是所有的 ResultSet 都能够完成更新，能够完成更新的 ResultSet 的 SQL 语句必须具备以下属性。

（1）只引用了单个表。

（2）不含有 join 或者 group by 子句。

（3）那些列中要包含主关键字。

具有上述条件的、可更新的 ResultSet 可以完成对数据的修改，可更新的结果集的创建方法如下。

```
Statement st = conn. createStateraent(ResultSet. TYPE_SCR0LL_INSENSITIVE, ResultSet
CONCLIR_UPDATABLE)
```

4. 可保持的 ResultSet

所有 Statement 的查询对应的结果集只有一个，如果调用 Connection 的 commit() 方法会关闭结果集。可保持性就是指提交 ResultSet 的结果时，ResultRet 是被关闭还是不被关闭。在 JDBC 2.0 中，提交后 ResultSet 就会被关闭。在 JDBC 3.0 中，可以设置 ResultSet 是否关闭。要完成这个设置，需使用 Statement 的带 3 个参数的方法来创建。这个 Statement 的创建方式就是 Statement 的第三种创建方式。

获得 ResultSet 的总行数的方法有以下几种。

（1）利用 ResultSet 的 getRow() 方法来获得 ResultSet 的总行数。

```
Statement stmt = con. createStatement (ResultSet. TYPE_SCR0LL_INSE1NSITIVE,
ResultSet. C0NCUR_ UPDATABLE) ;
ResultSet rset = stmt executeQuery( " select * from yourTableNanie" );
rset. last();
int rowCount = rset. getRow() ;                    // 获得 ResultSet 的总行数
```

（2）利用循环 ResultSet 的元素来获得 ResultSet 的总行数。

```
ResultSet rset = stmt.executeQuery( "select * from yourTableName" );
int rowCount = 0;                     //rowCount 就是 ResultSet 的总行数
while(rset.next()) {
    rowCount++;
}
```

（3）利用 SQL 语句中的 count 函数获得 ResultSet 的总行数。

```
ResultSet rset = stmt.executeQuery( "select count(*) totalCountfrom yourTableName" );
int rowCount = 0;                     //rowCount 就是 ResultSet 的总行数
if(rset.next()) {
    rowCount=rset .getInt( "totalCount" );
}
```

获得 ResultSet 的总列数可以使用 ResultSetMetaData 工具类，ResultSelMetaData 是 ResultSet 的元数据的集合说明。Java 获得 ResultSet 总列数的代码如下。

```
Statement stmt = con. createStateraent (ResultSel. TYPE_SCROLL_INSENSITIVE,
ResultSet. CONCUR. UPDATABLE) ;
ResultSet rset = stmL executeQuery( "select * from yourlable" );
ResultSetMelaData rsrad = rset. getMetaDala();
int columnCounl = rsmd. getColumnCount();  //columnCount 就是 ResultSet 的总列数
```

3.4.2 RowSet 接口

ResultSet 是使用 JDBC 编程的入门和常用的操作数据库的类，自 JDK 1.4 开始，RowSet 接口被引入。RowSet 默认是一个可滚动、可更新、可序列化的结果集，可以方便地在网络间传输，用于两端的数据同步。

1. 与 ResultSet 比较

（1）RowSet 扩展了 ResultSet 接口，因此可以像使用 ResultSet 一样使用 RowSet，但功能比 ResultSet 更多、更丰富。

（2）默认情况下，所有 RowSet 对象都是可滚动和可更新的。而 ResultSet 是只能向前滚动和只读的。

（3）RowSet 可以是非连接（离线）数据库的，而 ResultSet 是连接的。因此利用其子接口 CacheRowSet 可以离线操作数据，当然 CacheRcmSet 也是可以序列化的。

（4）RowSet 接口添加了对 JavaBeans 组件模型的 JDBC API 支持。RowSet 可用作可视化 Bean 开发环境中的 JavaBeans 组件。

（5）RowSet 采用了新的连接数据库的方法。

（6）RowSet 和 ResultSet 都代表一行行的数据、属性，以及相关的操作方法。

2.RowSet 的 5 个标准子接口

在 JDK 5.0 中，RowSet 有 5 个标准的子接口，即 CachedRowSet、WebRowSet、Filtered- RowSet、JoinRowSet 和 JdbcRowSet。这 5 个子接口对应的实现类最早也是由 Sun 公司给出的，位于 com.sun.rowset 包下，分别为 CachedRowSetlmpl、WebRowSetlmpl、FilteredRowSetlmpl、JoinRowSetlmp1 和 JdbcRowSetlmpl。其中，JdbcRowSet 是连接数据库的在线 RowSet，而其他 4 个是连接数据库的离线 RowSet。

（1）CachedRowSet: 最常用的一种 RowSet。其他三种 RowSet（WebRowSet、FilteredRow-Set、JoinRowSet）都是直接或间接继承于它并进行了扩展。它提供了对数据库的离线操作，可以将数据读取到内存中进行增、删、改、查，再同步到数据源。CachedRowSet 是可滚动的、可更新的、可序列化的，可作为 JavaBeans 在网络间传输，支持事件监听、分页等功能。CachedRowSet 对象通常包含取自结果集的多个行，也可包含任何取自表格式文件（如电子表格）的行。

（2）WebRowSet: 继承自 CachedRowSet，并可以将 WebRowSet 写到 XML 文件中，也可以用符合规范的 XML 文件来填充 WebRowSet。

（3）FilteredRowSet: 通过设置 Predicate（在 javax.sql.rowset 包中）提供数据过滤的功能。可以根据不同的条件对 RowSet 中的数据进行筛选和过滤。

（4）JoinRowSet: 提供类似 SQL JOIN 的功能，将不同的 RowSet 中的数据组合起来。目前在 Java 6 中只支持内联（Inner Join）。

（5）JdbcRowSet: 对 ResultSet 的一个封装，使其能够作为 JavaBeans 被使用，是唯一的一个保持数据库连接的 RowSet。JdbcRowSet 对象是连接的 RowSet 对象，也就是说，必须使用 JDBC 驱动程序来持续维持它与数据源的连接。

3. 填充 RowSet

前面说过，应该把 RowSet 看成是与数据库无关而只代表一行行数据的对象，因此就涉及数据从哪里来的问题。

（1）从数据库直接获取数据

大部分情况下，对于数据的存取操作，其实就是对数据库进行数据交互，因此 RowSet 接口提供了通过 JDBC 直接从数据库获取数据的方法，以 JdbcRowSetlmpl 为例，代码如下。

```
// 也可以是 CachedRowSetlmpl、webRowSetlmpl、FilteredRowSetlmpl 或 JoinRowSetlmpl
RowSet rs = new JdbcRowSetImpl();                    // 创建 JdbcRowSetImpl 对象
rs.setUrl(“jdbc:mysql:///studb”);                   // 设置要连接的数据库
rs.setUsername(“root”);                             // 设置连接数据库的账号
rs.setPassword(“123456”);                           // 设置连接数据库的密码
rs.setCommand(“SELECT * FROM student”);             // 设置查询命令
rs. execute( );                                      // 执行查询命令
```

设置好相关属性，运行 execute( ) 方法后，student 表中的数据就被填充到 rs 对象中了。除了通过设置 JDBC 连接 URL、用户名和密码外，RowSet 也可以使用数据源名称属性的值来查找已经在命名服务中注册的 DataSmirce 对象。完成检索后，可以使用 DataSource 对象创建到它所表示的数据源的连接，设置数据源名称可以使用 setDataSourceNanieK( ) 方法。

下面举例说明使用 JdbcRowSetlmpl 通过 JDBC 直接从数据库获取数据的方法。在 cibTest 项目中，创建 JSP 文件 Rowset.jsp，关键代码如下所示。该程序说明了 Rowset 查询数据库的方法。

```
<%
RowSet rs = new JdbcRowSetImpl();
rs.setUsername(“root”);
rs.setPassword(“123456”);
rs.setCommand(“SELECT * FROM student”);
rs. execute( );
// 循环读取结构记录集
while(rs.next()){
out.print(rs.getString(1)+ “  ” +rs.getString(2)+ “  ” +rs.getString(3)+ “  ” +rs.
getString(4)+ “<br>”);
}
%>
```

其运行结果如图 3-12 所示。

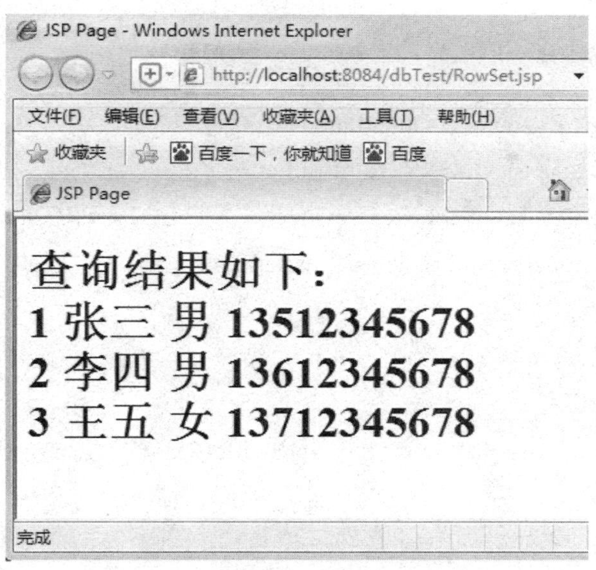

图 3–12　使用 RowSet 的运行结果

（2）用 ResultSet 填充

在有现成 ResultSet 的情况下，如果想将其作为 RowSet 使用；或者当数据库管理系统（DBMS）不提供对滚动和更新的完全支持时，如果想使不可滚动和只读的 ResultSet 对象变得可滚动和可更新，需创建一个使用该 ResultSet 对象的数据所填充的 CachedRowSet 对象。

```
ResultSet rs = stmt. executeQuery( “SELECT * FROM student” );
CachedRowSetlmpl crs = new CachedRowSetlmpl( );
crs. populate(rs) ;
```

运行 populate( ) 方法后，ResultSet 对象 rs 中的数据就被填充到 ers 对象中了。

下面举例说明，在 dbTest 项目中，创建 JSP 文件 ResultRowSet.jsp, 该程序说明了使用 ResultSet 填充 CachedRowSetImpl 的代码，关键代码如下所示。其运行结果与图 3-12 相同。

```
<%
// 注册 jdbc 驱动
Class.forName( “com.mysql.jdbc.Driver” ).newInstance();
// 设置连接字符串（包括主机名、端口、数据库名、用户名、密码等）
String url =  “jdbc:mysql://localhost:3306/studb?useUnicode=true&characterEncoding=UTF-8&user=root&password=123456” ;
// 建立数据库连接
Connection conn = DriverManager.getConnection(url);
%>
<br>
```

```
<%
// 创建语句
Statement statement = conn.createStatement();
// 执行查询语句，并将结果保存在 resultSet 对象中
ResultSet resultSet = statement.executeQuery( "SELECT * FROM student" );
CachedRowSetlmpl crs = new CachedRowSetlmpl( );
crs. populate(rs) ;
// 循环读取结果记录集
while(crs. next()){
out.print(crs.getString(1)+ " " +crs.getString(2)+ " " +crs.getString(3)+ " " +crs.
getString(4)+ "<br>" );
}
%>
```

可以看出，填充 CachedRowSet 有两种方式，一'种是 populat(ResultSet); 另一种是 exe¬cute)，即设置数据库连接参数和查询命令 command，然后执行查询命令，查询结果集用来填充。

（3）用 XML 文件填充

WebRowSet 继承自 CachedRowSet，除了拥有 CachedRowSet 的优点外，还可以将 WebRowSet 输出成 XML 文件，也可以将 XML 文件转换成 WebRowSet，更加适合在 Web 环境中使用。将 WebRowSet 保存为 XML 文件的代码如下。

```
<%
WebRowSetwrs = new WehRowSetImpl();
WTS. setUrl( " jdbc:raysql;///studb" );
wrs. setUsernanie( " root" );
wrs. setPassword( " 123456" );
wrs. setCoramand( "select * from student" ) ;                    // 设置查询命令
wrs. execute();                                                  // 执行查询命令
wrs. writeXml(new FileWnter(new File( "D: \studenl. xml" )));       // 将 WebRowSet 输
出成 XML 文件
%>
```

在 dbTest 项目中，运用上述代码，创建 JSP 文件 WebRowSeLjsp，该程序说明了将 WebRowSet 输出成一个 XML 文件的代码。

程序运行结束后，将自动生成 student.xml 文件，文件的内容如下。

```
<?xml version = "1. 0" ? >
<webRowSetxmlns = " http: //java. sun. com/xral/ns/jdbc" xmlns: xsi = " http: //
```

```
wwAv. w3. org/2001/ XMLSchema – instance”
    xsi: schemaLocation = “ http：//java sun. com/xml/ns/jdbc http://javasun.com/xmJ/ns/
jdbc/ webrowset xsd” >
    <properties >
    <command > select * from student < /command >
    <concurrency > 1008 < /concurrency >
    <datasource >< null/ >< / datasource >
    <escape - processing > true</escape - processing >
    <fetch - direction > 1000 </fetch - direction >
    <fetch - size > 0 < /fetch - size >
    <isolation - level > 2 < / isolation - level >
    <key - columns >
    </ key - columns >
    <map >
    </map >
    <max - field - size > 0 < / max - field - size >
    <max - rows > 0 < /max - rows >
    <query - timeout > 0 < /query - timeout >
    <read - only > true < /read - only >
    <rowset - type > ResultSet. TYPE_SCROLL_INSENSITrVE < /niwset - type >
    <show - deleted > false < /show - deleted >
    <table - name > student < /table - name >
    <url > jdbc : mysql :///studh < /url >
    <sync - provider >
    <sync - provider - name > com. sun. rowset，providers. RlOptimisticProvider </sync -
provider - name >
    <sync - provider - vendor > Sun Microsystems Inc. < / sync. - provider - vendor >
    <sync - provider - version > 1.0 < /sync - provider - version >
    <sync - provider - grade > 2 < /sync - provider - grade >
    <data - source - lock > 1 </data - source - look >
    </sync - provider >
    </ properties >
    <metadata >
    <column - count > 4 < /column - count >
    <column - definition >
```

```
<column - index > 1 </column - index >
<auto - increment > tme < /auto - increment >
<case - sensitive > false < /case - sensitive >
<currency > false < /currency >
<nullable > 0 < /nullable >
<signed > true < /signed >
<searchable > true < /searchable >
<column - display - size > 10 < /column - display - size >
<column - label > id < /column - label >
<column - name > id < /column - name >
<schema - name ></schema - name >
<column - precision > 10 < /column - precision >
<column - scale > 0 < /column - scale >
<table - name > student < /talkie - name >
<catalog - name > studl>< /catalog - name >
<column - type > 4 < /column - type >
<column - type - name > INT < /column - type - name >
</column - definition >
<column - definition >
<column - index > 2 < /column - index >
<auto - increment > false < /auto - increment >
<case - sensitive > false < /case - sensitive >
<currency > false < / currency >
<nullable > 1 < /nullable >
<signed > false < /signed >
<searchable > true < /searchable >
<column - display - size > 10 < /column - display - size >
<column - label > name < /column - label >
<column - name > name < /column - name >
<schema - name >< /schema - name >
<column - precision > 10 </column - precision >
<column - scale > 0 < /column - scale >
<table - name > student < /talile - name >
<catalog - name > studb < /catalog - name >
<column - type > 12 < /column - type >
```

```
<column - type - name > VARCHAR </column - type - name ></column - definition >
<column - delinition >
<column - index > 3 < /column - index >
<auto - increment > false < /auto - increment >
<case - sensitive > false < /case - sensitive >
<currency > false < /currency >
<nullable > 1 < /nullable >
<signed > false < /signed >
<searchable > true < /searchable >
<column - display - size > 10 < /column - display - size >
<column - label > sex < /column - label >
<column - name > sex < /column - name >
<schema - name >< /schema - name >
<column - precision > 10 </column - precision >
<column - scale >0 </column - scale >
<table - name > student < /table - naine >
<catalog - name > studb < /catalog - name >
<column - type > 1 </colurmi - type >
<column - type - name > CHAR </column - type - name >
</column - definition >
<column - definition >
<column - index > 4 < /column - index >
<auto - increment > false < /auto - increment >
<case - sensitive > false < /case - sensitive >
<currency > false < /currency >
<nullable >1< /nullable >
<signed > false < /signed >
<searchable > true < /searchable >
<column - display - size > 20 < /column - display - size >
<column - label > tel </column - lal»el >
<column - name > tel < /column - name >
<schema - name >< /schema - name >
<column - precision > 20 < /column - precision >
<column - scale > 0 < /column - scale >
<lalile - name > student < /lable - name >
```

```
<catalog - name > studb < /catalog - name >
<column - type > 12 </column - type >
<column - type - name > VARCHAR < /column - type - name >
</column - definition >
</metadata >
<data >
<currentRow >
<column Value > 1 < / column Value >
<columnValue > 张三
<columnValue > 男 </columnValue >
<columnValue > 13512345678 </columnValue >
</currenlRow >
<currentRow >
<columnValue >2 </columnValue >
<ccJunuiValue > 李四 </columnValue >
<columnValue > 男 </columnValue >
<columnValue > 13612345678 </columnValue >
</currentRow >
<currentRow >
<columnValue > 3 < /columnValue >
<columnValue > 王五 </columnValue >
<columnValue > 女 < /columnValue >
<columnValue > 13712345678 </eolumnValue >
</currentRow >
</data >
</webRowSet >
```

此外，将 XML 文件作为数据源填充到 WebRowSet 中，也是经常使用的方法。将 XML 文件数据填充到 WebRowSet 的代码如下。

```
WebRowSet wrs = new WebRowSetImpl();                    // 创建 WebRowSet 对象
wrs.readXml(new FileReader(new File("D:\\student.xml")));            //xml 文件填充到
WebRowSet 中
```

运行 readXml() 方法后，student.xml 文件的数据就被填充到 wrs 对象中了。

下面举例说明，在 dbTest 项目中，创建 JSP 文件 WebRowSetReader. jsp，该程序说明了将 WebRowSet 输出成了一个 XML 文件的代码，其关键代码如下。

```
<%
WebRowSet wrs = new WebRowSetImpl();
try{
wrs.readXml(new FileReader(new File( "D:\\student.xml" )));          // 读取 xml 文件，
填充 WebRowSet
// 循环读取结果记录集
while(wrs.next()) {
out.print(wrs.getString(1)+ " " +wrs.getString(2)+ "" +wrs.getString(3)+ " " +wrs.
getString(4)+ "<br>" );
}catch(Exception e){
e.printStockTrace();
}
%>
```

程序运行后的结果如图 3-13 所示。

WebRowSet与XML文件的转换

1 张三 男 13512345678
2 李四 男 13612345678
3 王五 女 13712345678

图 3–13　将 XML 文件数据填充到 WebRowSet 的运行结果

4. 使用连接的 JdbcRowSetImpl 操作数据库

（1）设置带条件的查询属性

使用 RowSet 进行带条件的查询操作，主要代码如下。

```
crs.setCommand( "SELECT * FROM student where id=?" ); // 设定第 1 个参数为字段 id
crs. setInt(1, 2);                              // 将第 1 个参数 id 的值设为 2,
crs. execute();                                 // 执行查询
```

下面通过举例来详细说明。

在 dbTest 项目中，创建 JSP 文件 RowSetPreQuery.jsp，关键代码如下所示。该程序说明了 RowSet 更新数据库的方法。

```
<%
RowSet crs = new JdbcRowSetImpl();// 也可以是 CachedRowSetImpl、webRowSetImpl、
```

```
FilteredRowSetImpl 或 JoinRowSetImpl
    crs.setUrl("jdbc:mysql:///studb");
    crs.setUsername("root");
    crs.setPassword("123456");
    crs.setCommand("SELECT * FROM student where id=?"); // 设定第 1 个参数为字段 id
    crs. setInt(1, 2); // 将第 1 个参数 id 的值设为 2,
    crs. execute(); // 执行查询
    while(crs. next()){
    out.print(crs.getString(1)+ " " +crs.getString(2)+ " " +crs.getString(3)+ " " +crs.
getString(4)+ "<br>");
    }
    %>
```

其运行结果如图 3-14 所示。

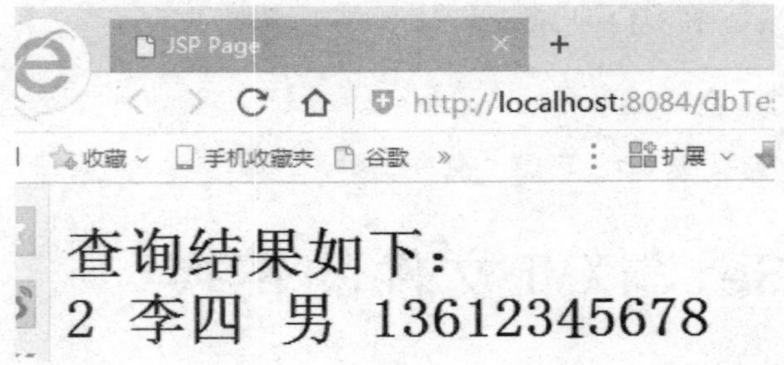

图 3-14 RowSet 带条件的查询运行结果

（2）更新数据

使用 RowSet 进行更新数据操作，主要代码如下。

```
crs. updateString(2, "菲菲");                    // 修改第 2 个字段 name
crs. updateString(3, "女");                      // 修改第 2 个字段 name
crs. updateString(4, "99999999999");             // 修改第 4 个字段 tel
crs. updateRow();                                // 更新数据，同步到数据库中
```

下面通过举例来详细说明。在 dbTest 项目中，创建 JSP 文件 RowSetUpdate. jsp，关键代码如下所示。该程序说明了 RowSet 更新数据库的方法。

```
<%
RowSet crs = new JdbcRowSetImpl();
crs.setUrl("jdbc:mysql:///studb? useUnicode = true&characterEncoding = UTF-8");
crs.setUsername("root");
crs.setPassword("123456");
crs. setCommand("SELECT * FROM student");
```

```
crs. execute();

crs. absolute(1); // 定位到第 1 行
crs. updateString(2, "菲菲");                    // 修改第 2 个字段 name
crs. updateString(3, "女");                      // 修改第 2 个字段 name
crs. updateString(4, "99999999999");             // 修改第 4 个字段 tel
crs. updateRow(); // 更新数据

crs.setCommand("SELECT * FROM student");
crs. execute();
while(crs. next()){
out.print(crs.getString(1)+ " " +crs.getString(2)+ " " +crs.getString(3)+ " " +crs.
getString(4)+ "<br>");
}catch(Exception e)
{   e.printStockTrace();}
%>
```

其运行结果如图 3-15 所示。

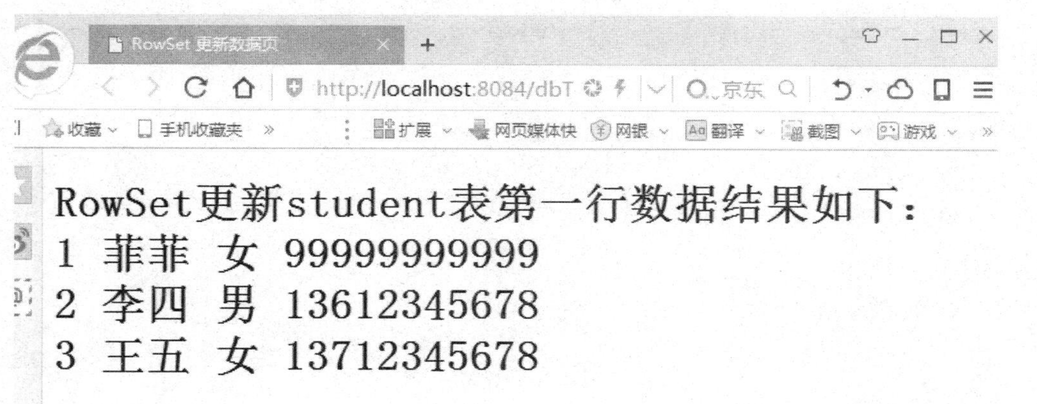

图 3–15　RowSet 更新数据库运行结果

（3）插入数据

使用 RowSet 向数据库中插入数据的主要代码如下。

```
crs.moveToInsertRow();                     // 移动到要插入的行，一般是记录尾部
crs. updateString(2, "李军");               // 设定第 2 个字段 name
crs. updateString(3, "男");                 // 设定第 3 个字段 name
crs. updateString(4, "66666666666");        // 设定第 4 个字段 tel
crs. insertRow();                          // 插入
```

下面通过举例来详细说明。

在 dbTest 项目中，创建 JSP 文件 RowSetlnsertjsp，关键代码如下所示。该程序说明了 RowSet 插入数据的方法。

```
<%
RowSet crs = new JdbcRowSetImpl();
crs.setUrl( "jdbc:mysql:///studb? useUnicode = true&characterEncoding = UTF-8" );
crs.setUsername( "root" );
crs.setPassword( "123456" );
crs. setCommand( "SELECT * FROM student" );
crs. execute();

crs.moveToInsertRow();
crs. updateString(2, "李军" );  // 设定第 2 个字段 name
crs. updateString(3, "男" );  // 设定第 3 个字段 name
crs. updateString(4, "66666666666" );  // 设定第 4 个字段 tel
crs. insertRow(); // 插入

crs.setCommand( "SELECT * FROM student" );
crs. execute();
while(crs. next()){
out.print(crs.getString(1)+ " " +crs.getString(2)+ " " +crs.getString(3)+ " " +crs.
getString(4)+ "<br>" );
}catch(Exception e)
{   e.printStockTrace();}
%>
```

其运行结果如图 3-16 所示。

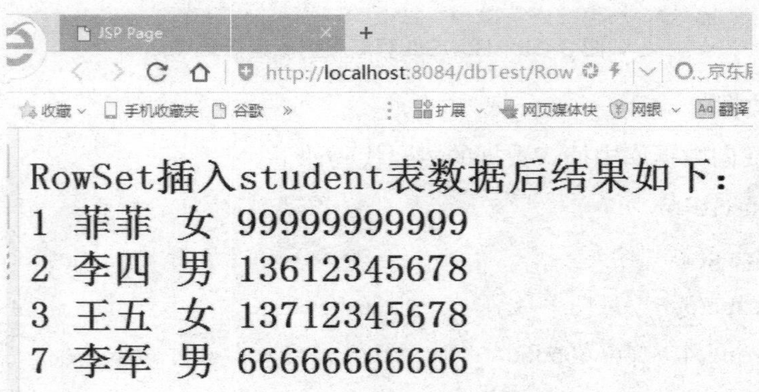

图 3–16　RowSet 插入数据库运行结果

从图 3-16 可以看出，由于表 student 的第一个字段 id 是自动编号的，所以在插入记录时无须设置。当记录中有某条记录被删除时，编号并不会自动连续，而是只保留剩下的编号，被删除的编号不再重复使用。如果要想让编号重新从 1 开始，可以在 MySQL 中使用命令：truncate table 表名。

（4）删除数据

使用 RowSet 删除数据库中数据的主要代码如下。

```
crs. Absolute(4);                              // 定位到第 4 行
crs. deleteRow();                              // 删除
```

在 dbTest 项目中，创建 JSP 文件 RowSetDelete. jsp，关键代码如下所示。该程序说明了 RowSet 删除数据的方法。

```
<%
RowSet crs = new JdbcRowSetImpl();
crs.setUrl( “jdbc:mysql:///studb? useUnicode = true&characterEncoding = UTF-8” );
crs.setUsername( “root” );
crs.setPassword( “123456” );
crs. setCommand( “SELECT * FROM student” );
crs. execute();

crs. Absolute(4);
crs. deleteRow();

crs.setCommand( “SELECT * FROM student” );
crs. execute();
while(crs. next()){
out.print(crs.getString(1)+ “ ” +crs.getString(2)+ “ ” +crs.getString(3)+ “ ” +crs.
getString(4)+ “<br>” );
}catch(Exception e)
{   e.printStockTrace();}
%>
```

其运行结果如图 3-17 所示。

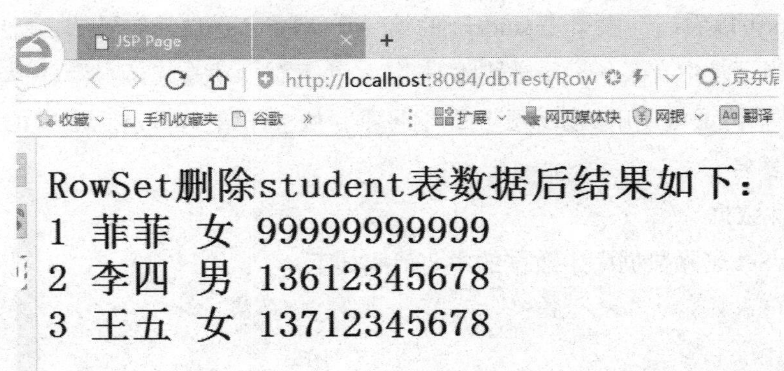

图 3–17　RowSet 删除数据库运行结果

5. 事务与更新底层数据源

RowSet 本身只代表具体数据，事务及底层数据源的更新是与底层数据源密切相关的概念。对于 JDBC 数据源，相应的标准接口 JdbcRowSet 通过与数据库相关的方法来实现，如 commil()、rollback() 等。对于标准接口中的非连接 RowSet，如 CachedRowSet，则在对 RowSet 中的数据进行改动后，通过运行 acceptChanges() 方法，在内部调用 RowSet 对象的 writer 将这些更改写入数据源，从而将 CachedRowSet 对象中的更改传播回底层数据源。

6. 可序列化非连接 RowSet

使用 CachedRowSel 对象的主要原因之一是要在应用程序的不同组件之间传递数据。因为 CachetlRowSet 对象是可序列化的，所以可使用它将运行于服务器环境的 JavaBeans 组件查询的结果，通过网络发送到运行于 Web 浏览器的客户端。

由于 CachedRowSet 对象是非连接的，所以与具有相同数据的 ResultSet 对象相比更为简洁。因此，它特别适于向瘦客户端（如 PDA）发送数据，这种瘦客户端由于资源限制或安全考虑而不适于使用 JDBC 驱动程序。所以 CachedRowSet 对象可提供一种“获取各行”的方式而无须实现全部 JDBCAPI。

第 4 章　Servlet

4.1　Servlet 基础

4.1.1 Servlet 定义

Servlet 是服务器端的 Java 应用程序，它用来扩展服务器的功能，可以生成动态的 Web 页面。Servlet 与传统 Java 应用程序最大的不同在于：它不是从命令行启动的，而是由包含 Java 虚拟机的 Web 服务器进行加载。

Applet 是运行于客户端浏览器的 Java 应用程序，Servlet 与 Applet 相比较，有以下特点。

1. 相似之处

（1）它们不是独立的应用程序，没有 main 方法。

（2）它们不是由用户调用，而是由另外一个应用程序（容器）调用。

（3）它们都有一个生命周期，包含 init 和 destroy 方法。

2. 不同之处

（1）Applet 运行在客户端，具有丰富的图形界面。

（2）Servlet 运行在服务器端，没有图形界面。

造成这种差别的原因在于它们所肩负的使命不同。Applet 的目的是为了实现浏览器与客户的强大交互，因此需要丰富多样的图形交互界面；Servlet 用于扩展服务器端的功能，实现复杂的业务逻辑，它不直接同客户交互，因此不需要图形界面。

Servlet 最大的用途是通过动态响应客户端请求来扩展服务器功能。

4.1.2 Servlet 工作流程

Servlet 运行在 Web 服务器上的 Web 容器里。Web 容器负责管理 Servlet。它装入并初始化 Servlet，管理 Servlet 的多个实例，并充当请求调度器，将客户端的请求传递到

Servlet，

并将 Servlet 的响应返回给客户端。Web 容器在 Servlet 的使用期限结束时终结该 Servlet。服务器关闭时，Web 容器会从内存中卸载和除去 Servlet。

Servlet 的基本工作流程如下：

（1）客户端将请求发送到服务器。

（2）服务器上的 Web 容器实例化（装入）Servlet，并为 Servlet 进程创建线程。请注意，Servlet 是在出现第一个请求时装入的，在服务器关闭之前不会卸载它。

（3）Web 容器将请求信息发送到 Servlet。

（4）Servlet 创建一个响应，并将其返回到 Web 容器。Servlet 使用客户端请求中的信息以及服务器可以访问的其他信息资源（如资源文件和数据库等）来动态构造响应。

（5）Web 容器将响应返回客户端。

（6）服务器关闭或 Servlet 空闲时间超过一定限度时，调用 destroy 方法退出。

从上面 Servlet 的基本工作流程中可以看出，客户端与 Servlet 间没有直接的交互。无论是客户端对 Servlet 的请求还是 Servlet 对客户端的响应，都是通过 Web 容器来实现的，这就大大提高了 Servlet 组件的可移植性。

下面对 Servlet 的基本工作流程进行详细说明。

1. Servlet 装入和初始化

第一次请求 Servlet 时，服务器将动态装入并实例化 Servlet。开发人员可以通过 Web 配置文件将 Servlet 配置成在 Web 服务器初始化时直接装入和实例化。Servlet 调用 init 方法执行初始化。init 方法只在 Servlet 创建时被调用，所以，它常被用来作为一次性初始化的工作，如装入初始化参数或获取数据库连接。

init 方法有两个版本：一个没有参数，一个以 ServletConfig 对象作为参数。

2. 调用 Servlet

每个 Servlet 都对应一个 URL 地址。Servlet 可以作为显式 URL 引用调用，或者嵌入在 HTML 中并从 Web 应用程序中调用。

Servlet 和其他资源文件（如 JSP 文件、静态 HTML 文本等）打包作为一个 Web 应用存放在 Web 服务器上。对于每个 Web 应用，都可以存在一个配置文件 web.xml。关于 Servlet 的名称、对应的 Java 类文件、URL 地址映射等信息都存放在配置文件 web.xml 中。当 Web 服务器接收到对 URL 地址的请求信息时，会根据配置文件中 URL 地址与 Servlet 之间的映射关系将请求转发到指定的 Servlet 来处理。

3. 处理请求

当 Web 容器接收到对 Servlet 的请求，Web 容器会产生一个新的线程来调用 Servlet 的 service 方法。service 方法检查 HTTP 请求类型（GET、POST、PUT、DELETE 等），然

后相应地调用 Servlet 组件的 doGet、doPost、doPut、doDelete 等方法。如果 Servlet 处理各种请求的方式相同，也可以尝试覆盖 service 方法。GET 请求类型与 POST 请求类型的区别在于：如果以 GET 方式发送请求，所带参数附加在请求 URL 后直接传给服务器，并可从服务器端的 QUERY_STR1NG 环境变量中读取；如果以 POST 方式发送请求，则参数会被打包在数据包中传送给服务器。

4. 多个请求的处理

Servlet 由 Web 容器装入，一个 Servlet 同一时刻只有一个实例，并且它在 Servlet 的使用期间将一直保留。当同时有多个请求发送到同一个 Servlet 时，服务器将会为每个请求创建一个新的线程来处理客户端的请求。

如有两个客户端浏览器同时请求同一个 Servlet 服务，服务器会根据 Servlet 实例对象为每个请求创建一个处理线程。每个线程都可以访问 Servlet 装入时的初始化变量。每个线程处理它自己的请求。Web 容器将不同的响应返回各自的客户端。

这意味着 Servlet 的 doGet 方法和 doPost 方法必须注意共享数据和领域的同步访问问题，因为多个线程可能会同时尝试访问同一块数据或代码。如果想避免多线程的并发访问，可以设置 Servlet 实现 SingleThreadModel 接口，如下所示：

```
public class YourServlet extends HttpServlet implements SingleThreadModel {
…
}
```

使用 SingleThreadModel 接口虽然避免了多请求条件下的线程同步问题，但是单线程模式将对应用的性能造成重大影响，因此在使用时要特别慎重。

5. 退出

如果 Web 应用程序关闭或者 Servlet 已经空闲了很长时间，Web 容器会将 Servlet 实例从内存中移除。移除之前 Web 容器会调用 Servlet 的 destroy 方法。Servlet 可以使用这个方法关闭数据库连接、中断后台线程、向磁盘写入 Cookie 列表及执行其他清理动作。然而，当 Web 容器出现意外而被关闭，则不能够保证 destroy 方法被调用。

通过上面 Servlet 工作流程的基本描述，对于 Web 容器的职责，可以归纳为以下两点：一是管理 Servlet 组件的生命周期，包括 Servlet 组件的初始化、销毁等；二是作为客户端与 Servlet 之间的中介，负责封装客户端对 Servlet 的请求，并将请求映射到对应的 Servlet，以及将 Servlet 产生的响应返回给客户端。

4.1.3 Servlet 编程接口

Java EE 标准定义了 Java Servlet API，用于规范 Web 容器和 Servlet 组件之间的标准接口。Java Servlet API 是一组接口和类，主要由两个包组成：javax.servlet 包含支持协议无关的 Servlet 的类和接口；javax.servlet.http 包括对 HTTP 协议的特别支持的类和接口。

所有的 Servlet 都必须实现通用 Servlet 接口或 HttpServlet 接口。通用 Servlet 接口类 javax.servlet.GenericServlet 定义了管理 Servlet 及它与客户端通信的方法；HttpServlet 接口类 javax.servlet.http.HttpServlet 是继承了通用 Servlet 接口类的一个抽象子类。要编写在 Web 上使用的 HTTP 协议下的 Servlet，通常采用继承 HttpServlet 接口的形式。下面以 HttpServlet 接口为中心，介绍与 Servlet 编程密切相关的几个接口。

（1）HttpServletRequest 代表发送到 HttpServlet 的请求。这个接口封装了从客户端到服务器的通信。它可以包含关于客户端环境的信息和任何要从客户端发送到 Servlet 的数据。

（2）HttpServletResponse 代表从 HttpServlet 返回客户端的响应。它通常是根据请求和 Servlet 访问的其他来源中的数据动态创建生成的响应，如 HTML 页面。

（3）ServletConfig 代表 Servlet 的配置信息。Servlet 在发布到服务器上的时候，在 Web 应用配置文件中对应一段配置信息。Servlet 根据配置信息进行初始化。配置信息的好处在于在 Servlet 发布时可以通过配置信息灵活地调整 Servlet 而不需要重新改动、编译代码。

（4）ServletContext 代表 Servlet 的运行环境信息。Servlet 是运行在服务器上的程序。为了与服务器及服务器上运行的其他程序进行交互，有必要获得服务器的环境信息。

（5）ServletException 代表 Servlet 运行过程中抛出的意外对象。

（6）HttpSession 用来在无状态的 HTTP 协议下跨越多个请求页面来维持状态和识别用户。维护 HttpSession 的方法有 Cookie 或 URL 重写。

（7）RequestDispatcher: 请求转发器，可以将客户端请求从一个 Servlet 转发到其他的服务器资源，如其他 Servlet、静态 HTML 页面等。

Java EE 服务器必须声明支持的 Java Servlet API 的版本级别。随着 Java EE 技术的不断进步，Java Servlet API 的版本也在不断更新，在 Java EE 8 标准规范中包含的 Java Servlet API 的版本为 4.0。

4.1.4 编写第一个 Servlet

编写一个 Servlet 完整的过程包括：类的编写、编译、配置、部署和调用（访问），下面通过一个实例来介绍这个过程。实例功能：在输入页面（input.html) 中输入访问者的姓名，单击“确定”按钮后调用编写的 Servlet 显示“××× 欢迎来到 Servlet 世界！！！”。

1. 编写 Servlet

启动 MyEclipse 并创建一个 Web 工程名为“servletDemo”。在右侧工程管理器中，右键单击新建工程，在弹出的快捷菜单中选择“New”—“Servlet”或单击工具栏上“新建”按钮侧边的下拉按钮选择“servlet”，弹出“Create a New Servlet”对话框，如图 4-1 所示。

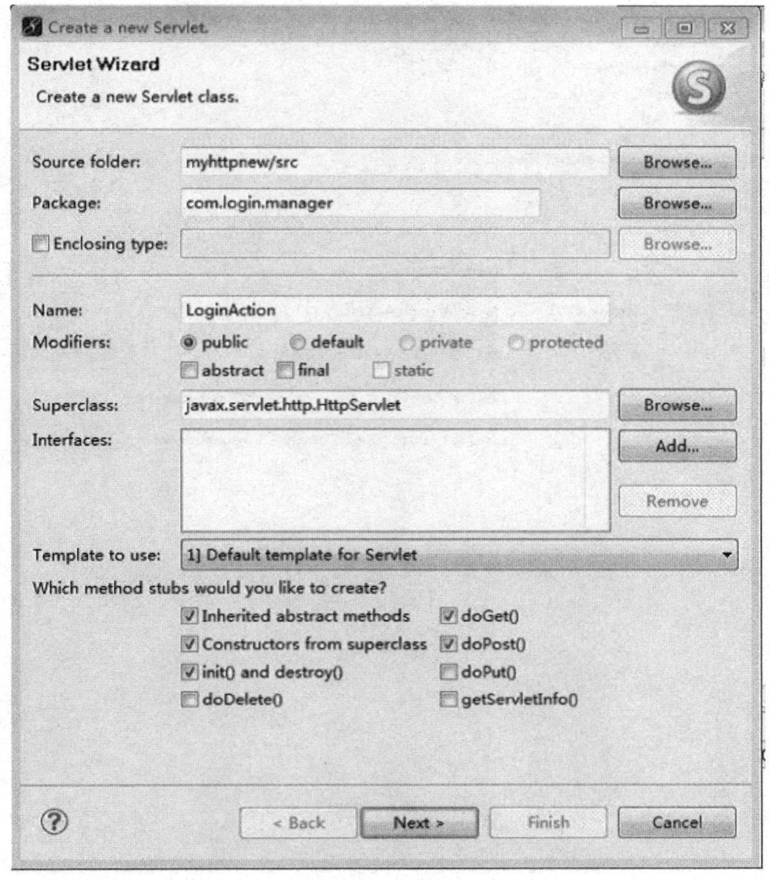

图 4–1　“Creatc a New Servlet”对话框

其中：

（1）Package：类所在的包，输入“demo.servlet”。

（2）Name：类名，输入“MyServlet”。

（3）Superclass：继承的父类，默认为“javax.servlet.http.HttpServlet”。

（4）Which method stubs would you like to create：选择要实现的方法，“doGet()”和“doPost()”一般都要选择，用于处理客户端的 Get 或 Post（表单）请求。

填写完成后单击“Next”按钮，显示设置 Servlet 映射信息对话框，如图 4-2 所示。Servlet 不能被客户端直接访问，必须将 Servlet 映射到一个虚拟的 URL，然后通过此 URL 进行访问。

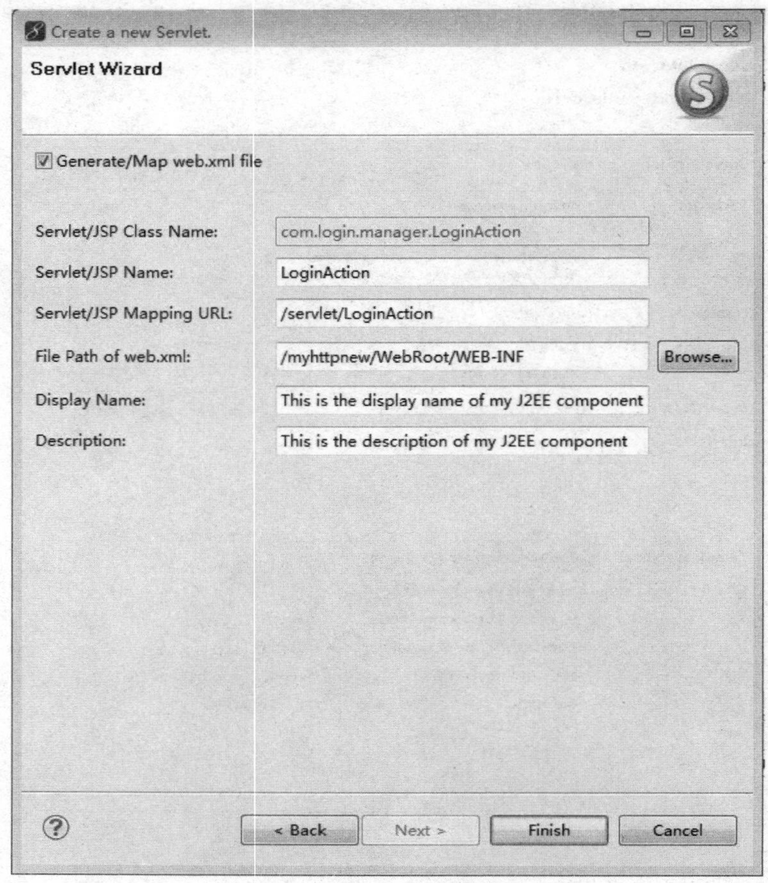

图 4-2　Servlet 映射配置对话框

其中：

（1）Servlet/JSP Class Name：上一步生成 Servlet 的完整类名。

（2）Servlet/JSP Name：该 Servlet 在配置文件中的标识名，用于在配置文件中进行引用。

（3）Servlet/JSP Mapping URL：该 Servlet 的映射 URL，客户端通过此 URL 来访问此 Servlet。此 URL 必须以"/"开始，表示应用的根，后面可以根据需要进行设定修改。此处修改为"/myServlet"。

（4）Hie Path of web.xml：指定 web.xml 文件所在位置。web.xml 为默认的 Web 应用配置文件。

（5）Display Name：显示名（可选）。

（6）Description：说明（可选）。

通过图 4-2 所示对话框，在 web.xml 文件中将生成代码 4.1 所示的配置信息。

Servlet 注册信息，通过 <servlet> 标记注册一个 Servlet。

代码 4.1　Servlet 在 web.xml 中的配置信息。

```
<servlet>
<description>This is the description of my J2EE component<ydescription>
<display-name>This is the display name of my J2EE component</display-name>
<!-- Servlet 标识名 -->
<servlet-name>MyServlet</servlet-name>
<!-- Servlet 的完整类名 -->
<servlet-class>demo.servlet.MyServlet</servlet-class>
</servlet>
<servlet-mapping>
<!-- Servlet 的标示名，是对 servlet 标记中标识名的引用 -->
<servlet-name>MyServlet</servlet-name>
<!-- Servlet 的映射 URL -->
<url-pattem>/myServlet</tirl-pattem>
</servlet-mapping>
```

打开类 MyServlet.java，将 doPost 和 doGet 方法修改为如代码 4.2 所示。

代码 4.2　MyServletjava 部分代码。

```
public void doGet(HttpServletRequest request, HttpServletResponsc response)
throws ServIetException, IOException {
// 设置请求对象的编码为 UTF-8
request.setCharacterEncoding( “UTF-8” );
// 获取客户端提交的用户名
String uName = request-getFarameter( “uscrName” );
// 设置响应对象的编码 responsc.setCharacterEncoding( “UTF-8” );
// 获得输出对象，准备向客户端输出信息
PrintWriter out = response.getWriter();
// 设置响应内容类型及编码类型
response.setContentType( “text/html;charset=UTF-8” );
out.println(uName + “欢迎来到 Servlet 世界！！！” );
}
public void doPost(HttpServ!etRequest request, HttpServletResponsc response)
throws ServletException, IOException {
// 当用户使用 Post 方法请求时，采用和 Get 方法相同的处理方法
doGet(request,response);
}
```

2. 部署

部署方法同JSP。在MyEclipse中,在“Servers”选项卡中的Web服务器上单击鼠标右键,在快捷菜单中选择“Add Deployment...”,在打开的对话框“project”中选择“servletDemo”进行发布,然后启动服务器即可完成Servlet的部署。

3. 访问 Servlet

(1)通过地址栏直接访问

确保在部署时,启动服务器没有出错,打开浏览器在地址栏中输入:

http://localhost:8080/servletDemo/myServlet?userName=Marry

其中:

servletDemo:为应用上下文,默认为工程名。

/myServlet:为 MyServlet 类的映射路径。

(2)通过表单访问

在 WebRoot 下创建一个静态页面 input.html, 内容见代码 4.3。

代码 4.3　input.html。

```
<!DOCTYPE HTML PUBLIC “-/AV3C//DTD HTML 4.01 Transitional//EN” >
<html>
<head>
<title>input.hlml</title>
<meta http-equiv= “keywords” content= “keywordl,keyword2,keyword3” >
<meta http-equiv= “description” content= “this is my page” >
<meta http-equiv= “content-type” contcnt= “text/html; charset=GBK” >
</head>
<body>
<form action= “myServlet” mcthod= “post” >
请输入你的姓名:<input type= “text” name= “username” >
<input type= “submit” value= “Go” />
</form>
</body>
</html>
```

form 的 action 属性值设置为“myServlet”,原因是:input.html 存放在“WebRoot”中即此 Web 应用的根(/)目录中,而“myServlet”在 web.xml 中的映射地址为“/myServlet”,表示把“MyServlet”映射到了Web应用的根目录中,因此“myServlet”和“input.html”在虚拟路径上属于同一级目录。

4.2　请求与响应

很多情况下，从浏览器到 Web 服务器需要传递一些信息，最终到后台程序。浏览器使用两种方法可将这些信息传递到 Web 服务器，分别为 GET 方法和 POST 方法。

（1）GET 方法

GET 方法向页面请求发送已编码的用户信息。页面和已编码的信息中间用“？”字符分隔，如下所示。

```
http://www.test.com/hello?key1=value1&key2=value2
```

GET 方法是默认的从浏览器向 Web 服务器传递信息的方法，它会产生一个很长的字符串，出现在浏览器的地址栏中。如果向服务器传递的是密码或其他的敏感信息，不要使用 GET 方法。GET 方法有大小限制，请求字符串中最多只能有 1024 个字符。

这些信息使用 QUERY_STRING 头传递，并可以通过 QUERY_STRING 环境变量访问，Servlet 使用 doGet() 方法处理这种类型的请求。

（2）POST 方法

另一个向后台程序传递信息且比较可靠的方法是 POST 方法。POST 方法打包信息的方式与 GET 方法基本相同，但是 POST 方法不是把信息作为 URL 中“？”字符后的文本字符串进行发送，而是把这些信息作为一个单独的消息来发送。消息以标准输出的形式传到后台程序，开发者可以解析和使用这些标准输出，POST 方法的消息没有最多传输 1024 个字符的限制，因此在实际开发中更为常用一些。Servlet 使用 doPoSt() 方法处理这种类型的请求。

4.2.1 处理表单的参数

表单（Form）是实现网页上数据传输的基础，一般要和 JSP、CGI 等文件结合起来使用。对于 JSP 和 CGI，需要专门的程序员来完成，并在后台服务器调用。Web 程序设计中，处理表单提交的数据是获取 Web 数据的主要方法。

表单数据的提交方法有两种：Post 方法和 Get 方法。当使用 Post 方法时，数据由标准的输入设备读入；当使用 Get 方法时，数据由 CGI 变量 QUERY_STRING 传递给表单数据处理程序。

Servlet 有一个比较好的功能，就是可以自动处理表单提交的数据。只需要调用 H«p Servlet Request. getParameter(String name), 就可以获得指定参数的值（String）。注意此方法是区分大小写的，其返回值（String) 与其对应的 URL 编码一致。当参数 name 存在但没有值的时候，会返回一个空串（“”）；当参数 name 不存在时，会返回 null。当某一个参数有多个值时，可以调用方法 getParameterValues(Stringname)，返回字符串数组。当指定参数不存在时，getParameterValues(Stringname) 返回 null；当指定参数只有一个值时，返回一个只有一个元素的数组（String）。

尽管大部分时候，Servlet 只需要获取指定参数的值。不过在调试时，获取整个参数列表也是一个不错的选择。调用方法 getPammeterNames() 可以获取表单参数名的枚举列表，每一条目都会强制转换为 String，可以用于 getParameter(String name) 和 getParameterNames()。需要注意的是，所返回的枚举列表在任何情况下都不能保证各个元素的排列顺序。

① getParameter()：可以调用 request. getParameter() 方法来获取表单参数的值。

② getParameterValues()：如果参数出现一次以上，则调用该方法，并返回多个值，例如复选框。

③ getParameterNames()：如果想要得到当前请求中的所有参数的完整列表，则调用该方法。

下面通过一个例子来演示一下 Servlet 是如何使用不同的方法来接收不同类型的参数的。通过页面文件传递 3 个参数给一个 Servlet 文件，然后通过该文件显示接收的内容。

首先，创建一个页面文件 userinfajsp。这个页面做了一个关于姓名、年龄和爱好的问卷调查。其中通过 form 表单提交页面中的 3 组参数，通过 action 属性指定了文件提交的 URL 地址，这里的值为 GetUserfnfo, 表示提交到一个 URL 模式为 GetUserlnfo 的 Servlet 的文件。关键代码如下。

例 4.1　userinfo. jsp 文件的核心代码。

```
< body >
<form action = “GetUserInfo”  method= “ post” >
<table width = “52%”  border= “2”  align = “center” >
<tr bgcolor= “#FFFFCC” >
<td align= “center” >< div align= “center” > 用户信息调查表 </div></d>
</tr></table>
<table width= “52%”  border = “2”  align= “center” >
<tr bgcolor= “#CCFF99” >
<td align= “center”  width= “43%” ><div align= “center” > 用户名 : </div></ld>
<td width= “57%” ><div align= “left” >
<input type= “text”  name = “username” >
</div></td>
</tr>
< tr bgeolor= “#CCFF99” >
<td align = “center”  width = “43%” >< div align= “center” > 年龄 : </div></td >
```

```
<td width= "57%" >< div align= "left" >
<input type= "text" name = "age" >
</div></td>
</tr>
<tr bgcolor= "#CCFF99" >
<td align= "center" width= "43%" >< div align= "center" > 爱好 : </div></td >
<td width= "57%" >< div align= "left" >
<input type = "checkbox" name = "checkbox1" value= "唱歌" >
唱歌
<input type = "checkbox" name = "checkbox1" value= "美食" >
美食
<input type = "checkbox" name = "checkbox1" value= "旅游" >
旅游
<input type = "checkbox " name = "checkbox" value= "运动" >
运动
</div></td>
</tr>
</table >
<p align = "center" >
< input type= "reset" name = "Reset" value= "重置" >
< input type = "submit" name = "Submit2" value= "提交" >
</p>
</form>
</body>
```

在 action 属性中，如果所请求的是 Servlet 文件，则写的是文件的 URL 模式地址，不是 Servlet 的文件名，所以没有扩展名。如果是网页文件，则必须提供该文件的全名。

接下来，在项目的包 cy.servlet 中创建一个 Servlet 文件：GetUserlnfo.java，用它来接收参数。在创建时一定要注意设置它的 URL 模式为 GetUserlnfo。

例 4.2　GetUserlnfo. java 文件的核心代码。

```
proteected void processRequest(HtpServletRequest request, HtpServletResponse response)
throws ServletException, IOException |
response. setContentType( "text/html;charset=UTF -8" );
request. setCharacterEncoding( "UTF – 8" );// 解决编码问题
PrintWriter out = response. getWriter( );
out. println( "< BODY BGCOLOR= \ "#FDF5E6\" >\n" +
```

```
"<H1 ALIGN = CENTER>" + "采集用户信息" + "</H1>\n" +
"<UL>\n" +
"<H1><B> 您的名字 </B>:"
+ request. getParameter( "usermname" ) + "\n" +
"<L1><B> 您的年龄 </B>:"
+ request. getParameter( "age" ) + "\n" );
// 创建一个接收复选框参数的数组
String[ ] paramV alues = request. getParameterValues( "checkbox1" );
String temp = new String( " " );
for( int i =0;i < paramValues. length;i ++ ) temp + = paramValues[i] + " " ;
oul. printIn( "<L><b> 你的爱好有 : </b>" +temp+ "。" +
"</BODY></HTML>" );
}
```

这里通过两种方式接收了参数，主要是因为第 3 个参数为一个变量名对应了多个值，所以在使用方法上就有所区别。可以看到，通过“reqUeSt.getPammeter()”方法接收了前两个参数，使用“request. getParameterValues()”方法接收了第 3 个复选框的参数。

虽然 Servlet 文件是运行于服务器的，其主要作用是进行业务处理和控制，但它也可以通过向客户端发送脚本的方式来显示页面内容。上面的代码中就是通过“out.Println()”方法来输出内容的。

4.2.2 Header 与初始化参数

当一个客户端（通常是浏览器）向 Web 服务器发送一个请求时，它要发送一个请求的命令行，一般是 get 或者 post 命令。当发送 post 命令时，还必须向服务器发送一个名为 Content-Length 的请求头（request header），用于指定数据的长度。除了这个 header，还可以向服务器发送一些其他 Header，列举如下。

Accept：浏览器可以接受的 MIME 类型。

Accept-Encoding：浏览器支持的数据编码类型（如 gzip）。Servlets 可以预先检查浏览器是否支持 gzip 并可以对支持 gzip 的浏览器返回 gzip 的 HTML 页面，并设置 Content-Encoding 响应头（Response Header）来指出已发送的内容是已经 gzipped 的。在大多数情况下这样做可以加快网页下载的速度。

Accept-Language：浏览器指定的语言，当 server 支持多种语言时起作用。

Authorization：认证信息，一半是对服务器发出的 WWW-Authenticate 头的回应。

Connection：是否使用连续连接。如果 Servlet 发现这个字段的值是 Keep-Alive，或者由发出请求的命令行发现浏览器支持 HTTP1.1（持续连接是它的默认选项），使用持续连接可以使保护很多小文件的页面下载时间减少。

Content-Length：使用 post 方法提交时，传递数据的字节数。

Cookie：很重要，用来进行与 cookie 有关的操作。

Host：主机和端口。

If-Modified-Since：只返回比指定日期新的文档，如果没有，会返回 304 “Not Modified” 。

Referer：URL。

User-Agent：客户端的类型，一般用来区分不同的浏览器。

在 Servlet 读取 Request Header 的值非常简单，只要调用 HttpServletRequest 的 getHeader 方法即可。当指定了要返回的 Header 地名称，该方法就会返回 String 类型的 Header 内容，如果指定的 Header 不存在，则返回 null。调用 getHeaderNames 可以返回所有 Header 名称的 Enumeration。

下面这个例子是一个读取所有 Request Header 值的 Servlet 程序。

例 4.3　RequestHeaderExample.java 文件。

```
import java.io. * ;
import java.util. * ;
import javax.servlet. * ;
import javax.servlet.http. * ;
…
public class RequestHeaderExample extends HttpServlet {
protected void doGet(HttpServletRequest request, HttpServletResponse response) throws
ServletException, IOException {
response.setContentType( “text/html;charset=UTF-8” );
PrintWriter out=response.getWriter();
Enumeration e=request.getHeaderNames();
// 构造一个循环，遍历每一个元素的值
while(e.hasMoreElements()) {
String name=(String)e.nextElement();
String value=request.getHeader(name);
// 向页面输出每次获取到的参数值
out.println(name+ “=” +value+ “<br>” );
}
}
}
…
```

运行该文件，效果如图 4-3 所示。

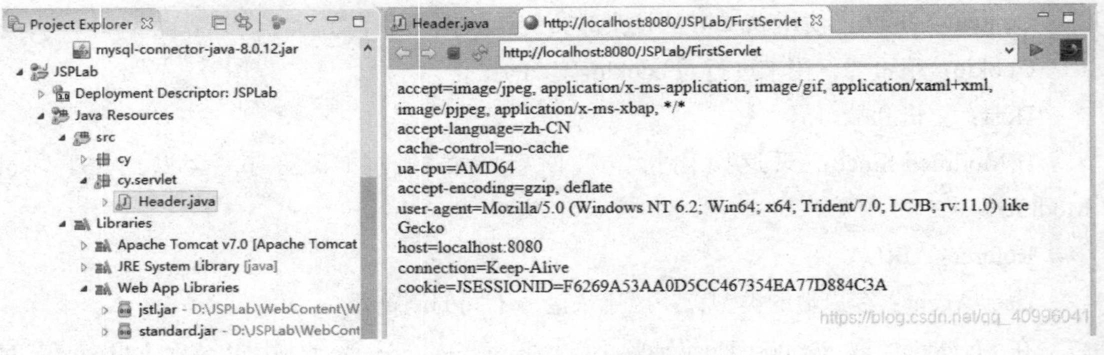

图 4–3　显示 Header 中的内容

客户端在向服务器端发出 request 请求的同时在 Herder 中加入了一些附属信息，这相当于一些初始信息。除此之外，Servelt 文件本身也可以通过在 init() 方法中加入信息来完成文件初始化信息的配置。

前面已经介绍过，Servlet 文件与 Applet 文件类似，没有构造函数，实例化时是通过 init() 方法来实现的。这个方法获取了 ServletConfig 对象，然后再通过对象的 getInitParameter() 方法来获取参数（如果有初始化参数的话）。也可以不获取 ServletConfig 对象，直接通过 getlnitParameler() 方法来获取参数。

这样做的好处是，通过配置信息来初始化 Servlet 可以有效地避免硬编码信息，提高 Servlet 的可移植性。

下面通过一个例子来演示一下如何在初始化时配置一个参数，并且读取这个参数。创建一个 Servlet 并设置文件名为 hiitPamm.jaVa。在创建该文件时，一定要在设置了“Servlet 名称”和“URL 模式”后，在下面添加参数，如图 4-4 所示。单击“新建”按钮，然后添加参数名称和参数值。设置完毕后，单击“完成”按钮。

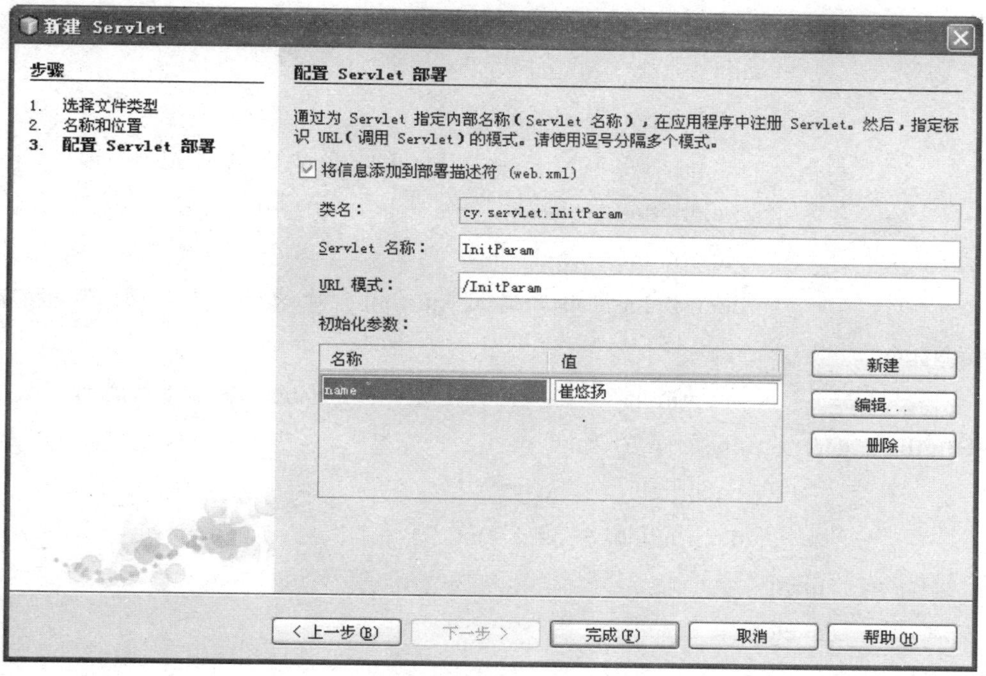

图 4-4　设置初始化参数

在打开的文件脚本框中，改写文件内容，核心代码如下。

例 4.4　InitParam. java 文件的核心代码。

```
public class InitParam extends HttpServlet {
…
    // 声明一个 ServletConfig 类型的变量
ServletConfigniyconllg;
    @ Override
    // 通过 init() 获取初始化对象的值
    public void init( ServletConfig config) throws ServletException {
                super, init(config);
            myconfig = config ;
    }
    protected void doGet(HttpServletRequest request, HttpServletResponse response) throws
ServletException, IOException {
            response.setContentType( “text/html;charset=UTF-8” );
            PrintWriter out=response.getWriter();
            // 获取初始化对象中的更多参数
            String initName=this.getServletConfig().getInitParameter( “name” );
            try {
```

```
                        / * TODO output your page here * /
                        out.println( “<html” );
                        out.println( “<head>” );
                        out.println( “<title> 读取 Servlet 初始化参数 </title>” );
                        out.println( “</head>” );
                        out.println( “<body>” );
                        out.println( “<h1> 通 过 myconfig 对 象 读 取 到 的 参 数 值 是 :
“+initName+” </h1>” );
                        out.println( “<h1> 直接通过 getInitParameter() 读取到的参数值是 :
“+getInitParameter( “name” )+” </h1>” );
                        out.println( “</body>” );
                        out.println( “</html” );
                }finally {
                out.close();
                }
        }
    …
    }
```

例 4.4 通过两种方法来显示读取到的参数，就如前面介绍的两种方式，读者可以自行比较，读取 Servlet 的初始化参数如图 4-5 所示。

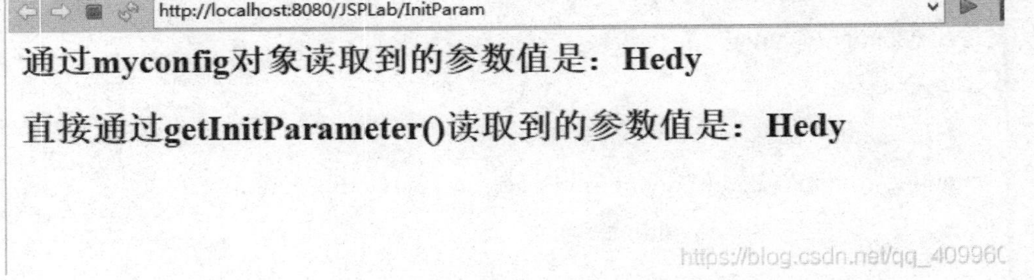

图 4–5　读取 Servlet 的初始化参数

4.2.3 发送非网页文档

通常 Servlet 编程是将 HTML 文件发送到客户端浏览器。然而许多站点还允许访问非 HTML 格式的文档，包括 AdobePDF、MicrosoftWord 和 MicrosoftExcel 等。Servlet 也支持这些非 HTML 文档的发送，其实现方式是通过 MIME(多用途网络邮件扩展) 协议利用 Servlet 来发送；发送的工作过程与普通页面的发送类似，只要将文件写到 Servlet 的输出流中，就可以利用 Servlet 在浏览器中打开或下载这些文件。

客户端浏览器通过 MIME 类型来识别非 HTML 文件和决定用什么容器来呈现这个数据文件。插件能够通过 MIME 类型来决定用什么方式打开这些文件，所以，人们常常能在浏览器中看到其他类型的文件。

MIME 类型很有实用性，它允许浏览器通过内置技术处理不同的文件类型。因此，MIME 类型似乎可以发送任何格式的文件，只要这个文件可以加入 Servlet 的输出流中。

要实现发送非网页文档这一功能，必须在 Servlet 的 respense 对象中设置需要打开文件的 MIME 类型。主要介绍三种文件的发送方式：AdobePDF、MicrosoftWord 和 MicrosoftExcel。需要将 response 对象中 Header 的 content 类型设置成相应的 MIME 标志，具体形式如下。

```
res. setContentType( "application/pdf" )                    // 发送 Adobe PDF 文件
res. setContentType( "application/msword" )                 // 发送 Microsoft Word 文件
res. setContentType( "application/vnd. ms – excel" )        // 发送 Microsoft Excel 文件
```

通过下面这个例子，读者可以更好地理解发送非网页文档的过程。先在 D 盘根目录下创建一个名为 test.docx 的文档，将该文档作为被发送的文档。然后创建一个名为 WordServlet.java 的 Servlet 文件。当运行该文件时，它会向浏览器发送一个 Word 文档。

例 4.5　WordServlet.java 文件的核心代码。

```
…
import java.io. * ;
import javax.servlet.ServletException;
import javax.servlet.ServletOutputStream;
import javax.servlet.http.HttpServlet;
import javax.servlet.http.HttpServletRequest;
import javax.servlet.http.HttpServletResponse;

protected void doGet(HttpServletRequest request, HttpServletResponse response) throws
ServletException, IOException {
                //设置发送文件为 word 文档
                response.setContentType( "application/maword" );
                ServletOutputStream out=response.getOutputStream();
                //response.setHeader("Content - disposition", "ttachment;filename=test.
                                                                    docx" );
        File pdf=null;
        BufferedInputStream buf=null;
        try {
```

```
                pdf=new File( "D:\\test.doc" );
                response.setContentLength((int)pdf.length());
                FileInputStream input=new FileInputStream(pdf);
                buf=new BufferedInputStream(input);
                int readBytes=0;
                // 读取文件的内容，并写入 ServlelOulputStream 中
                while((readBytes=buf.read())!=-1)
                        out.write(readBytes);
            }
            catch (IOException e) {
                        System out println( "file not found!" );
                }finally {
                        //close the input/output streams
                                if(out!=null)
                                        out.close();
                                if(buf!=null)
                                        buf.close();
            }
        }
}
...
```

运行 Word Servlet 文件，结果如图 4-6 所示。

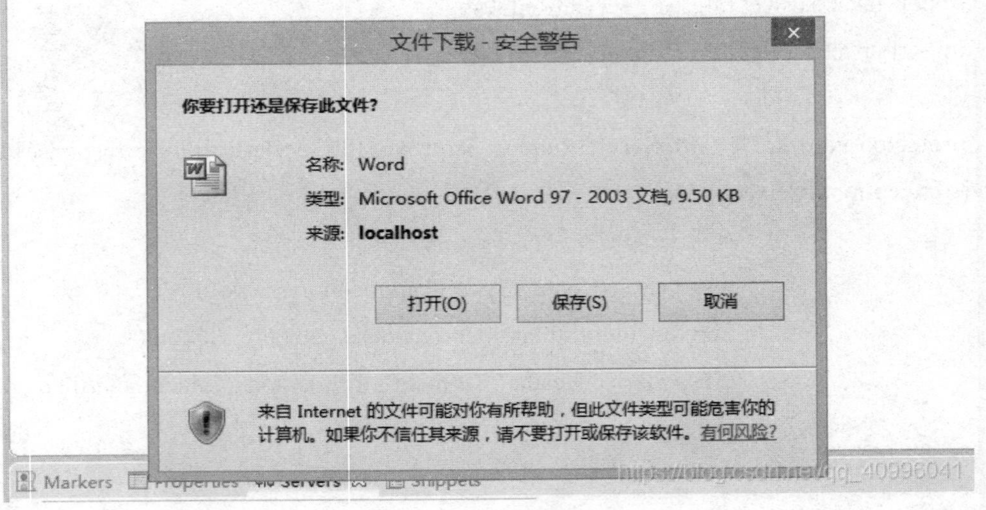

图 4–6　打开 Word 文档

4.2.4 转发与重定向

转发和重定向都能让浏览器获得另外一个 URL 所指向的资源，但两者的内部运行机制有着很大的区别。

1. 转发

有两种方法可获得转发对象（RequestDispatcher)：一种是通过 HttpServletRequest 的 getRequestDispatcher() 方法获得，另一种是通过 ServletContext 的 getRequestDispatcher() 方法获得。request 范围中存放的变量不会失效，就像把两个页面拼到了一起，举例如下。

request getRequestDispatcher (“demo.jsp”). forward(request, response);// 转发到 demo.jsp

假设浏览器访问 Servletl，而 Servlet1 想让 Servlet2 为客户端服务。此时 Servlet1 调用 forward() 方法，将请求转发给 Servlet2。但是调用 forward() 方法对于浏览器来说是透明的，浏览器并不知道为其服务的 Servlet 已经换成 Servlet2, 它只知道发出了一个请求，获得了一个响应，浏览器 URL 的地址栏不变。在实现效果上，转发有点类似 JSP 中的 forward 动作。

2. 重定向

当文档移动到新的位置，向客户端发送这个新位置时，就需要用到网页重定向。当然，也可能是为了负载均衡，或者只是为了简化映射关系，这些情况都有可能用到网页重定向。服务器会根据 HttpServletResponse 的 sendRedirect() 方法，请求寻找资源并发送给客户，它可以重定向到任意 URL，但不能共享 request 范围内的数据。举例如下。

response.sendRedirect(“demo.jsp”);// 重定向到 derao. jsp

同样，假设浏览器访问 Servletl，而 Servletl 想让 Servlet2 为客户端服务。此时 Servlet1 调用 sendRedirect() 方法，将客户端的请求重新定向到 Servlet2。接着浏览器访问 Servlet2,Servlet2 对客户端请求做出反应。浏览器 URL 的地址栏改变。

sendRedirecK() 方法不但可以在位于同一主机上的不同 Web 应用程序之间进行重定向，而且可以将客户端重定向到其他服务器上的 Web 应用程序资源。而 forwarcd() 方法只能将请求转发给同一 Web 应用的组件。转发时浏览器 URL 的地址栏不变。

这两种方法实现起来都比较简单，这里不再举例，在后面的应用中会涉及页面转发和重定向的操作。

4.3 会话跟踪

4.3.1 Cookie

HTTP 协议是一个无状态的协议，所谓无状态，就是指如果此时的状态是保持连接，下一刻的状态可能就是断开连接，状态是不稳定的。这就导致很多用户在上网时遇到问题，比如当用户在线购物时，分几次添加商品到购物车，如果没有会话跟踪，那么这些商品是没办法添加到一个购物车中的。再比如登录，每次访问同一网站时，如果没有会话跟踪，用户除了每次都要输入用户名和密码外，即便是在同一个网站中跳转，每个界面都要输入一次用户名和密码才能继续进行其他操作。这显然是一个非常不好的用户体验，在实际操作中绝不允许这样的事情发生。会话跟踪技术的机制由此被提出。

Cookie 是在 HTTP 协议下，服务器或脚本可以维护客户工作站信息的一种方式。Cookie 是由 Web 服务器保存在用户浏览器（客户端）上的小文本文件，可以包含有关用户的信息。无论何时用户链接到服务器，Web 站点都可以访问 Cookie 信息。

目前有些 Cookie 是临时的，有些则是持续的。临时的 Cookie 只在浏览器上保存一段规定的时间，一旦超过规定时间，该 Cookie 就会被系统清除。

持续的 Cookie 则保存在用户的 Cookie 文件中，下一次用户返回时，仍然可以对它进行调用。有些用户担心 Cookie 中的用户信息会被一些别有用心的人窃取，而造成用户信息泄露。其实，网站以外的用户无法跨过网站来获得 Cookie 信息。如果因为这种担心就屏蔽 Cookie，肯定会因此拒绝访问许多站点页面。因为，现在许多 Web 站点开发人员都使用 Cookie 技术，如 Session 对象的使用就离不开 Cookie 的支持。

表 4-1 所示为 Cookie 类的方法列表。

表 4–1　Cookie 类的方法列表

方法	描述
public void setDomain(String pattern)	该方法设置 Cookie 适用的域，如 w3cschool.cc
public String get Domain ()	该方法获取 Cookie 适用的域，如 w3cschool.cc
public void setMaxAge(int expiry)	该方法设置 Cookie 过期的时间（以秒为单位）。如果不这样设置，Cookie 只会在当前 Session 会话中持续有效
public int getMaxAge()	该方法返回 Cookie 的最大生存周期（以秒为单位），默认情况下，-1 表示 Cookie 将持续下去，直到浏览器关闭
public String getName()	该方法返回 Cookie 的名称，名称在创建后不能改变

续　表

方法	描述
public void setVaJue(String newValue)	该方法设置与 Cookie 关联的值
public String getValue()	该方法获取与 Cookie 关联的值
public void setPath(Siring uri)	该方法设置 Cookie 适用的路径。如果不指定路径，与当前页面相同目录下的（包括子目录下的）所有 URL 都会返回 Cookie
public String getPath()	该方法获取 Cookie 适用的路径
public void setSecure(boolean flag)	该方法设置布尔值，表示 Cookie 是否应该只在加密的（SSL）连接上发送
public void setCommenl(String purpose)	该方法规定了描述 Cookie 目的的注释。该注释在浏览器向用户呈现 Cookie 时非常有用
public String gelComment ()	该方法返回了描述 Cookie 目的的注释，如果 Cookie 没有注释，则返回 null

下面通过一个例子来了解 Cookie。打开 NetBeans，创建一个新的 Servlet 类 CookieExample。这个文件将判断本地 Cookie 是否存在一个指定名称的 Cookie，如果没有，则创建这个 Cookie 并且显示出来。具体代码如下。

例 4.6　CookieExample. java 文件。

```
package cy.servlet;
import java.io.IOException;
import javax.servlet.ServletException;
import javax.servlet.http.Cookie;
import javax.servlet.http.HttpServlet;
import javax.servlet.http.HttpServletRequest;
import javax.servlet.http.HttpServletResponse;
protected void doGet(HttpServletRequest request, HttpServletResponse response) throws
ServletException, IOException {
        response.setContentType( “text/html;charset=UTF-8” );
        Cookie cookie=null;
        // 创建一个 Cookie 类型的数组，用于获取本地 Cookie
        Cookie[] cookies=request.getCookies();
        boolean newCookie=false;
        // 判断 Cookie 是否存在
        if(cookies!=null) {
            for(int i=0;i<cookies.length;i++) {
```

```
                    if(cookies[i].getName().equals( “cyCookie” )) {
                            cookie=cookies[i];
                    }
            }
    }
            // 判断 Cookie 是否为空，如果为空则创建这个 Cookie
    if(cookie==null) {
            newCookie=true;
            int maxAge=5;
            // 生成 Cookie 对象
            cookie=new javax.servlet.http.Cookie( “cyCookie” , “first” );
            // 设置 Cookie 路径
            cookie.setPath(request.getContextPath());
            // 设置 Cookie 的生命周期
            co okie.setMaxAge(maxAge);
            // 创建这个 Cookie
            response.addCookie(cookie);
    }//end if
    // 显示信息
    response.setContentType( “text/html;charset=UTF-8” );
    java.io.PrintWriter out=response.getWriter();
    out.println( “<html>” );
    out.println( “<head>” );
    out.println( “<title></title>” );
    out.println( “</head>” );
    out.println( “<body>” );
    out.println( “Cookie 的值为： “+cookie.getValue()+” <br>” );
            // 判断 Cookie 是否是第一次创建，如果是则输出下面的内容
    if(newCookie) {
            out.println( “<br> 这里的信息只有第一次运行可以看到！ <br>” );
            out.println( “Cookie 的生命周期为：‘+cookie.getMaxAge()+’ <br>” );
            out.println( “Cookie 的名字为： ‘+cookie.getName()+’ <br>” );
            out.println( “Cookie 的路径为： ‘+cookie.getPath()+’ <br>” );
    }
    out.println( “</body>” );
```

```
            out.println( "</html>" );
    }
```

上面的程序中有一个设置 Cookie 声明周期的方法“setMaxAge(maxAge)”，请读者注意，Cookie 也是有有效期的，这里的单位是按秒来计时的。比如上面设置为“5”，即为这个 Cookie 的生命周期为 5s，5s 以后，这个 Cookie 就不存在了。运行这个程序，首先会看到所有的输出信息，如图 4-7 所示。

← → C ⓘ localhost:8080/JSPLab/Cookie

Cookie的值为：first

这里的信息只有第一次运行可以看到！
Cookie的生命周期为：5
Cookie的名字为：cyCookie
Cookie的路径为：/JSPLab

图 4-7　第一次运行的效果

如果在 5s 之内单击浏览器的刷新按钮，就会发现显示的内容少了一些，如图 4-8 所示。这是因为刷新时这个 Cookie 仍然存在，按照程序中“if(newCookie)”的判断，只有新的 Cookie 才会显示后几条内容，因此就少了。如果 5s 以后再刷新，看到的结果将与第一次一样，如图 4-8 所示。

← → C ⓘ localhost:8080/JSPLab/Cookie

Cookie的值为：first

图 4-8　有效期之内的运行效果

4.3.2 URL 参数传递与重写

经常上网的人一定会发现，很多情况下，浏览器的地址栏中除了显示正常的网页地址外，总会在后面跟一个“？”或“！”，然后还有一串字符构成的表达式。比如打开百度，在搜索栏中输入“机械工业出版社”的字样，单击“搜索”按钮。在地址栏中的 URL 为“https://www.baidu.com/s?ie=utf-8&f=8&rsv_bp=0&rsv_dx=1…”。这里就使用了 URL 参数传递的技术。

这个技术与前面的 Cookie 技术类似，都是一种保持状态传递信息的技术。由于 Cookie 技术是把上网信息保存在客户端的硬盘中，有一定的安全隐患，所以现在很多浏览器产品或服务器都不支持 Cookie 保存状态信息，而通过 URL 传递参数就成为一个很好的替代。在网页跳转的同时，给下一个文件传递一些参数，使用 URL 的方式更为简单、便捷，相对于使用 Form 表单方式提交，编码量小很多。

不同的开发平台，对于 URL 参数传递的写法是有差异的，本书只介绍基于 Java EE 平台的语法形式，其基本形式如下。

```
http://www.npumd.edu.cn/file.htm?id=12345&pw=6669
```

URL 地址后的“？”代表要在 URL 后面加入的参数，如果是多个参数的传递，则通过“&”符号连接这些参数。这些参数传递到相关文件后，可通过 request.getParameter() 方法获取。

下面通过一个例子来阐述它们的使用方式，创建一个名为 SetParam.java 的 Servlet 文件，这个文件负责通过在 URL 地址后加参数的方式传递两个参数。然后通过另一个文件 Playerinfo.java 接收这个参数，但不做任何处理，只是发送到页面显示出来，证明参数确实被传递过来了。首先创建 SetParam.java 文件。

例 4.7　SetParam.java 文件。

```
…
protected void doGet(HttpServletRequest request, HttpServletResponse response) throws
ServletException, IOException {
        response.setContentType(“text/html;charset=UTF-8”);
        PrintWriter out=response.getWriter();
        try {
            String uname=“Hedy”;
            String uage=“19”;
            // 给 URL 加参数
            String encodedUrl=response.encodeURL(request.getContextPath()+
                        “/PlayerInfo?name=”+uname+“&age=”+uage);
            out.println(“<html”);
            out.println(“<head>”);
            out.println(“<title>URL Rewriter</title>”);
            out.println(“</head>”);
            out.println(“<body>”);
            out.println(“<h2> 查看信息请点击 <a href=\“”+encodedUrl+
                    “\”> 这里 </a></h2>”);
            out.println(“</body>”);
            out.println(“</html”);
        }finally {
```

```
                        out.close();
                }
        }
    ...
```

上面的代码中，通过“request. getContextPath()”获取了当前上下文的路径，然后是 URL 的文件。当单击链接后，系统就会向这个路径的 URL 发起请求，同时会把 name 和 age 两个参数传递给文件。下面创建接收参数的文件 Playerlnfa java。

例 4.8　Playerlnfo.java 文件。

```
    ...
    protected void doGet(HttpServletRequest request, HttpServletResponse response) throws
ServletException, IOException {
                response.setContentType( “text/html;charset=UTF-8” );
                request.setCharacterEncoding( “UTF-8” );// 解决编码问题
                PrintWriter out=response.getWriter();
                try {
                        / * TODO output your page here * /
                        out.println( “<html” );
                        out.println( “<head>” );
                        out.println( “<title> 利用 URL 传递参数 </title>” );
                        out.println( “</head>” );
                        out.println( “<body>” );
                        // 接收参数，并显示出来
                        out.println( “名字：” +request.getParameter( “name” )+ “</h1>” );
                        out.println( “年龄：” +request.getParameter( “age” )+ “</h1>” );
                        out.println( “</body>” );
                        out.println( “</html” );
                }finally {
                        out.close();
                }
        }
    ...
```

运行 SetParam. java 文件，效果如图 4-9 所示。

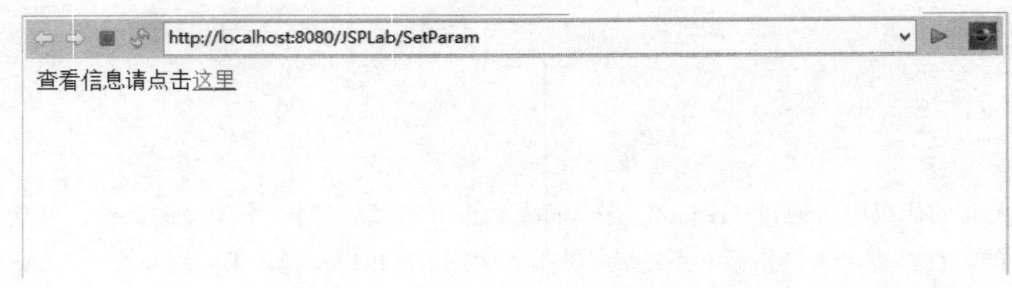

图 4–9　运行 SetParanL java 文件的效果

单击页面中的“这里”链接后，会跳转至 SerParam. java 文件。此时会看到，参数已经被传递过来了，效果如图 4-10 所示。

在文件 Playerlnfo.java 中，name 和 age 是通过赋值的方式给出的。这里只是为了试验效果，其实实际工作中这些值应该都是变量，根据用户的操作来确定。

通过 URL 附带参数的方式传递信息还有一个好处，就是在测试一个业务程序时，一般需要一个页面文件输入参数，然后调用这个业务程序才可以测试，而使用 URL 传递参数就不用前驱的页面文件了，可直接调用业务程序，在地址后面带参数即可。

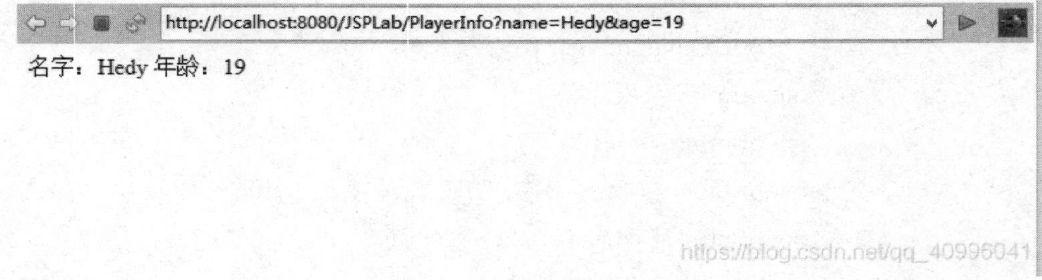

图 4–10　显示传递的参数

URL 附带参数的方式很简单，而且几乎可以给所有出现 URL 地址的地方附加参数，使用范围很广。读者在平时的练习中可以尝试给所有出现 URL 的地方添加参数。

虽然 URL 附带参数的方式很好用，但是也存在一定的问题。例如，地址栏显示出传递的参数，甚至是参数的值，这样是存在安全隐患的。读者虽然在实际上网过程中看到了 URL 地址后面的“？”，但后面的内容似乎都看不太懂。这是因为 Java EE 给出了一种名为 URL 重写的技术。这个技术不是传递参数，而是获得一个进入的 URL 请求，然后把它重新写成网站可以处理的另一个 URL。例如，将 /Playerlnfo.java?id=100111 重写，重写后可以用 /Playerlnfo.html 表示。

URL 重写有以下几点好处。

（1）让原有的 URL 采用另一种规则的方式来显示，在方便用户访问的同时也屏蔽了一些重要信息。

（2）实际开发中的页面，大部分数据都是动态显示的。而搜索引擎一般都比较难抓取这些动态信息。通过 URL 重写，可以把动态的页面变成静态的，有利于搜索引擎的识别抓取。

（3）提高重用性，加强网站的移植能力。例如，系统更改了后端控制程序访问的方法，而通过 URL 重写定义的前端地址可以不用改，这样就提高了网站的移植性。

4.3.3 Session

Session 是一个高级接口，是建立在 Cookie 和 URL 重写这两种技术之上的。它是针对会话跟踪的底层实现机制，对用户是透明的，也就是说用户可以不关心这部分的技术细节。Session 作为一种会话跟踪技术，可以连续跨越多个用户的连接。开发者可以通过 Servlet 来查看和管理会话信息，使用起来比较方便，也更加安全。

通过调用 HttpServlelRequest 的 getSession() 方法来获取 HttpSession 对象，代码如下。

```
HttpSession session = request.getSession();
```

表 4-2 所示为 HttpSession 对象中的几个常用方法。

表 4–2　HttpSession 的常用方法列表

方法	描述
public Object get Attribute (String name)	返回在该 Session 会话中具有指定名称的对象，如果没有指定名称的对象，则返回 null
public Enumeration getAttributeNames()	返回 String 对象的枚举，String 对象包含所有绑定到该 Session 会话的对象的名称
public long getCreationTime()	返回该 Session 会话被创建的时间，自格林尼治标准时间 1970 年 1 月 1 日午夜算起，以毫秒为单位
public Int gelMaxlnactivelnterval ()	返回 Servlet 容器在客户端访问时保持 Session 会话打开的最大时间间隔，以秒为单位
public boolean isNew()	如果客户端还不知道该 Session 会话，或者如果客户选择不进入该 Session 会话，则返回 true
public String gelid()	返回一个包含分配给该 Session 会话的唯一标识符的字符串
public void remove Attribute (String name)	将从该 Session 会话中移除指定名称的对象
public void setAttribute (String nanie. Object value)	使用指定的名称绑定一个对象到该 Session 会话
public void setMaxlnactivelnterval (int interval)	当前会话的有效时间，以秒为单位。如果为零或负数，则表示永远有效

使用 Session 来存储会话信息的步骤如下。

（1）获取一个 HttpSession 的对象资源。

（2）判断是否存在指定的 Session 属性，如果存在则获取这个属性的值，如果不存在则创建这个属性。

（3）使用这个 Session 对象的属性。

（4）如果不再需要这个对象，手动停止它，或者什么都不做，等待系统自动回收。

Session 是一个对象，它相当于系统分出一部分特定的数据缓存区来保存这个逻辑上的 Session 资源。保存在 Session 中的信息，是以类似于它的属性的方式存在。

要实现上述四个步骤，就需要用表 4-2 中的方法来完成。下面通过实例来了解一下。创建一个名为 SessionExample.java 的 Servlet 文件。该文件创建一个 Session 对象，并且打印输出该对象的基础信息。同时增加一个统计访问网页次数的变量，显示出统计本页面被访问的次数。

例 4.9　SessionExample.java 文件。

```
…
// 扩展 HttpServlet 类
public class SessionExample extends HttpServlet {
protected void doGet(HttpServletRequest request, HttpServletResponse response) throws
ServletException, IOException {
            response.setContentType( “text/html;charset=UTF-8” );
            PrintWriter out=response.getWriter();
            // 获取一个 Session 对象资源
            HttpSession session=request.getSession(true);
            // 生成两个时间变量，标记创建和上次访问这个 Session 对象的时间
            Date crtTime=new Date(session.getCreationTime());
            Date lastAccessTime=new Date(session.getLastAccessedTime());
            // 创建统计访问次数的变量
            Integer visitCount=new Integer(0);
            String visitCountKey=new String( “visitCount” );
            String userIDKey=new String( “userID” );
            String userID=new String( “崔舒扬” );
            // 判断当前的 Sessimi 对象的属性是否为空
            if(session.isNew()) {
                    // 创建一个新的 Session 属性及值
                    session.setAttribute(userIDKey, userID);
            } else {
            // 如果 Session 对象不为空，则获取名为 visitCountKey 对应的值
            visitCount = ( Integer) session. getAttribute( visitCountKey);
            // 如果值不为空，则做 +1 的操作
            if(visitCount!=null) {
```

```
                visitCount+=1;
            }
            if(session.getAttribute(userIDKey)!=null) {
                userID=(String)session.getAttribute(userIDKey);
            }
        }
        session.setAttribute(visitCountKey, visitCount);
        //设置输出文件的内容类型
        response.setContentType("text/html;charset=UTF-8");
        try {
            out.println("<html");
            out.println("<head>");
            out.println("<title></title>");
            out.println("</head>");
            out.println("<body>");
            out.println("<table border='1' align='center'>");
            out.println("<tr><th>session</th><th>value</th></tr>");
            out.println("<tr><td>id</td><td>"+session.getId()+"</td></tr>");
            out.println("<tr><td>creation time</td><td>"+crtTime+
                    "</td></tr>");
            out.println("<tr><td>last access time</td><td>"+lastAccessTime+
                    "</td></tr>");
            out.println("<tr><td>User ID</td><td>"+userID+"</td></tr>");
            out.println("<tr><td>number of visit</td><td>"+visitCount+
                    "</td></tr>");
            out.println("</body>");
            out.println("</html");
        }finally {
            out.close();
        }
    }
...
```

程序最后的运行结果如图 4-11 所示。

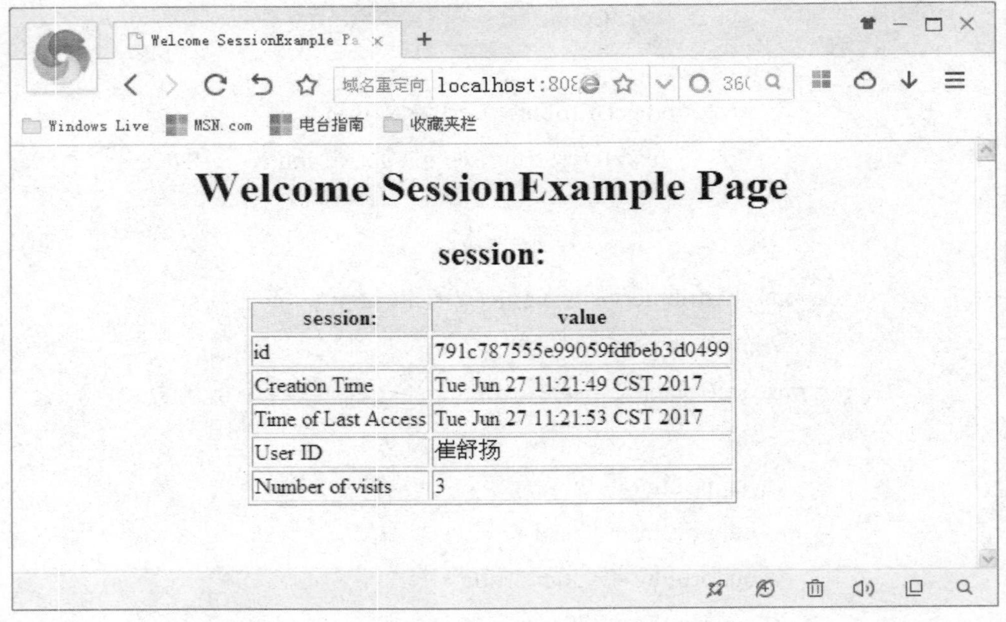

图 4–11　Session 示例

在例 4.9 中，是当前文件自己调用本身所创建的 Session 对象中的值。Session 的信息是可以跨越多个用户连接的。那么其他的文件如何获取这里的 Session 值呢？其实方法是类似的，先获取 Session 对象的资源，然后再申请获取里面对应的属性值即可。创建一个名为 GetSession.java 的 Servlet 文件，该文件的作用就是获取例 4.9 程序中 userlD 属性对应的值。

例 4.10　GetSession.java 文件的核心代码。

```
    …
    protected void doGet(HttpServletRequest request, HttpServletResponse response) throws
ServletException, IOException {
            response.setContentType( “text/html;charset=UTF-8” );
            HttpSession session=request getSession();
            String info=(Siring) session.getAttribute( “userlD” );
            PrintWriter out=response.getWriter();
            try {
                    / * TODO output your page here * /
                    out.println( “<html” );
                    out.println( “<head>” );
                    out.println( “<title>ServletGetSession</title>” );
                    out.println( “</head>” );
                    out.println( “<body>” );
```

```
                out.println( "<h1>ServletGetSession at" +info+ "</h1>" );
                out.println( "</body>" );
                out.println( "</html" );
            }finally {
                out.close();
            }
    }
...
```

其他文件获取 Session 的方式都是通过 getAttrihiite() 方法。但在此之前一定要先申请获取 Session 对象资源“HttpSession session=request.getSession()”才可以。最后的显示效果如图 4-12 所示。

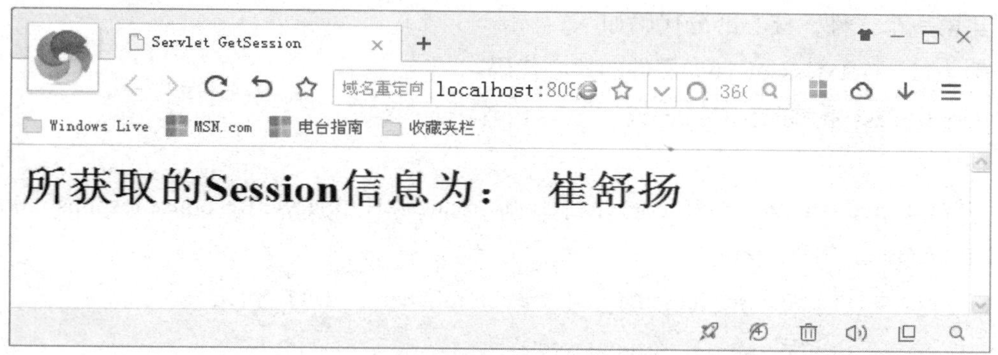

图 4–12 获取 Session 对象的信息

4.3.4 Servlet 的上下文

运行在 Servlet 服务器中的 Web 应用都会有一个全局的、储存信息的对象，设置这个对象的初衷是为了保存一些项目的背景环境信息。这个对象称为 Servlet 的上下文，其可以使同一个 Web 应用中不同资源之间进行信息的共享。这就好像是一家酒店的前台，如果把酒店看成是一个 Web 应用，那么酒店的前台就起到了一个共享信息的作用。比如可以在前台暂存行李，或者是给朋友留一个口信让前台转达等。一些商家也会把宣传资料放在前台，让有兴趣的顾客阅读等。这里的前台在功能上就起到了类似上下文的作用。

Javax.Servlet-ServletContext 接口就是对上下文对象进行有关操作的。通过它的 getServletContext() 方法，可以获得当前运行的 Servlet 的上下文对象。从功能的角度来看，可以通过上下文对象保存一些具有全局性的、公共的、安全的数据。

Servlet 可以通过名称将对象属性绑定到上下文。任何绑定到上下文的属性都可以被同一个 Web 应用的其他 Servlet 使用。获取上下文实例及添加信息的主要方法如下。

（1）getServletContext() 方法：通过 ServletConfig 接口获得上下文实例。这里的上下

文实例对象并不是创建一个新的对象，而是去获取每个Web应用都唯一对应的上下文对象，所以这里没有新建一个对象。

（2）getInitParameter() 及 getInitParameterIVames() 方法：访问 Web 应用的初始化参数和属性。

（3）setAttribute() 及 getAttribute() 方法：添加并获取上下文对象中的信息。

（4）getAltributeNames() 及 removeAttribute() 方法：获取上下文信息的名称，并移除上下文中保存的信息。

下面通过一个例子介绍一下调用上下文信息的过程。创建一个名为 GetMessage.java 的文件，这个文件负责申请获得上下文对象，并在里面保存一个信息。为了显示保存的信息的内容，通过页面把这个信息显示出来。再创建一个文件名为 ShowMessage.java 的文件，这个文件负责获取上下文对象，读取第一个文件所存储的信息，并在页面中显示出来。首先创建第一个文件，核心部分代码如下。

例 4.11　GetMessage.java 文件的核心代码。

```
pulxlic class SetServletContext extends HttpServlet {
…
    protected void doGet(HttpServletRequest request, HttpServletResponse response) throws
ServletException, IOException {
            response.setContentType(“text/html;charset=UTF-8”);
            PrintWriter out=response.getWriter();
            try {
                    String info=“Hedy 冲鸭”;
                    //将信息放入上下文
                    getServletConfig().getServletContext().setAttribute(“Message”, info);
                    out.println(“<html”);
                    out.println(“<head>”);
                    out.println(“<title></title>”);
                    out.println(“</head>”);
                    out.println(“<body>”);
                    out.println(“信息：”+info);
                    out.println(“</body>”);
                    out.println(“</html”);
            }finally {
                    out.close();
            }
    }
```

```
…
```

运行该文件后，显示出参数 info 中的字符串内容，效果如图 4-13 所示。

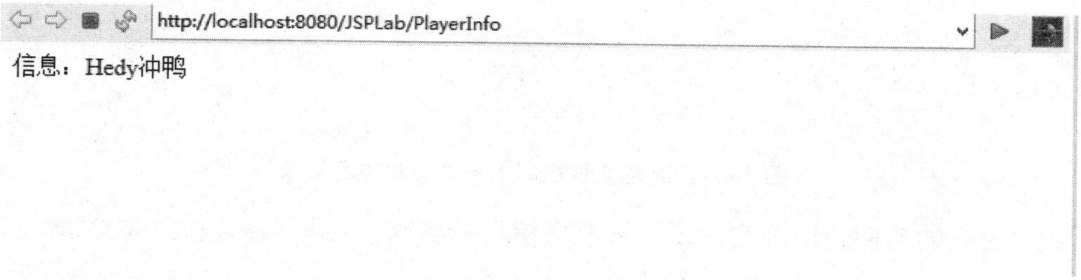

http://localhost:8080/JSPLab/PlayerInfo

信息：Hedy冲鸭

图 4-13 在上下文对象中保存信息

接下来创建第二个文件，核心部分代码如下。

例 4.12 ShowMessage.java 文件的核心代码。

```
pulxlic class SetServletContext extends HttpServlet {
…
    protected void doGet(HttpServletRequest request, HttpServletResponse response) throws
ServletException, IOException {
            response.setContentType("text/html;charset=UTF-8");
            PrintWriter out=response.getWriter();
            try {
                String getInfo=(String) getServletContext().getAttribute ("Message");
                out.println("<html");
                out.println("<head>");
                out.println("<title></title>");
                out.println("</head>");
                out.println("<body>");
                out.println("读到的信息：" +info);
                out.println("</body>");
                out.println("</html");
            }finally {
                out.close();
            }
    }
…
```

运行该文件后，得到的口信与第一个文件一样。说明这个上下文对象中保存的信息被读取了出来。运行效果如图 4-14 所示。

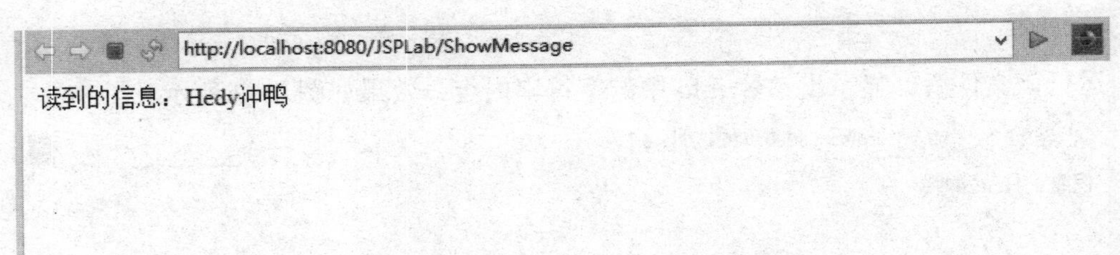

图 4–14　其他文件获取上下文对象中的信息

通过上面的实例，读者会发现，上下文信息的应用方式与 Session 的方式非常类似，就连具体的取值与赋值的方法也是一样的。那么，Session 与上下文对象有区别吗？答案是肯定的。

虽然这两种方式都可以保存信息，但是最根本的区别在于，它们具有不同的生命周期。对于 Session，每个用户都可以拥有一个，它的生存周期也是伴随着这个用户的周期存在的。而上下文对象则不是每个用户都可以拥有的。它是属于当前的 Web 服务应用的，而且是唯一一个，它的生命周期与 Web 应用的生命周期一致。

也就是说，当一个 Web 服务器开始运行后，这个应用就具备了唯一一个上下文对象，只要这个应用没有停止，这个上下文对象就一直存在。在此期间，任何用户或 Request 都可以访问上下文对象中的信息。除非重启 Web 服务器，否则上下文对象会一直存在。

了解了它们之间的区别，读者就应该明白，它们虽然都可以保存信息，但是适用范围不同。Session 应该是局部的，与用户相关的信息；而上下文对象则是全局的，相对公共、更加安全的信息。

4.4　过滤器

4.4.1 过滤器简介

Servlet 过滤器是服务器与客户端请求和响应的中间层组件。在实际项目开发中 Servlet 过滤器主要用于拦截浏览器与服务器之间的请求和响应，根据过滤器内部的设置，查看、提取或修改交互的数据，之后再转给下一个资源。

Servlet 过滤器有非常强大的功能，在实际工作中也起到了很重要的作用。总地来说，体现在以下几个方面。

（1）对请求的访问进行预处理，如防止乱码、添加必要的安全信息或安全处理等。

（2）对被过滤资源进行身份验证，实现一定程度上的权限控制。

（3）对请求进行合理的转发指派，降低服务器负载，提高服务器效率。

其实可以把过滤器看成是银行的大堂经理。当用户去银行办理业务时，大堂经理会询问用户需要做什么，然后根据业务内容引导用户办理业务。如果表格填写得不对，大堂经理会帮忙修正；如果用户去错了银行，经理也会马上提醒；或者用户只是查询折子上的余额，大堂经理会帮忙在自动查询机上查看余额，不需要用户抽号排队到柜台查询。以上的一系列事情，其实都与过滤器的功能近似。所以，在一个实际项目开发中，过滤器起到了很重要的作用。

过滤器（以下称为 Filter) 是在 Servlet2.3 之后增加的新功能，从工作原理上看，它可以改变一个 Request 或者修改一个 Response。Filter 并不是一个 Servlet，它不会生成 Response，只是在请求要离开 Servlet 时再处理 Response。以一种 ServletChaining(Servlet 链）的方式完成响应。所以有时也认为过滤器采用了“链”的方式处理 request 或 response。一个 Filter 的处理过程包括以下几部分。

（1）在客户端发起对 Servlet 文件的 Request 时截获请求。

（2）在 Servlet 被调用之前检查 Request。

（3）根据 Filter 的设计，修改 Request 头和 Request 数据。

（4）根据 Filter 的设计，修改 Response 头和 Response 数据。

（5）在 Servlet 被调用之后截获这个对象。

开发者在创建自己的 Filter 时，必须要实现一个接口：javax.servlet.Filter。该接口包含三种抽象方法：init()、doFilter() 和 deStroy()。根据它们的英文意思就可以理解，这三种方法分别是初始化 Filter、具体的过滤行为和 Filter 的销毁。大多数情况下，Filter 的销毁使用 Java 系统的自动回收机制；如果没有初始化配置的特殊要求，init() 方法也不需要重载。因此，这里最重要的部分就是如何实现具体过滤行为的方法 doFilter()。

4.4.2 创建过滤器

打开 NetBeans 后，在左边导航栏右击项目名，在弹出的快捷菜单中选择“新建”—“其他”命令，在弹出的对话框中设置“文件类型”为“过滤器”，单击“下一步”按钮，进入“新建过滤器”对话框，如图 4-15 所示。在“类名”文本框中输入 FilterExample，在“包”文本框中输入 Filter 所在的包名。这里创建一个名为“cy.filter”的包。完成输入后，单击“下一步”按钮，进入“配置过滤器部署”对话框。

这个步骤非常重要，它的作用是选择被 Filter 隔离的文件，不要在这个步骤直接单击“完成”按钮，否则系统默认是对项目中所有的文件进行过滤。在“过滤器映射”列表框中，“应用于”的默认设置为“/*”，这意味着对所有文件过滤，整个项目都无法正常运行。所以，一定要在这里配置所过滤的具体文件。

在本例中，过滤前面创建的一个 Servlet 文件 FirstServlet. Java()。这里有两种方式建立过滤器映射，一种是对 URL 模式映射，另一种是通过 Servlet 的逻辑名称建立映射。本例中选择第二种方式，如图 4-16 所示。

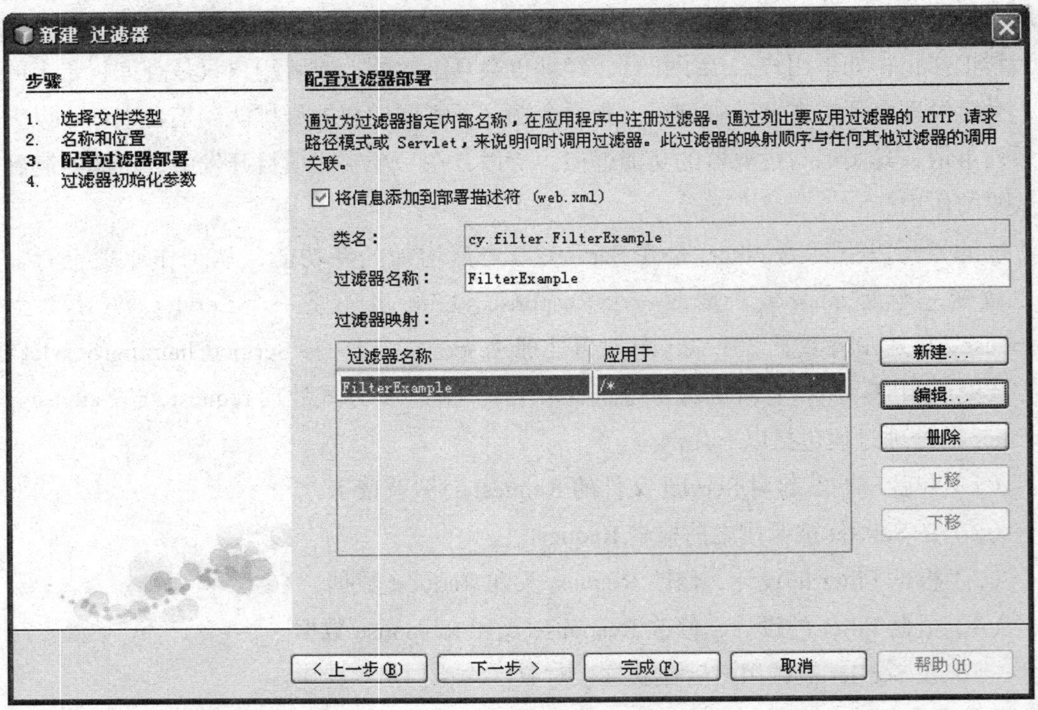

图 4–15　配置过滤器部署

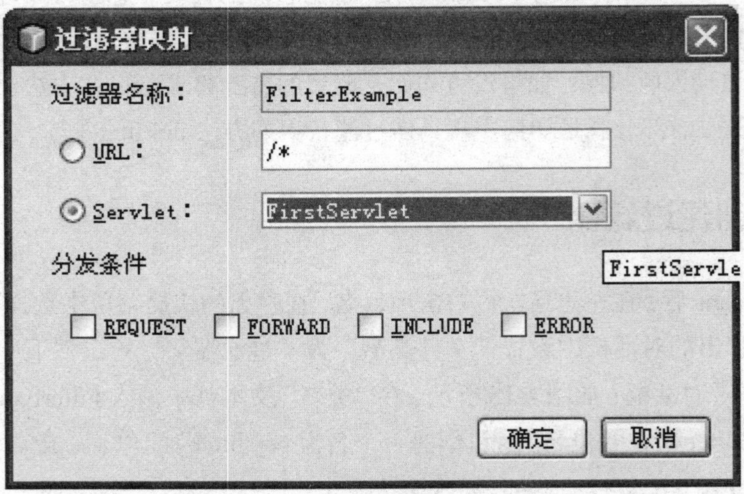

图 4–16　建立映射关系

单击“确定”按钮，完成对 Filter 文件的创建。接下来根据情况对程序内容进行修改。

如果忘记编辑过滤器的映射而直接创建了过滤器文件也没有关系，可以单击部署文件 web.Xml，然后选择“过滤器”选项，在界面中选择打开“过滤器映射”即可进行修改工作。

在本例中，并不对请求和响应做任何干预操作，只是让 Filter 在执行时输出一段字符，当看到输出这些信息时，表示过滤器文件正在被调用。为了使测试效果更加明显，可以先在被过滤的文件 FirstServlet.java 中加入一行代码“System.ouLprintln（‘* * 执行当前的 Serlvet 文件！’）”，它的作用是在该文件被调用时输出这个信息，以此来表示当前被调用的文件是 FirstServlet.java。Filter 文件实现的重点是重写里面的方法 doFilter(), 在此只是修改了文件中的这个方法。

例 4.13　FirstServlet.java 文件。

```
…
public void doFilter( ServletRequest request, ServletResponse response,FilterChain chain)
throws lOException, ServletException{
// 输出一条信息，表示拦截了 request，正在执行过滤器文件
System. out. printIn( “* * 执行 doFilter( 方法之前 !” );
// 允许请求调用 FirstServlet.java 文件
chain.doFilter( request, response) ;
// 输出信息，表示拦截了 response
System. out. printIn( “ * * 执行 doFilter( ) 方法之后 !” );
…
}
```

上面的代码中“chain.doFilter(request，responSe)”，表示允许客户端访问它原先所要请求的资源。这里还使用了“System.out.Println()”这个方法。这个方法并不能让其中的字符串在客户端浏览器中显示出来。它会作为服务器本地的输出，在本地服务器的输出端显示出来。使用 NetBeans 工具调试该程序时，注意观察该工具下半部分的输出窗口。选择“GlassFish Server 3.1”标签，该标签显示的是有关于服务器运行的输出信息。运行 FirstServleL java 文件后，可以看到 G1 ⓟ Fish Server 3. 1 标签有以下信息，如图 4-17 所示。

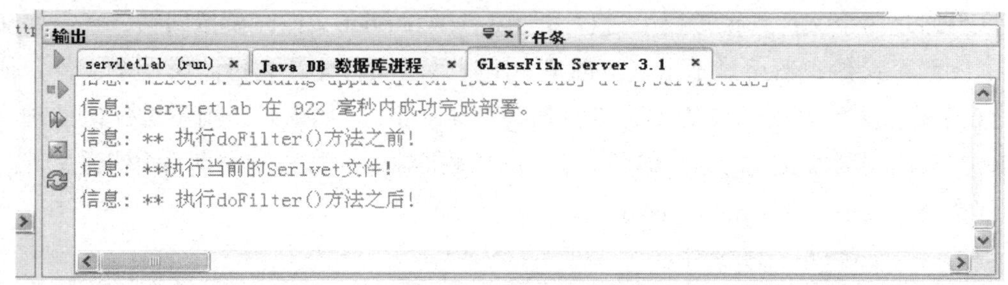

图 4–17　服务器输出的信息

从上面显示的信息中可以看出，当客户端要求访问 FirstServleLjava 文件时，被过滤器截获，所以首先执行过滤器文件的内容，因此首先看到的信息是“* * 执行 doFilteK) 方法之前！”，之后通过了用户的请求，于是此时 HrstServlet.java 文件被调用，此时输出了第二句话。当这个文件要响应客户端时，又被过滤器拦截，此时再次执行过滤器文件，因此看到了第三句话，之后才又继续中断的响应操作，向客户端发送了输出的内容。

虽然在例 4.13 中只是创建了一个过滤器文件，但实际上每次创建一个过滤器文件，NetBeans 工具都会自动在项目的配置部署描述文件 web.xml 中添加这个过滤器的相关配置信息。这个信息很重要，因为每次系统工作时都是参照这里的信息寻找对应的映射的。如果这里没有过滤器的信息，过滤器将无法工作。因此，对于这部分代码读者应该有一个了解。此外，并不是所有的集成开发工具都会自动生成有关过滤器的描述符。当读者使用其他工具时，可能需要手动添加相关的代码。以上面的过滤器文件为例，web.xml 文件中有关这个过滤器的代码如下。

```
<filter>
<filter-name>FilterExample</filter-name>
<fliter-class>cy.filter.FilterExampk</filler-class>
</filter>
…
<filter-mapping>
<filter-name>FilterExample</filter-name>
<servlet-name>FirstServlet</servlet-name>
</filter-mapping>
```

第一个标签 <filter> 中是对所有过滤器的定义，里面的 <filter-name> 标签是文件名称，<filter-class> 标签表示该文件的权限名称。<filter-mapping> 标签中的内容是对所有过滤器映射关系的定义，<servlet-name> 标签指过滤器过滤的是哪一个文件。

下面再举一个相对复杂一些的实例。实际上网中，会遇到这样的情况，在没有登录贴吧直接浏览帖子时，看到想回复的帖子单击了回复按钮，此时系统会弹出错误提示，提醒用户登录以后才可以回复。这个功能完全可以用过滤器的方式实现。

这里通过 3 个文件来模拟以上过程。创建一个 Servlet 文件，模拟回帖，它需要输入 title 和 id 两个参数，然后显示出来。创建一个过滤器文件，让它过滤第一个文件，依据是检查里面的参数 id 的值是否不为空且值为“cuiyan”。如果是，则不做任何处理，让 Servlet 文件向浏览器发送内容；如果不是，则拦截请求，直接重定向到一个错误文件。

首先创建回帖文件 sendlnfo.java。

例 4.14　sendlnfo.java 文件。

```
…
protected void doGet(HttpServletRequest request, HttpServletResponse response) throws
ServletException, IOException {
        response.setContentType(“text/html;charset=UTF-8”);
        PrintWriter out=response.getWriter();
        //获取两个参数值
        String title=request.getParameter(“title”);
```

```
String id=request.getParameter( "id" );
try {
        / * TODO output your page here * /
        out.println( "<html" );
        out.println( "<head>" );
        out.println( "<title>Servletsendinfo</title>" );
        out.println( "</head>" );
        out.println( "<body>" );
        out.println( "<h1> 一个测试的信息：“" +title+ "” 来自 "+id+"
                的信息。</h1>" );
        out.println( "</body>" );
        out.println( "</html" );
}finally {
        out.close();
}
    }
…
```

创建完毕后可以先运行一下文件，测试的页面效果如图 4-18 所示。确认上面的回帖文件可以运行后就可以创建过滤器文件了。过滤器文件名为 MyFilter.java, 在创建过程中，设置过滤器映射为 sendlnfo.java。生成文件后，修改 doFilter() 方法。

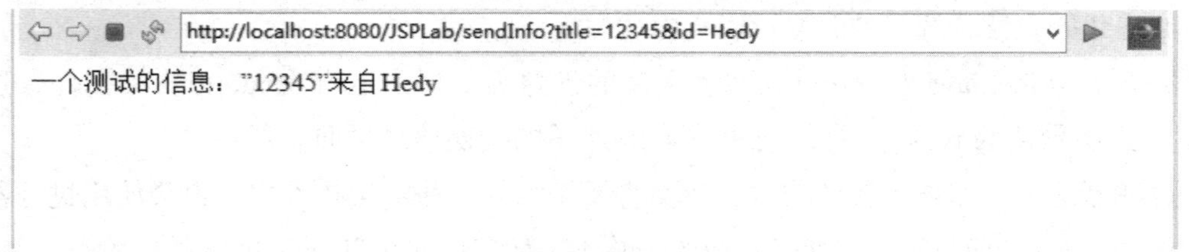

图 4-18　运行回帖页面效果

例 4.15　MyFilter.java 文件。

```
…
public void doFiter(ServletRequestreq, ServletResponse res,FilterChain chain)throws
lOException, ServletException
        HttpSerletRequesthreq =(HutpServletRequest) req;
        HttpServletResponsehres = (HtpServleResponse) res;
        // 获取客户端提交的 id 参数值
        String isLog = hreq.getParumeter( "id" );
        System.out.println(isLog) ;
```

```
            //判断 id 值是否为指定内容
            if((isLog ! =nul) && ((isLog equals( "Hedy" )) || (isLog ==  "Hedy" ))) {
            //检查是否登录
                    chain. doFilter(req, res) ;
            } else {
                    hres.sendRedirect( "/JSPLab/error.jsp" );
                    //如果没有登录，把视图派发到登录页面
            }
    }
...
```

在 doFilter() 方法中对参数列表里的两个参数做了强制类型转换。

```
HttpServletRequesthreq=(IlttpServletRecjuest)req;
HtlpServletResponsehres=(HttpServletResponse)res;
```

这是因为 doFilter() 方法本身的请求与响应的参数类型为"ServletRequ"和"ServletResponse"，而 Servlet 请求及响应的类型是"HttpServletRequest"和"HttpServletResponse"。为了让过滤器在拦截请求的同时获取客户端传递过来的参数 id，则需要转换这个类型，从而通过 getParameter() 方法获取参数值。

在得到 id 值后，过滤器进行了内容有效性的判断。如果符合要求，则通过请求；如果不符合，则转向错误页面 error.jsp。

最后创建一个提示错误信息的页面文件 error.jsp。这是一个只有静态信息的文件，这里不给出代码，读者练习的时候可以自由发挥。

完成 MyFiher.java 和 error.jsp 两个文件的创建后，再次运行 sendlnfo.java 文件，这次改变 id 的参数值为 rocky，会得到如图 4-19 所示的错误信息页面。

过滤器是一个非常重要的技术，后面将要学习的一些框架技术中，也会使用过滤器来完成相关的应用。建议读者熟练掌握这部分内容，为将来 Java EE 编程能力的进阶打下基础。

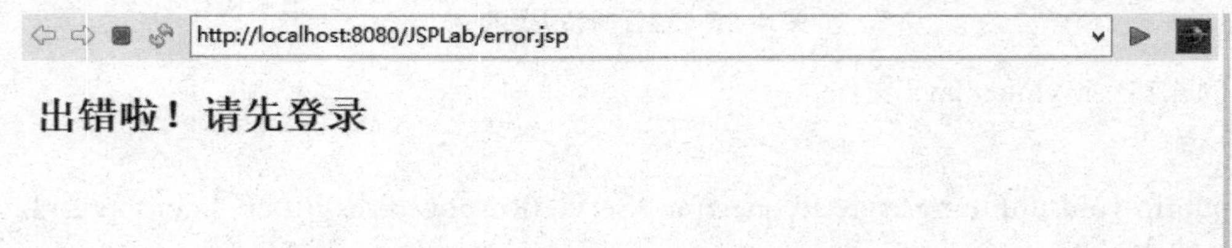

图 4–19　被过滤器拦截后的效果

4.5　侦听器

4.5.1 侦听器的工作原理

侦听器即 Listener, 有时也翻译成监听器，是在 Servlet 2.4 规范之后增加的新特性，用于监听 Web 容器中的事件，并触发响应的事件。从侦听对象的角度划分，用于侦听的事件源分别为 ServletContext、HttpSession 和 ServletRequest 这三个域对象。

Listener 是基于观察者模式设计的，Listener 的设计为开发 Servlet 应用程序提供了一种快捷的手段，能够方便地从另一个纵向维度控制程序和数据。目前，Servlet 中提供了 3 类共计 8 种事件的观察者接口及对应的 6 种事件，具体如表 4-3 所示。

表 4-3　侦听器的接口与事件列表

域对象	侦听接口（Listener)	侦听事件（Event)
ServletContext	ServletContextListener	ServletContextEvent
	ServletContextAttributeListener	ServletContexlAttributeEvent
HttpSession	HttpSessionListener	HttpSessionEvent
	HttpSessionActivation Listener	
	HttpSessionAttributeListener	HttpSessionBindingEvent
	HttpSessionBindingListener	
ServletRequest	ServletRequestLislener	ServletRequeatEvent
	ServletRequestAttributeListener	ServletRequest AttributeEvent

1. 源于 ServletContext 域对象的侦听

关于 ServletContext 域对象的侦听，主要是对 Web 应用中上下文事件的侦听，以及基于上下文属性编辑动作的侦听。

（1）ServletContextEvent 接口表示上下文的事件，ServletContextListener 接口用于侦听这些事件。

ServletContextListener 接口的主要方法如下。

void contextInitialized(ServletContextEventse)：通知正在接收的对象，应用程序已经被加载及初始化。

void contextDestroyed(ServletContextEventse)：通知正在接收的对象，应用程序已经被销毁。

ServletContextEvent 的主要方法如下：

ServletContext getServletContext()：取得当前的 ServletContext 对象。

（2）ServletContextAttributeEvent 接口表示上下文中的属性事件，对应的 ServletContextAttributeListener 接口表示对这些属性的侦听。

ServletContextAttributeListener 接口的主要方法如下：

void attributeAdded(ServletContextAttributeEvent se)：若有对象加入 application 的范围，通知正在收听的对象

void attributeRemoved(ServletContextAttributeEvent se)：若有对象从 application 的范围移除，通知正在收听的对象

void attributeReplaced(ServletContextAttributeEvent se)：若在 application 的范围内有对象取代另一个对象时，通知正在收听的对象

ServletContextAttributeEvent 接口的主要方法如下：

getName()：返回属性名称

getValue()：返回属性的值

2. 源于 HttpSession 域对象的侦听

关于 HttpSession 域对象的侦听，主要是针对 session 相关行为的侦听。

（1）接口用于侦听 session 的生命周期，HttpSessionEvent 接口代表 session 生命周期的事件。

HttpSessionListener 接口的主要方法如下：

sessionCreated(HttpSessionEvent se)：当一个 session 被创建时，该方法被调用

sessionDestroyed(HttpSessionEvent se)：当一个 session 被销毁时，该方法被调用

（2）HttpSessionAttributeListener 接口是用来侦听 session 绑定属性的行为，HttpSessionAttributeBindingEvent 接口代表了 session 中属性绑定行为的事件，另一个接口 HttpSessionAttributeBindingListener 代表侦听 http 会话中对象的绑定信息。

HttpSessionAttributeListener 接口的主要方法如下：

void attributeAdded(HttpSessionAttributeBindingEvent se)：监听 http 会话中的属性添加功能

void attributeRemoved(HttpSessionAttributeBindingEvent se)：监听 http 会话中的属性移除功能

void attributeReplaced(HttpSessionAttributeBindingEvent se)：监听 http 会话中的属性更改功能

HttpSessionBindingListener 接口的主要方法如下：

getSession()：获取 session 对象

getName()：返回 session 增加、删除或替换的属性名称

getValue()：返回 session 增加、删除或替换的属性值

3. 源于 ServletRequest 域对象的侦听

关于 ServletRequest 域对象的侦听，主要用于对有关客户端发起请求的侦听。

（1）ServletRequestListener 接口用于监听客户端的请求初始化和销毁事件，ServletRequestEvent 接口是指客户端发起的请求事件。

ServletRequestListener 接口的主要方法如下：

requestInitialized(ServletRequestEvent)：通知当前对象，请求已经被加载及初始化

requestDestroyed(ServletRequestEvent)：通知当前对象，请求已经被小柴胡

ServletRequestEvent 的主要方法如下：

getServletRequest()：获取 ServletRequest 对象

getServletContext()：获取 ServletContext 对象

（2）ServletRequestAttributeListener 接口用于监听 Web 应用属性改变的事件。ServletRequestAttributeEvent 接口代表对属性进行编辑的事件。

ServletRequestAttributeListener 接口的主要方法如下：

void attributeAdded(ServletRequestAttributeEvent se)：向 Request 对象添加新属性

void attributeRemoved(ServletRequestAttributeEvent se)：向 Request 对象删除属性

void attributeReplaced(ServletRequestAttributeEvent se)：替换对象中现有的属性值

ServletRequestAttributeEvent 接口的主要方法如下：

getName()：返回 Request 增加、删除或替换的属性名称

getValue()：返回 Request 增加、删除或替换的属性值

4.5.2 创建侦听器

打开 NelBeans 后，在左边导航栏中右击项目名，在弹出的快捷菜单中选择“新建”—Listener 命令，弹出“新建文件”对话框，在其中设置参数，单击“下一步”按钮，设置“类名”为 LisenerExample，请注意同时新建一个存放侦听器的包 cy.listener。不同类型的 Listener 需要实现不同的 Listener 接口，根据 Java 语言的特性，一个类可以实现多个接口，因此一个 Listener 也可以实现多个类型的 Listener 接口，这样就可以多种功能的监听器一起工作。本例中选择监听会话对象属性的变化，所以选择“HTTP 会话属性侦听程序”复选框。

另外，与 Servlet 文件的创建类似，一定要选择最下面的“将信息添加到部署描述符 (web.xml)”复选框。

单击“完成”按钮后，系统自动生成文件，对其中的内容进行必要的修改。为其中的 3 个方法添加新的内容，具体代码如下。

例 4.16　ListenerExample.java 文件。

```
package cy.listener;

import javax.servlet.ServletContextListener;
import javax.servlet.annotation.WebListener;
import javax.servlet.http.HttpSession;
import javax.servlet.http.HttpSessionAttributeListener;
import javax.servlet.http.HttpSessionBindingEvent;

/**
* Web application lifeeycle listener.
* @ author CuiYan
*/
@WebListener
public class Listener implements ServletContextListener, HttpSessionAttributeListener {

    @ Override
    public void attributeAdded(HttpSessionBindingEvent event) {
            //throw new UnsupportedOperationException("Not supported yet.");
            // 当侦听到一个 session 的属性发生绑定时，获取它的名称
            String name=event.getName();
            System.out.println("新建 session 属性 : "+name+"值为 : "+event.getValue());
    }

    @ Override
    public void attributeAdded(HttpSessionBindingEvent event) {
            //throw new UnsupportedOperationException("Not supported yet.");
            //HttpSession session=event.getSession();
            String name=event.getName();
            System.out.println("删除 session 属性 : "+name+"值为 : "+event.getValue());
    }

    @ Override
    public void attributeAdded(HttpSessionBindingEvent event) {
            //throw new UnsupportedOperationException("Not supported yet.");
            // 获取修改后的 session 值
```

```
            HttpSession session=event.getSession();
            String name=event.getName();
            Object oldValue=event.getValue();
            System.out.println( "修改 session 属性：" +name+ "原值为：" +oldValue+
                            "新值为：" +session.getAttribute(name));
    }
}
```

上面的程序中，当 Web 系统产生一个新的 Session 属性绑定了值后，会通过程序中的 attributeAdded() 方法侦听，并获取这个属性的名称和值，再通过 System, out. println() 方法输出这些信息到服务器输出端。同样，当一个 Session 的属性值被修改后，则调用程序中的 attributeReplaced() 方法，并输出相关信息；如果删除一个 Session 的属性，将触发程序中的 attributeRemoved() 方法，侦听相关信息并在服务器端输出。

与过滤器类似，NetBeans 工具会在 web. xml 文件中自动加载有关 Listener 的配置信息，具体代码如下。

```
<listener >
    <listener - class > demo. Session AtlributeListenerExampie </listener - class >
</ listener >
```

完成以上的创建和编码工作后，就可以测试这个侦听程序了。这里选择前面的 Servlet 文件 SessionExample.java 作为测试程序。第一次运行这个文件的效果如图 4-20 所示。

图 4-20　测试程序的运行界面

运行完毕后，查看 NetBeans 工具下方的服务器信息输出窗口，会发现如图 4-21 所示的内容。

图 4-21　第二次运行文件侦听到的信息

这里输出的信息是由侦听程序中的 altributeAddecd() 方法发出的信息，因为测试文件是第一次启动，创建了一个新的 Session 属性并赋值了。这时再单击浏览器中的刷新按钮，第二次刷新网页，会看到如图 4-22 所示的界面。

请再次查看 NetBeans 工具的服务器信息输出窗口，会看到有新的信息输出，内容如图 4-23 所示。这条信息是由侦听程序中的 aUributeRe-placed() 方法发出的，因为单击刷新页面后，累计的访问次数发生了变化。因此 Session 属性的值被修改，触发了 attribute RePloued() 方法的侦听动作，于是输出了此信息。

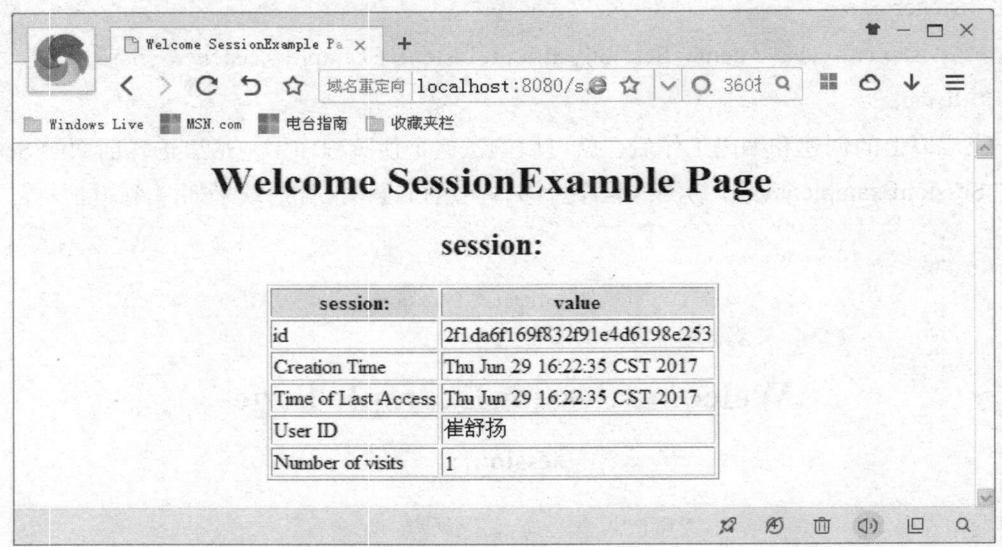

session:	value
id	2f1da6f169f832f91e4d6198e253
Creation Time	Thu Jun 29 16:22:35 CST 2017
Time of Last Access	Thu Jun 29 16:22:35 CST 2017
User ID	崔舒扬
Number of visits	1

图 4-22　第二次运行的界面效果

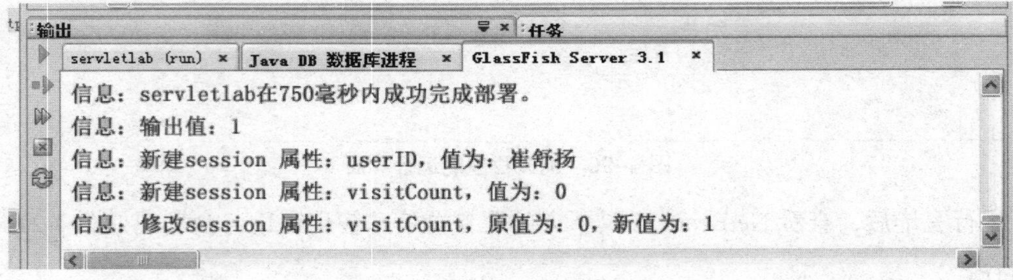

图 4-23　第二次运行文件侦听到的信息

当然，如果测试程序中有移除Session属性的操作，那么侦听程序中的aUributeRernovefl()方法也会被触发。

侦听程序是对一个项目活动内容的侦听，所以项目中的任何有关动作都会触发侦听程序的动作。在实际工作中，侦听程序是一个常用的技术，一般会用来判断用户是否重复登录、统计当前在线人数或登录人数等。

第 5 章　Struts2

Struts 是目前使用最广泛的一种框架。Struts 建立在 Servlet、JSP、XML 等技术基础上，很好地实现了 MVC 设计模式，使得软件设计人员可以把精力放在复杂的业务逻辑上。使用 Struts 框架，开发人员可以快速开发易于重用的 Web 应用程序。

5.1　Struts2 简介

Java EE 体系包括 JSP、Servlet、EJB、Web Service 等多项技术。这些技术的出现给电子商务时代的 Web 应用开发提供了一个非常有竞争力的选择。怎样把这些技术组合起来，形成一个适应项目需要的稳定的架构是项目开发过程中一个非常重要的步骤。

一个成功的软件需要一个成功的架构，但软件架构的建立是一个复杂而又持续改进的过程，软件开发者们不可能对每个不同的项目做不同的架构，而总是尽量重用以前的架构，或开发出尽量通用的架构方案，Struts 就是其中之一，Struts 是流行的基于 Java EE 的架构方案。

B/S 多层架构将显示、业务逻辑、数据库等功能完全分离，减少彼此的耦合与影响，从而实现了良好的可维护性。目前，最流行的方案是表现层（Struts）、业务逻辑层（Spring）、持久化层（Hibernate）三者结合。

5.1.1 Struts 的起源

Struts 是一个基于 Sun Java EE 平台的 MVC 框架，主要是采用 Servlet 和 JSP 技术来实现的。由于 Struts 能充分满足应用开发的需求、简单易用、敏捷迅速，在项目开发中颇受关注。Struts 把 Servlet、JSP、自定义标签和信息资源（message resources）整合到一个统一的框架中，开发人员在利用其进行开发时，不用再自己编码实现全套 MVC 模式，极大地节省了时间，使开发者把主要精力放在复杂的业务逻辑上，所以说 Struts 是一个非常不错的应用框架。

Struts 最早是作为 Apache Jakarta 项目的组成部分问世的。它的目的是为了帮助设计人员减少运用 MVC 设计模型来开发 Web 应用的时间。Apache Struts 是一个用来开发 Java

Web 应用的开源框架。最初是由 Craig R. McClanahan 开发的，Apache 软件基金会于 2002 年对 Struts 进行接管。Struts 提供了一个非常优秀的架构，使得组织基于 HTML 格式与 Java 代码的 JSP 与 Servlet 应用开发变得非常简单。拥有所有 Java 标准技术与 Jakarta 辅助包的 Struts1 建立了一个可扩展的开发环境。然而，随着 Web 应用需求的不断增长，Struts 的表现不再坚稳，需要随着需求而改变。这导致了 Struts2 的产生，拥有像 AJAX、快速开发、扩展性这类的特性使得 Struts2 更受开发人员的欢迎。

Struts2 是一个基于 MVC 结构的组织良好的框架。在 MVC 结构中，模型意味着业务或者数据库代码，视图描述了页面的设计代码，控制器指的是调度代码。所有这些使得 Struts 成了开发 Java 应用程序不可或缺的框架。但随着像 Spring、Stripes 和 Tapestry 这类新的基于 MVC 的轻量级框架的出现，Struts 框架的修改已属必然。于是，Apache Struts 与另一个 Java EE 的框架 OpenSymphony 的 webwork 合并开发成了一个集各种适合开发的特性于一身的先进框架，这定然会受到开发人员和用户的欢迎。

Struts2 涵盖了 Struts1 与 webwork 的特征，它主张高水平的应用应该使用 webwork 框架中的插件结构、新的 API、AJAX 标签等特性，于是 Struts2 社区同 webwork 小组在 webwork2 中融入了一些新的特性，这使 webwork2 在开源世界中更加超前。后来 webwork2 更名为 Struts2。从此，Struts2 成了一个动态的可扩展的框架，应用于从创建到配置、维护的完整的应用程序开发之中。

webwork 是一个 Web 应用开发框架，已经包含在 Struts 的 2.0 发布中。它有一些独到的观点和构想，像是他们认为与其满足现有的 Java 中 web API 的兼容性，倒不如将其彻底替换掉。webwork 开发时重点关注开发者的生产效率和代码的简洁性。此外，完全依赖的上下文对 webwork 进行了封装。当致力于 Web 程序的工作时，框架提供的上下文将会在具体的实现上给予开发人员帮助。

Struts 跟 Tomcat、Turbine 等诸多 Apache 项目一样，是开源软件，这是它的一大优点。使开发者能更深入地了解其内部实现机制，而非开源软件在入门之后想深入学习是困难的。

除此之外，Struts 的优点集中体现在两个方面：taglib 和页面导航。taglib 是 Struts 的标记库，灵活应用，能大大提高开发的效率。另外，就目前国内的 JSP 开发者而言，除了使用 JSP 自带的常用标记外，很少开发自己的标记，或许 Struts 是一个很好的起点。

页面导航将是今后的一个发展方向，使系统的脉络更加清晰。通过一个配置文件，即可把握整个系统各部分之间的联系，这对于后期的维护有着莫大的好处。尤其是当另一批开发者接手这个项目时，这种优势体现得更加明显。

5.1.2 Struts2 工作原理

1. Struts2 和 MVC 设计模式

MVC 设计模式是 20 世纪 80 年代发明的一种软件设计模式，至今已被广泛使用，后来被推荐为 Sun 公司 Java EE 平台的设计模式。

随着 Web 应用的商业逻辑包含逐渐复杂的公式分析计算、决策支持等，客户机越来越不堪重负，因此将系统的商业分离出来，单独形成一部分，这样三层结构产生了。其中，“层”是逻辑上的划分，而不一定要部署在不同的机器上。

2. 发展历程

1994 年，Erich Gamma、Richard Helm、Ralph Johnson 和 John Vlissides（所谓的“四人帮”，GoF: Gang of Four）合作出版了《设计模式：可复用的面向对象软件的基本原理》一书。这本书解释了各种模式的用处，同时也使得设计模式得到广泛普及。在书中，他们记录了长期工作中发现的 23 个经典设计模式。

IoC 模式是 Apach Avalon 项目创始人之一的 Stefano Mazzocchi 提出的一种代码调用模式，后被 MartinFowlcr 改名为 Dependency Injection（依赖注入），也就是将类和类，方法和方法之间的关系通过第三方（如配置文件）进行“注入”，不需要自己去解决类或者方法彼此之间的调用关系。控制反转（Inversion of Control，IoC）是一种用来解决组件（也可以是简单的 Java 类）之间依赖关系、配置及生命周期的设计模式，它可以解决模块间的耦合问题。IoC 模式是把组件之间的依赖关系提取（反转）出来，由容器来具体配置。这样，各个组件之间就不存在代码关联，解决了调用方与被调用方之间的关系问题，任何组件都可以最大限度地得到重用。

3. 体系结构

MVC 模式的体系结构，如图 5-1 所示。

表现层（presentation layer）：表现层包含表示代码、用户交互界面、数据验证等功能。该层主要用于向客户端用户提供 GUI 交互，它允许用户在显示系统中输入和编辑数据，同时向系统提供数据验证功能。

业务逻辑层（business layer）：业务逻辑层包含业务规则处理代码，即程序中与业务相关的算法、业务政策等。该层用于执行业务流程和制订数据的业务规则。业务逻辑层主要面向业务应用，为表现层提供业务服务。

数据持久层（persistence layer）：数据持久层包含数据处理代码和数据存储代码。数据持久层主要包括数据存取服务，负责与数据库管理系统（如数据库）之间的通信。三个层次的每一层在处理程序上有各自明确的任务，在功能实现上有清晰的区分，各层与其余层分离，但各层之间存在通信接口。

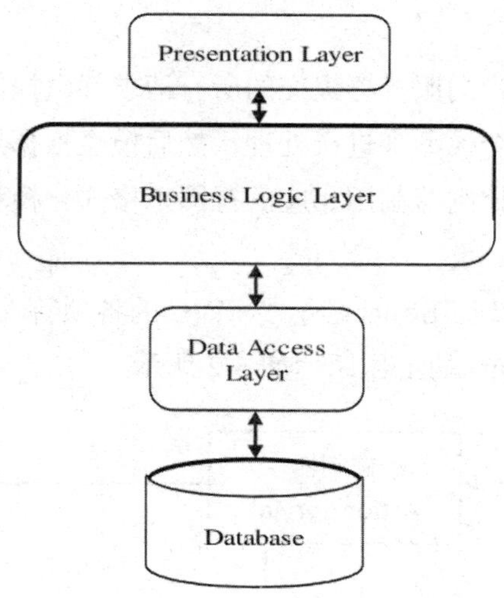

图 5-1　MVC 模式的体系结构

4. 模式结构

MVC 即 Model-View-Controller 的缩写，它是一种常用的设计模式。MVC 减弱了业务逻辑接口和数据接口之间的耦合，让视图层更富于变化。

视图是数据的展现。视图是用户看到并与之交互的界面，主要面向用户。视图显示相关的数据，并能接收用户的输入，但是它并不进行任何实际的业务处理。视图可以向模型查询业务状态，但不能改变模型。它还能接受模型发出的数据更新事件，从而对用户界面进行同步更新。

模型是应用程序的主体部分，代表了业务数据和业务逻辑；当数据发生改变时，它负责通知视图部分；一个模型能为多个视图提供数据。由于同一个模型可以被多个视图重用，所以提高了应用的可重用性。

控制器控制实体数据在视图上展示，调用模型处理业务请求。当 Web 用户单击 Web 页面中的“提交”按钮来发送 HTML 表单时，控制器接收请求并调用相应的模型组件去处理请求，然后调用相应的视图来显示模型返回的数据。

5. 优点

采用三层软件架构后，软件系统在可扩展性和可复用性方面得到了极大提高，在资源分配策略合理运用的同时，软件的性能指标得到了提升，系统的安全性也得到了改善。

三层结构对 Web 应用的软件架构产生了很大影响，促进基于组件的设计思想，产生了许多开发 Web 层次框架的实现技术。较之两级结构来说，三层结构在修改和维护上更加方便。目前开发 B/S 结构的 Web 应用系统广泛采用这种三层结构。

6. 运行机制

在MVC模式中，Web用户向服务器提交的所有请求都由控制器接管。接收到请求之后，控制器负责决定应该调用哪个模型来进行处理；然后模型根据用户请求进行相应的业务逻辑处理，并返回数据；最后控制器调用相应的视图来格式化模型返回的数据，并通过视图呈现给用户。

Struts 是 MVC 的一种实现，Struts 继承了 MVC 的各项特性，并根据 Java EE 的特点，做了相应的变化与扩展。Struts 的工作原理如 5-2 所示。

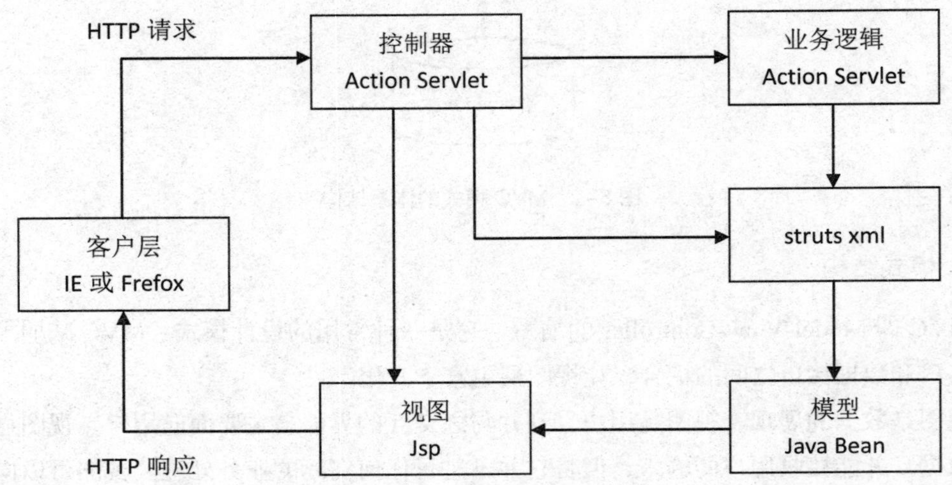

图 5-2　Struts 的运行机制

控制：通过图 5-2 可以看到，在图中有一个 XML 文件 struts.ml，与之相关联的是 Controller。在 Struts 中，承担 MVC 中 Controller 角色的是一个 Servlet，称为 ActionServlet。ActionServlet 是一个通用的控制组件，它提供了处理所有发送到 Struts 的 HTTP 请求的入口点，截取和分发这些请求到相应的动作类（这些动作类都是 Action 类的子类）。另外，控制组件也负责用相应的请求参数填充 ActionForm（通常称为 FormBean），并传给动作类（通常称为 ActionBean）。动作类实现核心业务逻辑，它可以访问 JavaBean 或调用 EJB。最后，动作类把控制权传给后续的 JSP 文件，后者生成视图。所有这些控制逻辑利用 Struts-config.xml 文件来配置。

视图：主要由 JSP 生成页面，完成视图，Struts 提供丰富的 JSP 标签库，如 HTML、Bean、Logic、Template 等，这有利于分开表现逻辑和程序逻辑。

模型：模型以一个或多个 JavaBean 的形式存在。这些 Bean 分为 3 类：ActionForm、Action 和 JavaBean 或 EJB。ActionForm 通常称为 FormBean，封装了来自客户端的用户请求信息，如表单信息。Action 通常称为 ActionBean，获取从 ActionSevlet 传来的 FormBean，取出 FormBean 中的相关信息，并做出相关的处理，一般是调用 JavaBean 或 EJB 等。

流程：在 Struts 中，用户的请求一般以 *.do 作为请求服务名，所有的 *.do 请求均被指向 ActionSevlet。ActionSevlet 根据 Struts-config.xml 中的配置信息，将用户请求封装成一个指定名称的 FormBean，并将此 FormBean 传至指定名称的 ActionBean，由 ActionBean 完成相应的业务操作，如文件操作、数据库操作等。每一个 *.do 均有对应的 FormBean 名称和 ActionBean 名称，这些在 Struts-config.xml 中配置。

核心：Struts 的核心是 ActionSevlet，ActionSevlet 的核心是 Struts-config.xml。

5.2　Struts.xml 配置

Struts.xml 文件是整个 Struts2 框架的核心，它包含 action 映射、拦截器配置等。

5.2.1 Struts.xml 文件结构

Struts.xml 文件内定义了 Struts2 的系列 action。定义 action 时，指定该 action 的实现类，并定义该 Action 处理结果与视图资源之间的映射关系。

```
<?xml version= "1.0"  encoding= "UTF-8"  ?>
<! DOCTYPE Struts PUBLIC "-//Apache Software Foundation//DTD Struts Configuration 2.0//EN"  "http://Struts.apache.org/dtds/Struts-2.0.dtd" >
<Struts>
<package name= "example"  namespace= "/example"  extends= "Struts-default" >
    <!-- 定义一个 Action 名称为 Helloworld, 实现类为 example.HelloWorld.java-->
    <action.name= "HelloWorld"  class= "example.HelloWorld" >
    <!-- 任何情况下都转入 /example/HelloWorld.jsp -->
    <result>/example/HelloWorld. jsp</result>
    </action>
    <action name= "Login_*"  method= "{1}"  class= "example.Login" >
    <!-- 返回 input 时，转入 /example/login.jsp -->
    <result name= "input" >/example/Login.jsp</result>
    <!-- 重定向到 Menu 的 Action -->
    <result type= "redirect-action" >Menu</result>
    </action>
    <action name= "*"  class= "example.ExampleSupport" >
    <result>/example/{1}.jsp</result>
    </action>
</package>
```

```
</Struts>
<result name="input">/example/Login.jsp</result>
```

以上代码表示，当 execute 方法返回 input 的字符串时，跳转到 /example/Login.jsp。定义 result 元素时，可以指定两个属性：type 和 name。其中，name 指定了 execute 方法返回的字符串，而 type 指定转向的资源类型，此处转向的资源可以是 JSP，也可以是 FreeMarker 等，甚至是另一个 Action。

5.2.2 加载子配置文件

Struts2 框架的核心配置文件就是 Struts.xml 文件，该文件主要负责管理 Struts2 框架的业务控制器 action。

在默认情况下，Struts2 框架将自动加载放在 WEB-INF/classes 路径下的 Struts.xml 文件。为了避免随着应用规模的增加，而导致的 Struts.xml 文件过于庞大、臃肿，从而使该文件的可读性下降。可以将一个 Struts.xml 文件分解成多个文件，然后在 Struts.xml 文件中包含其他文件。

```
<?xml version="1.0" encoding="UTF-8" ?>
<! DOCTYPE Struts PUBLIC "-//Apache Software Foundation//DTD Struts Configuration 2.0//EN" "http://Struts.apache.org/dtds/Struts-2.0.dtd">
<!-- 根元素 -->
<Struts>
<constant name="St ruts.enable.DynamicMethodInvocation" value="false"/>
<constant name="Struts.devMode" value="false"/>
<!-- 通过 include 元素导入其他元素 -->
<include file="example.xml"/>
</Struts>
```

通过这种方式，Struts2 提供了一种模块化的方式来管理 Struts.xml 文件。

1. package 配置

Struts2 框架使用包来管理 action 和拦截器等。每个包就是多个 action、多个拦截器、多个拦截器引用的集合。使用 package 可以将逻辑上相关的一组 action、result、intercepter 等组件分为一组，package 有些像类，可以继承其他的 package，也可以被其他 package 继承，甚至可以定义抽象的 package。

package 元素时可以指定如下几个属性。

name： package 的表示，便于让其他的 package 引用。

extends：定义从哪个 package 继承。

namespace：继承否参考 namespace 配置说明。

abstract：定义这个 package 是否为抽象的，抽象 package 中不需要定义 action。

package：元素用于定义包配置，每个 package 元素定义了一个包配置。

action：定义、拦截器定义等。

由于 Struts.xml 文件是自上而下解析的，所以被集成的 package 要放在集成 package 的前面。

2. namespace 配置（命名空间配置）

Struts2 以命名空间的方式来管理 action，同一个命名空间里不能有同名的 action，不同的命名空间里可以有同名的 action。Struts2 不支持为单独的 action 设置命名空间，而是通过为包指定 namespace 属性来为包下面的所有 action 指定共同的命名空间。

namespace 将 action 分成逻辑上的不同模块，每一个模块有自己独立的前缀。使用 namespace 可以有效地避免 action 重名的冲突。例如，每一个 package 都可以有自己独立的 Menu 和 Help action，但是实现方式各有不同。Struts2 标签带有 namespace 选项，可以根据 namespace 的不同向服务器提交不同的 package 的 action 的请求。

"/" 表示根 namespace，所有直接在应用程序上下文环境下的请求（Context）都在这个 package 中查找。

" " 表示默认 namespace，当所有的 namespace 中都找不到的时候就在这个 namespace 中寻找。例如，前面学到的 login 应用程序。

例如，有如下配置。

```
<package name= "default" >
<action name= "foo"  class= "mypackage . simpleAction" >
<result name= "success"  type= "di spatcher" >greeting.jsp</result>
    </action>
    <action name= "bar"  class= "mypackage. simpleAction" >
    <result name= "success"  type= "dispatcher" >bar1.jsp</result>
    </action>
</package>
<package name= "mypackage1"  namespace= "/" >
    <action name= "moo"  class= "mypackage.simpleAction" >
    <result name= "success"  type= "dispatcher" >moo.jsp</resu1t>
    </action>
</package>
<package name= "mypackage2"  namespace= "/barspace" >
    <action name= "bar"  class= "mypackage.simpleAction" >
```

```
    <resuit name= "success"  type= "dispatcher" >bar2.jsp</result>
    </action>
</package>
```

（1）如果请求为 /barspace/bar.action。

查找 namespace/barspace，如果找到 bar 则执行对应的 action，否则将会查找默认的 namespace。在上面的例子中，在 barspace 中存在名字为 bar 的 action，所以这个 action 将会被执行，如果返回结果为 success，则画面将定位到 bar2.jsp。

（2）如果请求为 /moo.action。

根 namespace（'/'）被查找，如果 moo.action 存在则执行，否则查询默认的 namespace。上面的例子中，根 namespace 中存在 moo.action，所以该 action 被调用，返回 success 的情况下，画面将定位到 moo.jsp。

又如，

```
<Struts>
    <constant name= "Struts.custom.il8n.resources"  value= "messageResource" />
    <package name= "lee"  extends= "Struts-default" >
            <action name= "login"  class= "lee. LoginAction" >
                    <result name= "input" >/login.jsp</result>
                    <result name= "error" >/error.jsp</result>
                    <result name= "success" >/welcome.jsp</result>
            </action>
    </package>
    <package name= "get"  extends= "Struts-default"  name space= "/book" >
            <action name= "getBooks"  class= "lee.GetBooksAction" >
                    <result name= "login" >/login.jsp</result>
                    <result name= "success" >/showBook.jsp</result>
            </action>
    </package>
</Struts>
```

以上代码配置了两个包：lee 和 get。配置 get 包时，指定了该包的命名空间为 /book。对于名为 lee 的包而言，没有指定 namespace 属性。如果某个包没有指定 namespace 属性，即该包使用默认的命名空间，则默认的命名空间总是“”。

需要注意的问题有两个。

默认命名空间里的 action 可以处理任何模块下的 action 请求。

即如果存在 URL 为 /book/GetBooks.action 的请求，并且 /book 的命名空间没有名为 GetBooks 的 action，则默认命名空间下名为 GetBooks 的 action 也会处理用户请求。

当某个包指定了命名空间后，该包下所有的 action 处理的 URL 应该是命名空间+action 名。

以上面的 get 包为例，该包下包含名为 getBooks 的 action，则该 action 处理的 URL 为：

```
http://localhost:8080/namespace/book/GetBooks.action
```

namespace 是应用名，book 是该 action 所有包对应的命名空间，GetBooks 是 action 名。

5.2.3 action 配置

配置 action 就是让 Struts2 容器知道该 action 的存在，并且能调用该 action 来处理用户请求。因此，我们认为：action 是 Struts2 的基本“程序单位”即在 Struts2 框架中每一个 action 是一个工作单元。

action 负责将一个请求对应到一个 action 处理上去，每当一个 action 类匹配一个请求的时候，这个 action 类就会被 Struts2 框架调用。action 只是一个控制器，它并不直接对浏览者生成任何响应。因此，action 处理完用户请求后，action 需要将指定的视图资源呈现给用户。因此，配置 action 时，应该配置逻辑视图和物理视图资源之间的映射。

Struts2 使用包来组织 action，因此，将 action 的定义是放在包定义下完成的，定义 action 通过使用 package 下的 action 子元素来完成。至少需要指定该 action 的 name 属性，该 name 属性既是该 action 的名字，也是该 action 需要处理的 URL 的前半部分。除此之外，通常还需要为 action 元素指定一个 class 属性，class 属性指定了该 action 的实现类。

一个简单的例子，如下。

```
<package name="lee" extends="Struts-default">
    <action name="login" class="lee. LoginAction">
            <result name="input">/login.jsp</result>
            <result name="error">/error.jsp</result>
            <result name="success">/welcome.jsp</result>
    </action>
</package>
```

一个较全面的 Action 配置示例。

```
<action name="Logon" class="tutorial.Logon">
<result type="redirect-action">Menu</result>
<result name="input">/tutorial/Logon.jsp</result>
</action>
```

每一个 action 可以配置多个 result、多个 ExceptionHandler、多个 Intercepter，但是只能有一个 name，这个 name 和 package 的 namespace 来唯一区别一个 action。

每当 Struts2 框架接收到一个请求的时候，它会去掉 Host、Application 和后缀等信息，得到 action 的名字。例如，如下的请求将得到 Welcome 这个 action。

```
http://www.planetStruts.org/Struts2-mailreader/Welcome.action
```

在一个 Struts2 应用程序中，一个指向 action 的链接通常由 StrutsTag 产生，这个 Tag 只需要指定 action 的名字，Struts 框架会自动添加诸如后缀等的扩展，例如，

```
<s:form action="Hello">
<s:textfield label="label name" name="name"/>
<s:submit/>
</s:form>
```

将产生一个如下的链接的请求。

```
http://Hostname:post/AppName/Hello.action
```

在定义 action 的名字的时候不要使用 . 和 / 来命名，最好使用英文字母和下画线。

1. action 中的方法

action 的默认入口方法由 xwork2 的 action 接口来定义，代码清单为如下。

```
public interface Action {
public String execute()throws Exception;
}
```

有些时候我们想指定一个 action 的多个方法，可以做如下两步。

（1）建立一些 execute 签名相同的方法，如

```
public String forward()throws Exception
```

（2）在 action 配置的时候使用 method 属性，如

```
<action name="delete" class="example. CrudAction" method="fdelete">
```

2. action 中的方法通配符

有些时候对 action 中方法的调用满足一定的规律，如 edit action 对应 edit 方法、delete action 对应 delete 方法，这时可以使用方法通配符，如

```
<action name="*Crud" class="example.Crud" method="{1}">
```

这时，editCrud action 的引用将调用 edit 方法；同理，deleteCrud action 的引用将调用 delete 方法。

另外一种比较常用的方式是使用下画线分割，如

```
<action name="Crud_*" class="example.Crud" method="{1}">
```

当遇到如下调用的时候可以找到对应的方法。

```
"action=Crud_input"=> input 方法
"action=Crud_delete"=> delete 方法
```

通配符和普通的配置具有相同的地位，可以结合使用框架的其他功能。

3. 默认的 action

当我们没有指定 action 的 class 属性的时候，如

```
<action name= "Hello" >
默认使用 com.opensymphony.xwork.ActionSupport
```

ActionSupport 有两个方法 input 和 execute，每个方法都是简单地返回 success。

4. Post-Back action

可以使用如下代码达到字画面刷新的效果。

```
<s:form>
<s:textfield label= "label name"  name= "name" />
<s:submit/>
</s:form>
```

5. 默认 action

在通常情况下，请求的 action 不存在，Struts2 框架会返回一个 Error 画面："404 - Page not foimd"，或许我们不想出现一个控制之外的错误画面，可以指定一个默认的 action，当请求的 action 不存在的时候，调用默认的 action，通过如下配置可以达到要求。

```
<package name= "Hello"  extends= "action-default" >
<default-action-ref name= "UnderConstruction" >
<action name= "UnderConstruction" >
    <result>/UnderConstruction.jsp</result>
</action>
</package>
```

6. 默认通配符

```
<action name= "*" >
<result>/{1}.jsp</result>
</action>
```

每个 action 将会被映射到以自己名字命名的 JSP 上。

5.3　Struts2 的简单例子

（1）建立创建 Web 项目，这里使用的 IDE 是 MyEclipse 10.5，如图 5-3 所示。

项目名为"HelloWorld"，如图 5-4 所示。

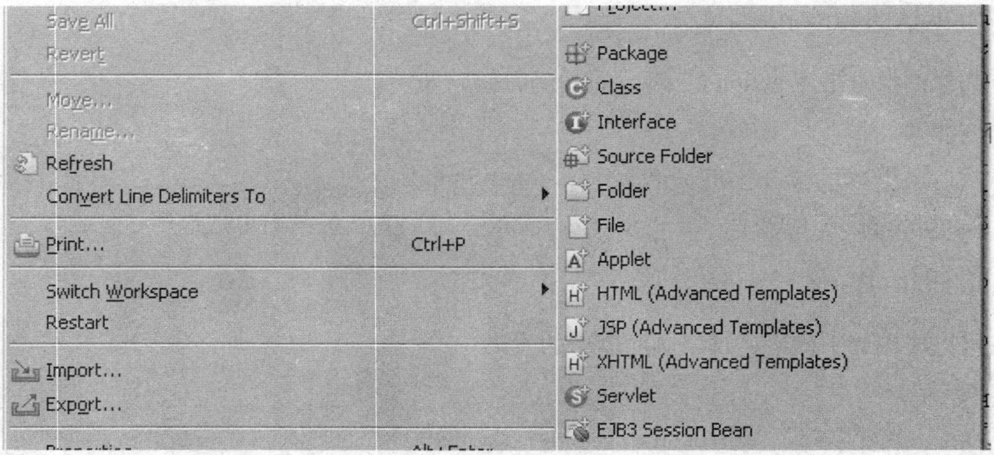

图 5–3　新建一个 Web 项目

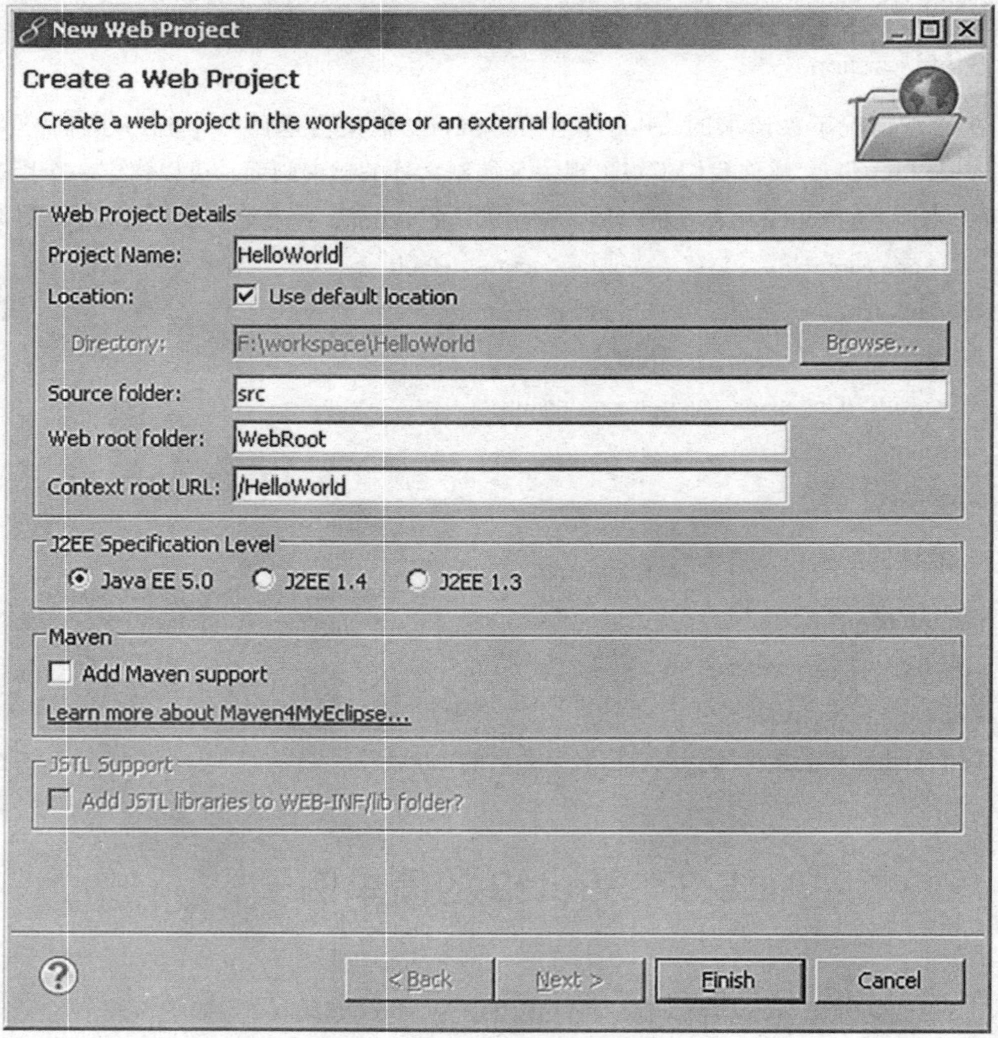

图 5–4　建立 HelloWorld 项目

（2）编写 Struts.xml 文件。

在 MyEclipse 项目中的 sre 根目录下新建 Struts.xml 文件，文件内容如下。（可以打开下载的 Struts2 安装包里的 apps 目录下的任意一个 jar 包，在里面的 WEBJNF/src 目录下，寻找 Struts.xml 文件，将该文件复制进项目的 src 根目录下，将里面的内容清空（只留下 <Struts> 标签和头部标签即可）。

Struts.xml 文件的 XML 代码如下所示：

```
<?xml version= "1.0"  encoding= "UTF-8"  ?>
<!DOCTYPE Struts PUBLIC  "-//Apache Software Foundation//DTD Struts Configuration
2.0//EN"   "http://Struts.apache.org/dtds/Struts-2.0.dtd" >
<Struts>
    <package name= "Struts2"  namespace= "/ " extends= "Struts-default" >
    </package>
    <!-- Add packages here -->
```

配置 web.xml 文件，加入如下内容 XML 代码。

```
<?xml version= "1. 0"  encoding= "UTF-8" ?  >
<web-app version= "2.5 " xmlns= "http://java.sun.com/xml/ns/javaee"
          xmlns:xsi= "http://www.w3.org/2001/XMLSchema-instance"
          xsi:schemaLocation= "http://java.sun.com/xml/ns/javaee"
         "http://java.sun.com/xml/ns/javaee/web-app_2_5.xsd" >
    <filter>
          <filter-name>Struts2</filter-name>
    <filter-class>
          org.apache.Struts2.dispatcher.ng.filter.StrutsPrepareAndExecuteFilter
    </filter-class>
    </filter>
    <filter-mapping>
          <filter-name>Struts2</filter-name>
          <url-pattern>/*</url-pattern>
    </filter-mapping>
    <welcome-file-list>
          <welcome-file>index.j sp</welcome-file>
    </welcome-file-list>
</web-app>
```

注意：这个文件里配置的过滤器的类是：org.apache.Struts2.dispatcher.ng.filter.StrutsPrepareAnd ExecuteFilter，和原来配置的类不一样。原来配置的类是：org.apache.

Struts2.dispatcher.FileDispatcher。这是因为，从 Struts-2.1.3 以后，org.apache.Struts2.dispatcher.file dispatcher 值被标注为过时。

（3）在 web.xml 中加入 Struts2 MVC 框架启动配置。

和 Struts.xml 文件的生成类似，在 Struts2 安装包里找到 web.xml 文件，将里面的 <filter> 和 <filter-mapping> 标签及其内容拷贝到项目中的 web.config 文件内，导入使用 Struts2 所必须的 jar 包。

建立 Web 项目后，给项目添加外部引用包。添加的包有：commons-fileupload-1.2.2.jar、commons-io-2.0.1.jar、commons-logging-api-1.1.jar、freemarker-2.3.19.jar、javassist-3.11.0.GA.jarognl-3.0.6.jar、Struts2-core-2.3.8.jar、xwork-core-2.3.8.jar，如图 5-5 所示。但由于 Struts2 版本的差异性，上面提到的包不一定满足所有版本的需求。配置完 Struts2 后，请部署运行一下。根据运行时的错误提示来添加 jar 包解决问题。比如，配置 Struts-2.2.1.1 时需要 commons-io-2.0.1.jar 包和 javassist-3.7.ga.jar 包，但是 2.1 版本就不需要这两个包。

在 Web 项目的 WEB-INF 下新建 classes 文件夹和 lib 文件夹。在 Struts 框架的库里找到如下所示的库文件放入 lib 下，如图 5-5 所示。

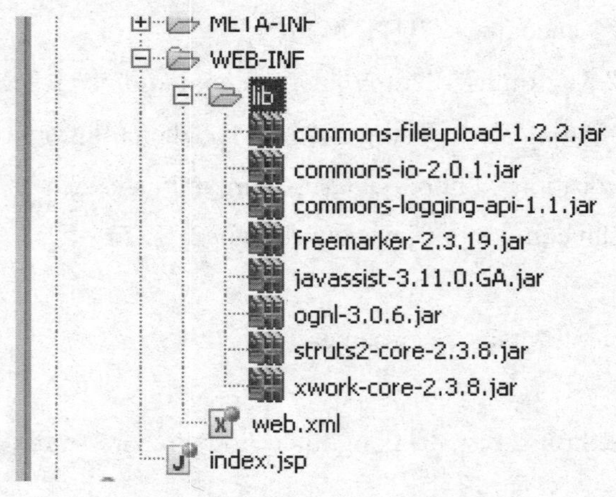

图 5–5　Struts 的 jar 包

（4）编写 login.jsp 页面，代码如下。

```
<%@ page language="java"  import="java.util. *"  pageEncoding="UTF-8" %>
<!DOCTYPE HTML PUBLIC  "-//W3C//DTD HTML 4.01 Transitional//EN" >
<html>
    <head>
            <title>Login</title>
            <meta http-equiv= "pragma"  content= "no-cache" >
            <meta http-equiv= "cache-control"  content= "no-cache" >
            <meta http-equiv= "expires"  content= "0" >
            <meta http-equiv= "keywords"  content= "keyword1 , keyword2, keyword3" >
```

```
            <meta http-equiv= “description” content= “This is my page” >
      </head>
      <body>
            <s:form action= “/login” method= “post” >
                  <s: label value= “系统登录” ></s:label>
                  <s:textfield name= “username” label= “账号” />
                  <s:password name= “password” label= “密码” />
                  <s:submit value= “登录” />
            </s: form>
      </body>
</html>

<%@ page language= “java” import= “java.util. *” pageEncoding= “UTE-8” %>
<%@taglib uri= “/Struts-tags” prefix= “s” %>
<!DOCTYPE HTML PUBLIC “-//W3C//DTD HTML 4.01 Transitional//EN” >
<html>
      <head>
            <title>Login</title>
            <meta http-equiv= “pragma” content= “no-cache” >
            <meta http-equiv= “cache-control” content= “no-cache” >
            <meta http-equiv= “expires” content= “0” >
            <meta http-equiv= “keywords” content= “keyword1 , keyword2, keyword3” >
            <meta http-equiv= “description” content= “This is my page” >
      </head>
      <body>
            <s:form action= “/login” method= “post” >
                  <s: label value= “系统登录” ></s:label>
                  <s:textfield name= “username” label= “账号” />
                  <s:password name= “password” label= “密码” />
                  <s:submit value= “登录” />
            </s: form>
      </body>
</html>
```

（5）编写 LoginAction 类，代码如下。

```
import com.opensymphony.xwork2.ActionSupport;
```

```
public class LoginAction extends ActionSupport {
// 该类继承了 ActionSupport 类。这样就可以直接使用 SUCCESS，
//LOGIN 等变量和重写 execute 等方法
    private static final long serialVersionUID= 1L;
    private String username;
    private String password;
    public String getUsername(){
            return username;
    }
    public void setUsername(Stringusername) {
            this.username = username;
    }
    public String getPassword(){
            return password;
    }
    public void setPassword(Stringpassword) {
            this.password = password;
    }
    @Override
    public String execute()throws      Exception        {
            if( “haha” .equals(username)&& “hehe” .equals(password))
    // 如果登录的用户名 =haha 并且密码 =hehe，就返回 SUCCESS; 否则，返回 LOGIN
                    return SUCCESS;
            return LOGIN;
            }
    }
```

（6）配置 Struts.xml 文件，代码如下。

```
<?xml version= “1.0” encoding= “UTF-8” ?>
<! DOCTYPE Struts PUBLIC  “-//Apache Software Foundation//DTD Struts Configuration
2.0//EN”  “http://Struts.apache.org/dtds/Struts-2.0.dtd” >
<Struts>
    <package name= “default” namespace= “/” extends= “Struts-default” >
            <action name= “login” class= “LoginAction” method= “execute” >
                    <result name= “success” >/welcome.jsp</result>
                    <result name= “login” >/login.jsp</result>
```

```
            </action>
        </package>
    </Struts>
```

主要属性说明如下：

package-name：用于区别不同的 package，必须是唯一的、可用的变量名，用于其他 package 来继承；

package-namespace：用于减少重复代码（和 Struts 1 比较），是调用 action 时输入路径的组成部分；

package-extends：用于继承其他 package 以使用里面的过滤器等；

action-name：用于在一个 package 里区分不同的 action，必须是唯一的、可用的变量名，是调用 action 时输入路径的组成部分；

action-class：action 所在的路径（包名 + 类名）；

action-method：action 所调用的方法名；

其他的属性因为项目里没有用到，在此不做解释。如有需要，请查阅相关文档。

（7）根据 Struts.xml 里配置的内容，还需要一个 welcome.jsp 页面。编写 welcome.jsp 页面，代码如下。

```
<%@ page language= "java"  import= "java.util. *"  pageEncoding= "UTF-8" %>
<!DOCTYPE HTML PUBLIC  "-//W3C//DTD HTML 4.01 Transitional//EN" >
<html>
    <head>
            <title>My JSP  "welcome.jsp"  starting pages</title>
            <meta http-equiv= "pragma"  content= "no-cache" >
            <meta http-equiv= "cache-control"  content= "no-cache" >
            <meta http-equiv= "expires"  content= "0" >
            <meta http-equiv= "keywords"  content= "keyword1 , keyword2, keyword3" >
            <meta http-equiv= "description"  content= "This is my page" >
    </head>
    <body>
            欢迎 $.(username)!
    </body>
</html>
```

经过上述步骤，登录实例已经编写完毕。

（8）启动 tomcat，在网页地址栏里输入：http://localhost:8080/HelloWorld/login.jsp，打开登录页面，如图 5-6 所示。

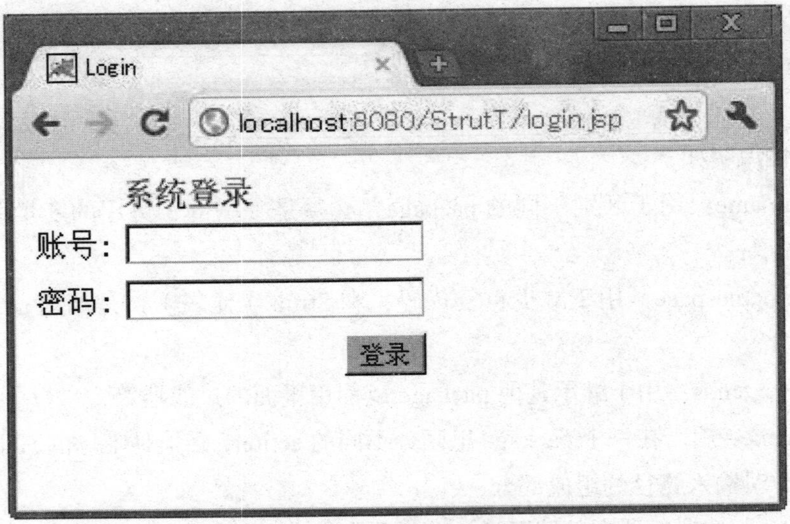

图 5-6　StrutsDemo 登录页面

5.4　拦截器

5.4.1 拦截器介绍

Struts2 拦截器的实现原理相对简单，当请求 Struts2 的 action 时，Struts2 会查找配置文件，并根据其配置实例化相对应的拦截器对象，然后串成一个列表，最后一个一个地调用列表中的拦截器。

1. 理解 Struts2 拦截器

（1）Struts2 拦截器是在访问某个 action 或 action 的某个方法之前或之后实施拦截，并且 Struts2 拦截器是可插拔的，拦截器是 AOP 的一种实现。

（2）拦截器栈（interceptor stack）。Struts2 拦截器栈就是将拦截器按一定的顺序联结成一条链。在访问被拦截的方法或字段时，Struts2 拦截器链中的拦截器就会按其之前定义的顺序被调用。

2. Struts2 拦截器的原理

拦截器的工作原理如图 5-7 所示，每一个 action 请求都包装在一系列的拦截器的内部。拦截器可以在 action 执行之前做相似的操作，也可以在 action 执行之后做回收操作。

每一个 action 既可以将操作转交给下面的拦截器，也可以直接退出操作返回客户既定的画面。

Struts2 的拦截器的实现原理和过滤器差不多，对你真正想执行的 execute() 方法进行拦截，然后插入一些自己的逻辑。如果没有拦截器，这些要插入的逻辑就得写在你自己的 action 实现中，而且每个 action 实现都要写这些功能逻辑，这样的实现非常烦琐。

Struts2 的设计者们把这些共有的逻辑独立出来，实现成一个个拦截器，既体现了软件复用的思想，又方便程序员使用。Struts2 中提供了大量的拦截器，多个拦截器可以组成一个拦截器栈，系统为我们配置了一个默认的拦截器栈 defaultStack，包括一些拦截器以及它们的顺序，可以在 Struts2 的开发包的 Struts-default.xml 中找到，如图 5-8 所示。

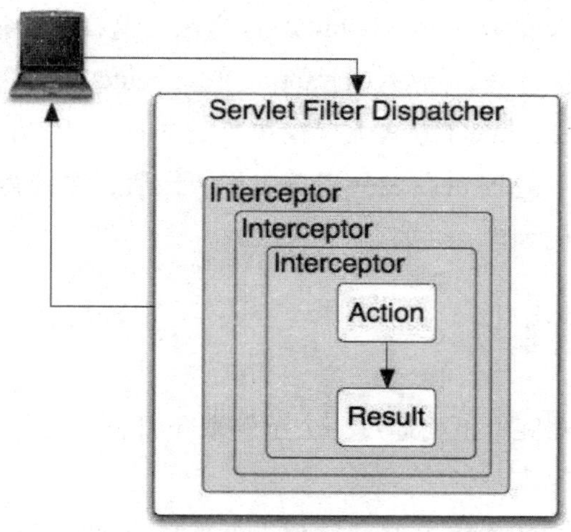

图 5–7　Struts2 拦截器的工作原理

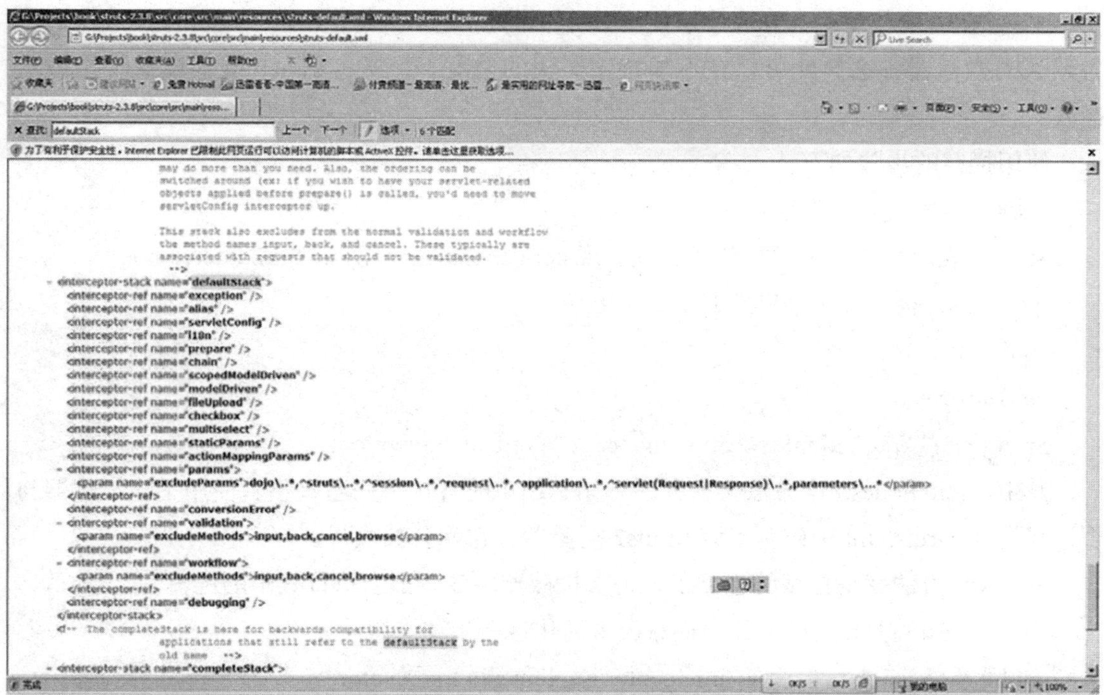

图 5–8　拦截器栈 defaultStack

每次对 action 的 execute() 方法请求时，系统会生成一个 ActionInvocation 对象，这个对象保存了 action 和你所配置的所有的拦截器以及一些状态信息。比如，你的应用使用的是 defaultStack，系统将会以拦截器栈配置的顺序将每个拦截器包装成一个个 InterceptorMapping（包含拦截器名字和对应的拦截器对象）组成一个 Iterator 保存在 ActionInvocation 中。在执行 ActionInvocation 的 invoke() 方法时会对这个 Iterator 进行迭代，每次取出一个 InterceptorMapping，然后执行对应 Interceptor 的 intercept(ActionInVocation inv) 方法，而 intercept(ActionInInvocation inv) 方法又以当前的 ActionInInvcation 对象作为参数，而在每个拦截器中又会调用 inv 的 invoke() 方法，这样就会进入下一个拦截器的执行，直到最后一个拦截器执行完，然后执行 action 的 execute() 方法（假设你没有配置访问方法，默认执行 action 的 execute() 方法）。在执行完 executed() 方法取得了 result 后又以相反的顺序走出拦截器栈，这时可以做些清理工作。最后，系统得到了一个 result，然后根据 result 的类型做进一步操作。

5.4.2 拦截器实例

如何自定义一个拦截器呢？下面通过一个示例来介绍。

定义一个拦截器需要三步。

（1）自定义一个实现 Interceptor 接口（或者继承自 AbstractInterceptor）的类。

（2）在 Struts.xml 中注册上一步中定义的拦截器。

（3）在需要使用的 action 中引用上述定义的拦截器，为了方便，也可将拦截器定义为默认的拦截器，这样就可以在不加特殊声明的情况下，所有的 action 都被这个拦截器拦截。

使用拦截的步骤如下。

步骤 1：编写拦截器类

Struts2 规定用户自定义拦截器必须实现 com.opensymphony.xwork2.interceptor.Interceptor 接口。该接口声明了 3 个方法：

```
void init();
void destroy();
String intercept(ActionInvocation invocation) throws Exception;
```

其中，init 和 destroy 方法会在程序开始和结束时各执行一遍，不管使用了该拦截器与否，只要在 Struts.xml 中声明了该 Struts2 拦截器，它就会被执行。

intercept 方法就是拦截的主体了，每次拦截器生效时都会执行其中的逻辑。

不过，Struts 中又提供了几个抽象类来简化这一步骤。

```
public abstract class AbstractInterceptor implements Interceptor;
public abstract class MethodFilterInterceptor extends AbstractInterceptor;
```

这些都是以模板方法来实现的。其中，AbstractInterceptor 提供了 init() 和 destroy() 的空实现，使用时只需要覆盖 intercept() 方法；而 MethodFilterInterceptor 则提供了 includeMethods 和 excludeMethods 两个属性，用来过滤执行该过滤器的 action 的方法。可以通过 param 来加入或者排除需要过滤的方法。

一般来说，拦截器的写法都差不多，看下面的示例。

```
package interceptor;
import com.opensymphony.xwork2.ActionInvocation;
import com.opensymphony.xwork2.interceptor.Interceptor;
public class MyInterceptor implements Interceptor {
    public void destroy() {
            // TODO Auto-generated method stub
    }
    public void init() {
            // TODO Auto-generated method stub
    }
    public String intercept(ActionInvocation invocation) throws Exception {
            System.out.println("Action 执行前插入代码");
            // 执行目标方法 (调用下一个拦截器，或执行 Action)
            final String res = invocation.invoke();
            System.out.println("Action 执行后插入代码");
            return res;
    }
}
```

步骤 2：配置拦截器

Struts2 拦截器需要在 Struts.xml 中声明，Struts.xml 配置文件如下。

```
<?xml version="1.0" encoding="UTF-8" ?>
<! DOCTYPE Struts PUBLIC "-//Apache Software Foundation//DTD Struts Configuration
2.0//EN" "http://Struts.apache.org/dtds/Struts-2.0.dtd" >
<Struts>
    <package name="authority" extends="Struts-default" >

            <!-- 定义一个拦截器 -->
            <interceptors>
                    <interceptor name="authority" class="com.ywjava.interceptot.
                                    LoginInterceptor" >
```

```
                </interceptor>
                <!—拦截器栈一 >
                <interceptor-stack          name= “mydefault” >
                        <interceptor-refname= “defaultStack” />
                        <interceptor-refname= “authority” />
                </interceptor-stack>
        </interceptors>

        <!-- 定义全局 Result -->
        <global-results>
                <!-- 当返回 login 视图名时，转入 /login.jsp 页面 -->
                <result name= “login” >/login.jsp</result>
        </global-results>

        <action name= “loginform”  class= “com.ywj ava.action.LoginFormAction” >
                cresult name= “success” >/login.jsp</result>
        </action>

        <action name= “login”  class= “com.ywj ava.action.LoginAction” >
                cresult name= “success” >/welcome.jsp</result>
                <result name= “error” >/login.jsp</result>
                <result name= “input” >/login.jsp</result>
        </action>

        <action name= “show”  class= “com.ywjava.action.ShowAction” >
                <result name= “success” >/show.jsp</result>
                <!-- 使用此拦截器一 >
                <interceptor-ref name= “mydefault” />
        </action>

    </package>
</Struts>
```

步骤 3：发布程序

启动 Tomcat 服务器，在地址栏中输入：http//localhost:8080/StrutT/login.jsp，则出现登录界面，在登录界面内输入用户和密码，单击登录按钮。

在 myEclipse 控制台中可以看到图 5-9 所示的结果。

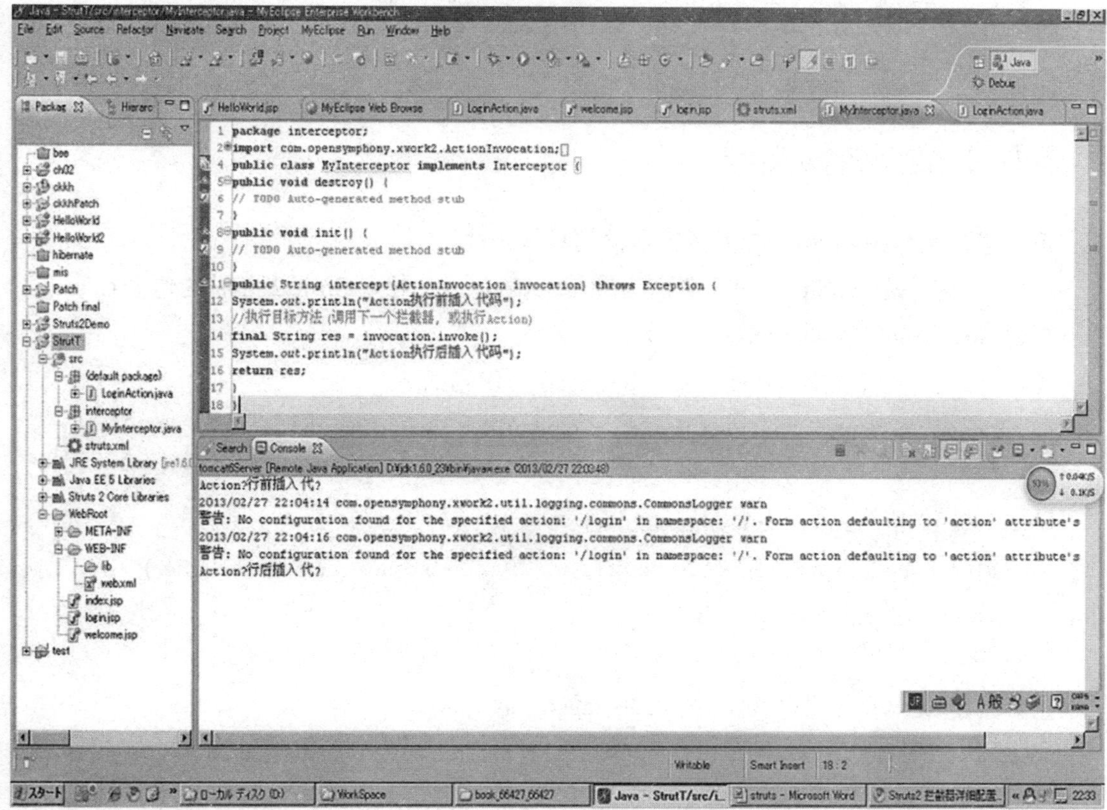

图 5–9　运行结果

5.5　Struts2 类型转换

5.5.1 类型转换简介

在 B/S 应用中，浏览器和服务器之间交换的数据只能是字符串形式的数据。即使数据是非字符串型的，像年龄（正整数型）、金额（浮点型）等。这些数据传到服务器之后，在进行业务操作之前需进行数据类型转换。将字符串请求参数转换为相应的数据类型，是 MVC 框架提供的功能，而 Struts2 是很好的 MVC 框架实现者，理所当然提供了类型转换机制。

Struts2 的类型转换是基于 OGNL 表达式的，只要我们把 HTML 输入项（表单元素和其他 GET/POST 的参数）命名为合法的 OGNL 表达式，就可以充分利用 Struts2 的转换机制。

除此之外，Struts2 提供了很好的扩展性，开发者可以非常简单地开发出自己的类型转换器，完成字符串和自定义复合类型之间的转换。总之，Struts2 的类型转换器提供了非常强大的表示层数据处理机制，开发者可以利用 Struts2 的类型转换机制来完成任意的类型转换。

5.5.2 类型转换实例

下面通过实例说明 Struts2 类型转换器的具体用法。

（1）新建一个 web project，命名为 Struts2Convert，导入 Struts2 必需的包。在 src 目录下新建 Struts.xml，修改 web.xml 文件。

（2）新建一个 jsp 文件 Input.jsp。Input.jsp 的代码如下。

```
<%@ page language= "java"  import= "java.util.*"  pageEncoding= "GB18030" %>
<%
    String path = request.getContextPath() ;
    String basePath=request.getScheme() +  "://"  + request.getServerName() +  ":"  +
request . getServerPort() + path +  "/" ;
%>
<%@ taglib prefix= "s"  uri= "/Struts-tags" %>
<!DOCTYPE HTML PUBLIC  "-//W3C//DTD HTML 4.01 Transitional//EN" >
<html>
    <head>
            <base href= "<%=basePath8>" >
            <title>My JSP  "index.jsp"  starting page</title>
            <meta http-equiv= "pragma"  content= "no-cache" >
            <meta http-equiv= "cache-control"  content= "no-cache" >
            <meta http-equiv= "expires"  content= "0" >
            <meta http-equiv= "keywords"  content= "keyword1 , keyword2, keyword3" >
            <meta http-equiv= "description"  content= "This is my page" >
            <!--
    <link rel= "stylesheet"  type= "text/css"  href= "styles.css" >
    -->
    </head>
    <body>
            <h1>
                    <font color= "red" >请输入坐标，用英文半角逗号隔开</font>
            </h1>
```

```
            <s:form action= "pointconverter" >
                        <s:textfield name= "point1"  label= "pointl" ></s:textfield>
                        <s:textfield name= "point2"  label= "point2" ></s:textfield>
                        <s:textfield name= "point3"  label= "point3" ></s:textfield>
                        <s:submit name= "submit" >
                        </s:submit>
            </s: form>
    </body>
</html>
```

该文件有两个需要注意的地方。

使用了 Struts2 的标签库 <%@ taglib prefix= "s" uri= "/Struts-tags" %>。

form 中的 action 属性。

（3）在 src 下新建包 com.bean，其中定义一个 bean.point 类。point.java 代码如下。

```
package com.bean;
public class Point {

    private int x;
    private int y;

    public int getX() {
            return x;
    }

    public void setx(int x) {
            this.x = x;
    }

    public int getY() {
            return y;
    }

    public void setY(int y) {
            this.y = y;
    }
```

（4）在 src 下新建包 com.action，新建类 PointAction.java，其代码如下。

```
package com.action;
import com.opensymphony.xwork2.ActionSupport;
import com.bean.Point;

public class PointAction extends ActionSupport {
    privatePointpoint1;
    privatePointpoint2;
    privatePointpoint3;

    publicPoint getPoint1() {
            return pointl;
    }

    public void setPoint1(Point point1) {
            this.point1= point1;
    }

    publicPoint getPoint2() {
            return point2;
    }

    public void setPoint2(Point point2) {
            this.point2 = point2;
    }

    publicPoint getPoint3() {
            return point3;
    }

    public void setPoint3(Point point3) {
            this.point3 = point3;
    }

    publicString execute()throws Exception {
```

```
            return SUCCESS;
        }
    }
```

（5）配置 Struts.xml 文件，代码如下。

```
    <?xml version= “1.0” encoding= “utf-8” ?>
    <!DOCTYPE Struts PUBLIC “-//Apache Software Foundation//DTD Struts Configuration
2.0//EN” “Struts.apache.org/dtds/Struts-2.0.dtd” >
    <Struts>
        <package name= “Struts2” extends= “Struts-default” >
            <action name= “pointconverter” class= “com.action.PointAction” >
                <result name= “success” >/output.jsp</result>
                <result name= “input” >/input.jsp</result>
            </action>
        </package>
    </Struts>
```

（6）在 WebRoot 下新建视图 output.jsp，依旧运用 Struts2 的标签库，代码如下。

```
    <%@ page language= “java” import= “java.util.*” pageEncoding= “GB18030” %>
    <%
        String path = request.getContextPath() ;
        String basePath=request.getScheme() + “://” + request.getServerName() + “:” +
request . getServerPort() + path + “/” ;
    %>
    <%@ taglib prefix= “s” uri= “/Struts-tags” %>
    <!DOCTYPE HTML PUBLIC “-//W3C//DTD HTML 4.01 Transitional//EN” >
    <html>
        <head>
            <base href= “<%=basePath8>” >
            <title>My JSP ‘output.jsp’ starting page</title>
            <meta http-equiv= “pragma” content= “no-cache” >
            <meta http-equiv= “cache-control” content= “no-cache” >
            <meta http-equiv= “expires” content= “0” >
            <meta http-equiv= “keywords” content= “keyword1 , keyword2, keyword3” >
            <meta http-equiv= “description” content= “This is my page” >
            <!--
        <link rel= “stylesheet” type= “text/css” href= “styles.css” >
```

```
-->
</head>
<body>
        Point1:
        <s:property value= “pointl1” />
        <br>
        point2:
        <s:property value= “point2” />
        <br>
        point3:
        <s:property value= “point3” />
</body>
</html>
```

（7）定义类型转换器：在 src 目录下新建 com.converter 包，新建类 PointConverter.java。代码如下。

```
package com.converter;
import java.util.Map;
import org.apache.Struts2.util.StrutsTypeConverter;
import com.bean.Point;
public class PointConverter extends StrutsTypeConverter {
    @Override
    public Object     convertFromString(Map arg0, String[] arg1, Class arg2) {
            Point point = new Point();
            String[] values = arg1[0].split( “,” );
            int x =Integer.parseInt (values[0].trim());
            int: y = Integer.parseInt (values[1].trim());
            point.setX(x) ;
            point.setY(y) ;
            return point;
    }
    @Override
    public . String convertTostring (Map arg0, object arg1) (
            Point point = (Point) arg1;
            int x = point.getx() ;
            int y = point.getY() ;
```

```
            string. result = "<x=" +x+ ",y=" +y+ ">";
            return result;
    }
}
```

（8）使类型转化器和 action 中的对应 point 属性关联起来，新建一个属性文件。这里有两种方法。

①在 com.converter 包中新建一个 PointAction-conversion.properties 文件，代码如下。

```
point1=com.converter.PointConverter
point2=com.converter.PointConverter
point3=com.converter.PointConverter
```

②在 src 目录下直接新建一个 xwork-conversion.properties 文件，代码如下。

```
com.bean.Point=com.converter.PointConverter
```

5.6　输入校验

在应用程序中，需要对客户端输入的数据进行校验，提醒用户输入格式正确而且有效的数据，以此来避免输入错误数据而引起异常。输入校验分为客户端校验和服务器端校验。客户端校验主要是通过 JavaScript 代码来完成的，服务器端校验是通过应用编程来实现的。除了校验数据有效性以外，还可以验证数据逻辑的正确性。比如，新注册的用户名是否是已经被人用过的。输入校验是表示层数据处理的一种，应该由 MVC 框架提供。Struts2 提供了内置校验器，无须书写任何校验代码，即可完成绝大部分输入校验。如果需要，也可以通过 validate 方法来完成自定义校验。

5.6.1 手动输入完成校验

请求到来时，在处理请求之前，对页面提交数据进行验证，常用的方法如下。

（1）普通的处理方式：只需要在 action 中重写 validate() 方法；

（2）一个 action 对应多个逻辑处理方法：指定校验某个特定方法的方式。

重写 validate××××() 方法。如果只校验 login 方法，则只需重写 validateLogin()，下面用一个验证实例来说明。

首先，建一个 jsp 文件，InputValidate.jsp，代码如下。

```
<%@ page language="java" import="java.util. *" pageEncoding="UTE-8" %>
<%@ taglib uri="/Struts-tags" prefix="s" %>
<!DOCTYPE HTML PUBLIC "-//W3C//DTD HTML 4.01 Transitional//EN">
```

```
<html>
    <head>
        <title>Login</title>
        <meta http-equiv= "pragma"  content= "no-cache" >
        <meta http-equiv= "cache-control"  content= "no-cache" >
        <meta http-equiv= "expires"  content= "0" >
        <meta http-equiv= "keywords"  content= "keyword1 , keyword2, 
keyword3" >
        <meta http-equiv= "description"  content= "This is my page" >
    </head>
    <body>
        <s:form action= "yan"  method= "post" >
            <s:textfield name= "username"  label= "用户名 "/>
            <s :password name= "password"  label= "密码 "/>
            <s:password name= "password"  label= "验证密码 "/>
            <s:textfield name= "age"  label= "年龄 "/>
            <s:textfield name= "birthday"  label= "出生日期 "/>
            <s:textfield name= "workdate"  label= "工作日期" />
            <s: submit label= "注册" />
        </s: form>
    </body>
</html>
```

执行结果，如图 5-10 所示。

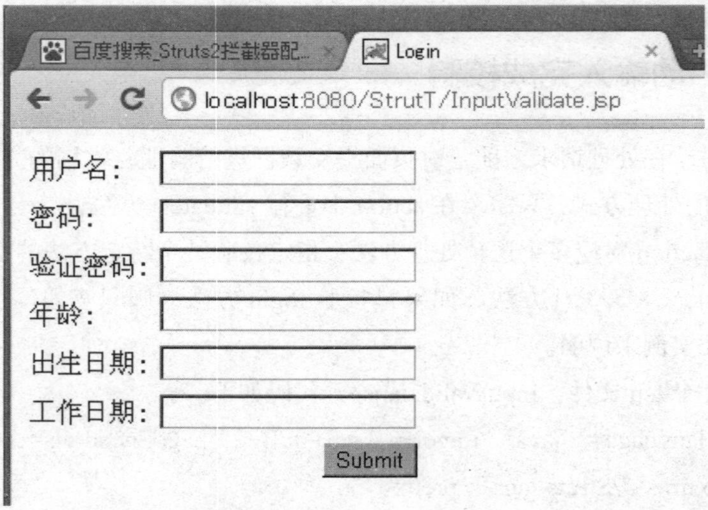

图 5-10 输入验证页面

然后，建立验证类 validate.java，在 excute() 方法的业务逻辑开始之前进行验证，代码如下。

```
import java.util.Calendar;
import java.util.Date;
import com.opensymphony.xwork2.ActionSupport;

public class validate extends ActionSupport {
    privateStringusername;
    privateStringpassword;
    privateStringpasswordl;
    private int age;
    private Date birthday;
    private Date workdate;
    // 省略 get / set 方法
    public void excute(){
            if (null = username || username.length() < 6 || username . length() > 12) {
                    this . addFieldError ( “username” , “username invalid” ) ;
            }
            if (null == password II password.length() < 6 II password. length() > 12) {
                    this. addFieldError ( “password” , “password invalid” );
            }
            if (null != birthday && null != workdate) {
                    Calendar c1 = Calendar.getInstance();
                    c1. setTime (birthday) ;
                    Calendar c2=Calendar.getInstance() ;
                    c2. setTime (workdate) ;
                    if (c2.before(c1)) {
                    this.addFieldError ( “workdate” , “workdate before birthday” );
                    }
            }
    }
}
```

Struts 的配置文件 Struts.xml 如下。

```
<package name= “xing”  extends= “Struts-default” >
        <action name= “validate”  class= “validate” >
```

```
            <result>/ok.jsp</ result>
            <result name= "input" >/yan.jsp</ result>
            </action>
</package>
```

输入数据无错误时，输出界面的代码如下，界面如图 6-15 所示。

```
<s:property value= "username" /><br/>
<s:property value= "password" /><br /> .
<s:property value= "age" /><br />
<s:property value= "birthday" /><br />
<s:property value= "workdate" /><br />
```

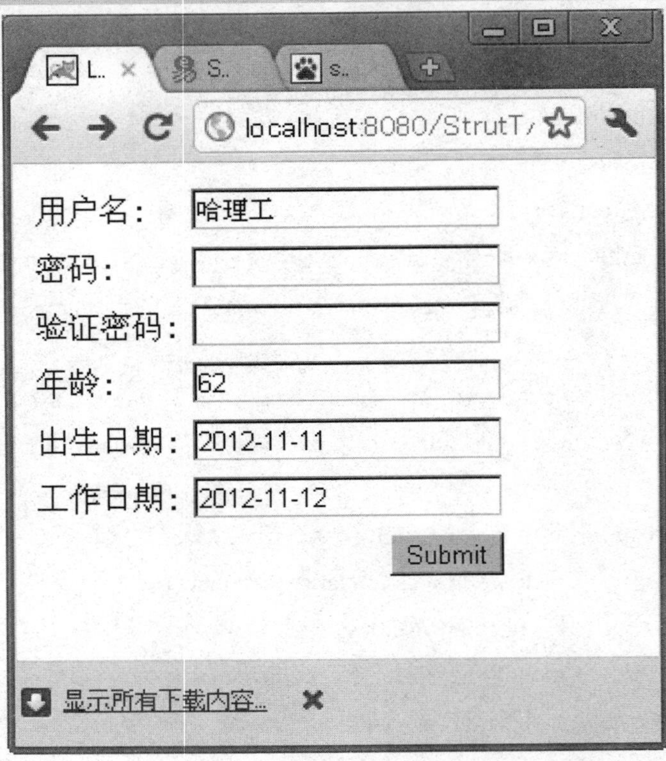

图 5–11　输入合法数据

当年龄输入非数字类型时，会出现图 5-12 所示的结果。

```
<%@ page language= "java"  import= "java.util.*"  pageEncoding= "UTF-8" %>
<%@ taglib uri= "/Struts-tags"  prefix= "g" %>
<! DOCTYPE HTML PUBLIC  "-//W3C//DTD HTML 4.01 Transitional//EN" >
<html>
    <head>
            <title>Login</title>
```

```
            <meta http-equiv= "pragma"  content= "no-cache" >
            <meta http-equiv= "cache-control"  content= "no-cache" >
            <meta http-equiv= "expires"  content= "0" >
            <meta http-equiv= "keywords"  content= "keyword1 , keyword2, keyword3" >
            <meta http-equiv= "description"  content= "This is my page" >
    </head>
    <body>
            <s:fielderror/>
    </body>
</html>
```

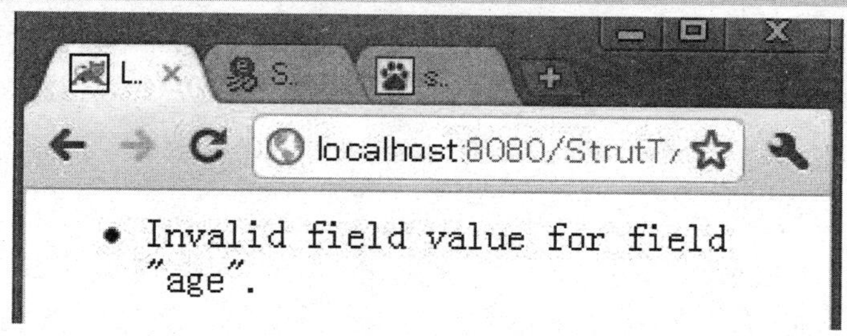

图 5-12　提示不合理字段

5.6.2 使用 Struts2 框架校验

可以使用校验文件来实现对字段内容的校验。校验文件的名字的规则是 <action 名字>-validation.xml。

使用 Struts2 框架来校验的步骤如下。

（1）编写校验配置文件。命名规则：action 类名 -validatin.xml。

（2）一个 action 对应多个逻辑处理方法，指定校验每个特定方法的方式。action 类名 -name 属性名 -validatin.xml（name 属性名：在 Struts 配置文件中的）。

（3）配置文件存放位置：放在与 action 相同的文件夹内。

（4）验证规则：先加载 action 类名 -validatin.xml，然后加载 action 类名 -name 属性名 -validatin.xml 文件。

（5）校验器的配置风格有两种：一种是字段校验器，另一种是非字段校验器。

字段校验器配置格式如下。

```
<field name= "被校验的字段" >
    <field-validator type= "校验器名" >
            <!-- 此处需要为不同校验器指定数量不等的校验参数 -->
```

```
            <param name="参数名">参数值</param>
            ...
            <!-- 校验失败后的提示信息，其中key指定国际化信息的key-->
            <message key="I18Nkey">校验失败后的提示信息</message>
            <!-- 校验失败后的提示信息：建议用getText（"I18Nkey"），否则可能出现
Freemarker template Error-->
        </field-validator>
        <!-- 如果该字段需要满足多个规则，下面可以配置多个校验器 -->
    </field>
```

非字段校验器配置格式如下。

```
    <validator type="校验器名">
            <param name="fieldname">需要被校验的字段</param>
            <!-- 此处需要为不同校验器指定数量不等的校验规则 -->
    <param name="参数名">参数值</param>
            <!-- 校验失败后的提示信息，其中key指定国际化信息的key-->
            <message key="I18Nkey">校验失败后的提示信息</message>
            <!-- 校验失败后的提示信息：建议用getText（"I18Nkey"），否则可能出现
Freemarkertemplate Error-->
    </validator>
```

非字段校验：先指定校验器，由谁来校验，来校验谁！

字段校验器：先指定校验的属性，我来校验谁，由谁来校验！

```
    <?xml version="1.0" encoding="GBK"?>
    <!DOCTYPE validators PUBLIC "-//OpenSymphony Group//XWork Validator 1.0.2//
EN" "http://www.opensymphony.eom/xwork/xwork-validator-1.0.2.dtd">
    <validators>
        <field name="username">
                <field-validator type="requiredstring">
                        <param name="trim">true</param>
                        <message>必须输入名字</message>
                </field-validator>
                <field-validator type="regex">
                        <param name="expression"><![CDATA[(\w{4,25})]]></param>
    <message>您输入的用户名只能是字母和数组，且长度必须在4~25之间
    </message>
                </field-validator>
```

```
        </field>
        <field name= “password” >
                <field-validator type= “requiredstring” >
                        <param name= “trim” >true</param>
                        <message> 必须输入密码 </message>
                </field-validator>
                <field-validator type= “regex” >
                        <param name= “expression” ><! [CDATA[ (\w{4, 25} ) ] ] ></param>
    <message> 您输入的密码只能是字母和数组，且长度必须在 4~25 之间
    </message>
                </field-validator>
        </field>
        <field name= “age” >
                <field-validator type= “int” >
                        <paramname= “min” >1</param>
                        <paramname= “max” >150</param>
                        <message> 年纪必须在 1~150 之间 </message>
                </field-validator>
        </field>
        <field name= “birthday” >
                <field-validator type= “date” >
                        <paramname= “min” >1900-01-01</param>
                        <paramname= “max” >2050-02-2l</param>
                        <message> 年纪必须在 $ {min} 到 $ {max} 之间 </message>
                </field-validator>
        </field>
    </validators>
```

如果要进行客户端校验，那么改为 <siform action= “yan” method= “post” validate= “true” >，结果如图 5-13、图 5-14 所示。

如果是客户端验证，那么 <message key= “xing.usemame” /> 会出错误，需要改成下面的格式：

```
<message>${getText( “xing.username” )}</message>
```

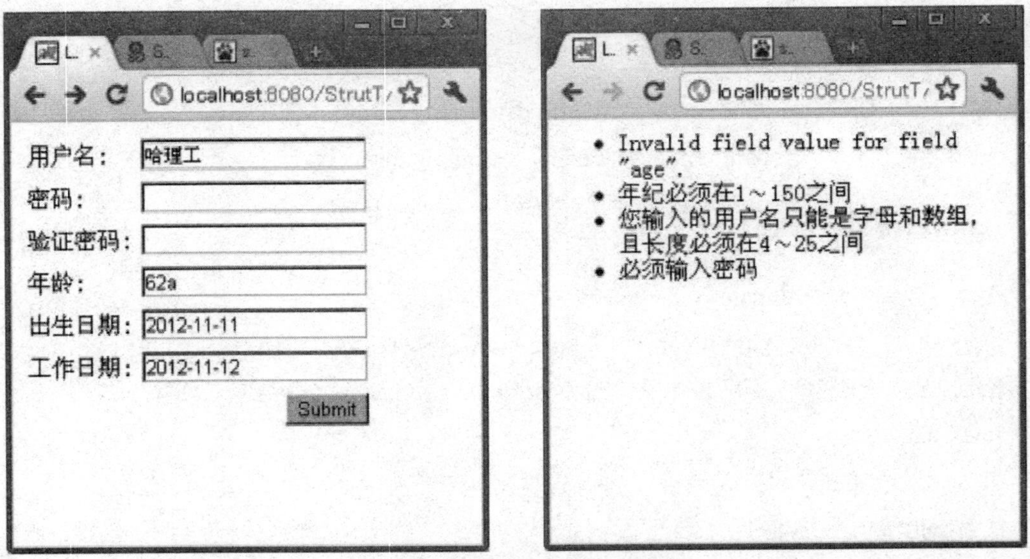
localhost:8080/StrutT
用户名：
哈理工
密码：
验证密码：
年龄：
62a
出生日期：
2012-11-11
工作日期：
2012-11-12
Submit
localhost:8080/StrutT
Invalid field value for field "age".
年纪必须在1～150之间
您输入的用户名只能是字母和数组，且长度必须在4～25之间
必须输入密码

图 5-13　提示不合理字段

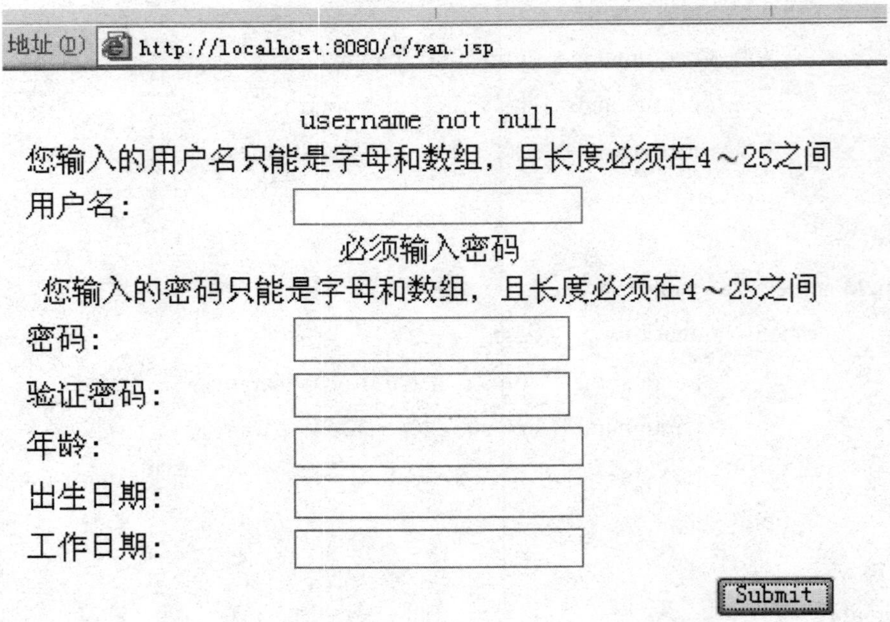
地址 (D)
http://localhost:8080/c/yan.jsp
username not null
您输入的用户名只能是字母和数组，且长度必须在4～25之间
用户名：
必须输入密码
您输入的密码只能是字母和数组，且长度必须在4～25之间
密码：
验证密码：
年龄：
出生日期：
工作日期：
Submit

图 5-14　提示不合理字段

5.6.3 校验器的配置风格

校验器的配置风格有两种：一种是字段优先的字段校验器风格，另一种是校验器优先的非字段校验器风格。在 <validators> 下可以有 <field> 或者是 <validator>。出现 <field> 就是字段校验器，出现 <validator> 就是非字段校验器。

1. 字段校验器配置风格

字段校验器格式如下。

```
<field name= "被校验的字段" >
<field-validator type= "校验器名" >
<!-- 此处需要为不同校验器指定数量不等的校验参数 -->
<param name= "参数名" > 参数值 </param>
...
<message key= "I18Nkey" > 校验失败后的提示信息 </message>
<!-- 如果该字段需要满足多个规则，下面可以配置多个校验器 -->
</field>
```

从上面的代码中可以看出，<field> 是校验规则文件的基本组成单位。每个 <field-validator type= "校验器名" > 指定一个校验规则。<field-validator> 必须要有个 <message>。

2. 非字段校验器配置风格

它是一种以校验器优先的配置方式。在校验器文件的根元素包含多个 <validator> 元素，每个 <validator> 定义了一个规则。

非字段校验器配置格式如下。

```
<validator type= "校验器名" >
    <param name= "fieldname" > 需要被校验的字段 </param>
    <param name= "参数名" > 参数值 </param>
<message key= "I18Nkey" ></message>
</validator>
```

上例验证文件内容如下。

```
<?xml version= "1.0"  encoding= "GBK" ?>
<!DOCTYPE validators PUBLIC  "-//OpenSymphony Group//XWork Validator 1.0.2//
EN"  "http://www.opensymphony.eom/xwork/xwork-validator-1.0.2.dtd" >
<validators>
    <validator type= "requiredstring" >
            <param name= "fieldname" >username</param>
            <param name= "trim" >true</ param>
            <message> 用户名不能为空 </message>
    </validator>

    <validator type= "regex" >
            <param name= "fieldname" >username</param>
```

```
            <param name= “tr im” >t rue</par am>
            <param name= “expression” ><! [CDATA[ ( \W{4, 25} ) ] ]></param>
            <message> 用户名长度要在 4~25 之间 </message>
    </validator>

    <val idator type= “requiredstring” >
            <param name= “fiel dName” >password</ param>
            <param name= “trim” >true</param>
            <message> 密码不能为空 </message>
    </validator>

    <validator type= “regex” >
            <param name= “fieldname” >password</param>
            <param name= “trim” >true</param>
            <param name= “expression” ><! [CDATA[ ( \W {4,25} ) ] ]></param>
            <message> 密码长度要在 4~25 之间 </message>
    </validator>

    <validator type= “int” >
            <param name= “fieldname” >age</param>
            <param name= “min” >1</param>
            <param name= “max” >150</param>
            <message> 年龄超过范围 </me ssage>
    </validator>

    <validator type= “date” >
            <param name= “fieldname” >bi rthday</param>
            <param name= “min” >1900-01-01</param>
            <param name= “max” >2050-1-1</param>
            <message> 年龄超过范围 </message>
    </validator>
</validators>
```

3. 必填校验器

required 要求指定的字段必须有值，它可以接受一个参数 fieldname，该参数指定校验的 action 属性名。如果采用字段校验器风格，则无须指定该参数。

（1）非字段校验器

```
<validator type= "required" >
            <param name= "fieldName" >username</param>
            <param name= "trim" >true</param>
            <message> 用户名不能为空 </message>
</validator>
```

（2）字段校验器

```
<field name= "username" >
    <field-validator type= "required" >
            <param name= "trim" >true</param>
            <message key= "xing.username" />
    </field-validator>
</field>
```

4. 必填字符串校验器

requiredstring 表示字符串的长度必须是大于 0，防止“”出现。

（1）非字段校验器

```
<validator type= "requiredstring" >
            <param name= "fieldName" >username</param>
            <param name= "trim" >true</param>
            <message> 用户名不能为空 </message>
</validator>
```

（2）字段校验器

```
<field name= "username" >
    <field-validator type= "requiredstring" >
            <param name= "trim" >true</param>
            <message key= "xing.username" />
    </field-validator>
</field>
```

5. 整数校验器

int 可接受如下参数 fieldName、min、max。

（1）非字段校验器

```
<validator type= "int" >
```

```
            <param name= "fieldname" >age</param>
            <param name= "min" >1</param>
            <param name= "max" >150</param>
            <message> 年龄超过范围 </me ssage>
</validator>
```

（2）字段校验器

```
<field name= "age" >
    <field-validator type= "int ">
            <param name= "min" >1</param>
            <param name= "max" >150</param>
            <message> 年纪必须在 1~150 之间 </message>
    </field-validator>
</field>
```

6. 日期校验器

date 可接受如下参数 fieldName、min、max。

（1）非字段校验器

```
<validator type= "date" >
            <param name= "fieldname" >bi rthday</param>
            <param name= "min" >1900-01 -01</param>
            <param name= "max" >2050-1-1</param>
            <message> 年龄超过范围 </message>
</validator>
```

（2）字段校验器

```
<field name= "birthday" >
    <field-validator type= "date ">
            <paramname= "min ">1900-01-01</param>
            <paramname= "max ">2050-02-2l</param>
            <message> 年纪必须在 $ {min} 到 $ {max} 之间 </message>
    </field-validator>
</field>
```

Struts2 的内置校验器有很多，比较常用的除以上所介绍的之外，还有诸如邮件地址校验器、网址校验器、转换校验器、表达式校验器、字段表达式校验器、正则表达式校验器、字符串长度校验器等。

第 6 章　Hibernate

6.1　Hibernate 简介

6.1.1 简介

Hibernate 是 JBoss 社区一个开放源代码的 ORM 框架，对 JDBC 进行了轻量级的对象封装，简化了 JDBC 和 SQL 编码，支持便利地使用 OO 思想对关系型数据库进行操作。Hibernate 可以应用在任何使用 JDBC 的场合，既可以在 Java 客户端程序使用，也可以在基于 Java 的 Web 应用中使用。

鉴于 EJB 实体 Bean 在 JavaEE 持久层的不佳表现，于是 2001 年正式发布的第一个 Hibernate 版本就成为焦点。最具革命意义的是，Hibernate 可取代 CMP（Container-ManagedPersistence，容器管理存储）完成数据持久化的重任。2003 年发布的 Hibernate2 支持大多主流数据库，提供了完善的数据关联、事务管理、缓存管理、延迟加载机制等，为 Hibernate 的成功奠定了基石。2005 年发布的 Hibernate3 对 Hibernate2 做了完善，在灵活性和可扩展性上进一步增强。Hibernate 现已成为 Java EE 持久化规范 JPA 的一种具体实现。

现如今，Hibernate 已经发展成为一个相关项目的集合，这些项目使得开发者可以在其应用中使用提供包括 ORM 在内的多种支持（如全文检索、基于注解的约束验证、数据水平分区、实体版本监控、NoSQL 数据存储等）的 POJO 风格的域模型。另外，需要指出的是 Hibernate 还支持 .NET，Hibernate 项目体系如图 6-1 所示。

位于应用和数据库之间的 Hibernate 如图 6-2 所示。从该图中可看出，应用程序以持久对象实例维护程序的状态，而持久数据则以记录的形式保存在关系型数据库中。Hibernate 则作为面向对象应用程序和关系型数据库之间的桥梁，维护着对象和关系之间的映射。这种映射可以从两个角度来理解：在设计时，Hibernate 作为 ORM 框架实现，将应用程序业务持久类及类属性映射为关系数据库中的关系表和字段；在运行时，Hibernate 则维护着持久对象实例和关系数据库中关系记录之间的映射。

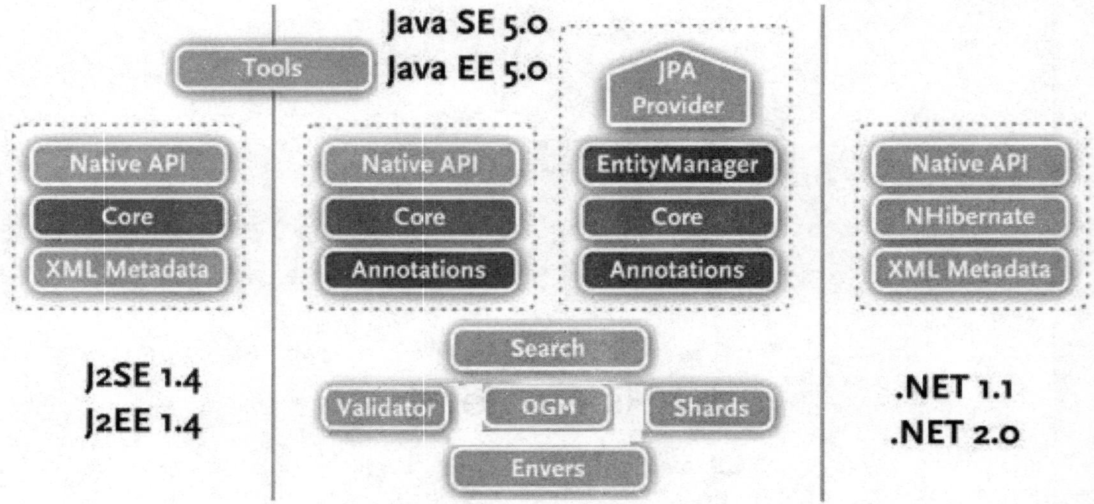

图 6–1　Hibernate 项目体系

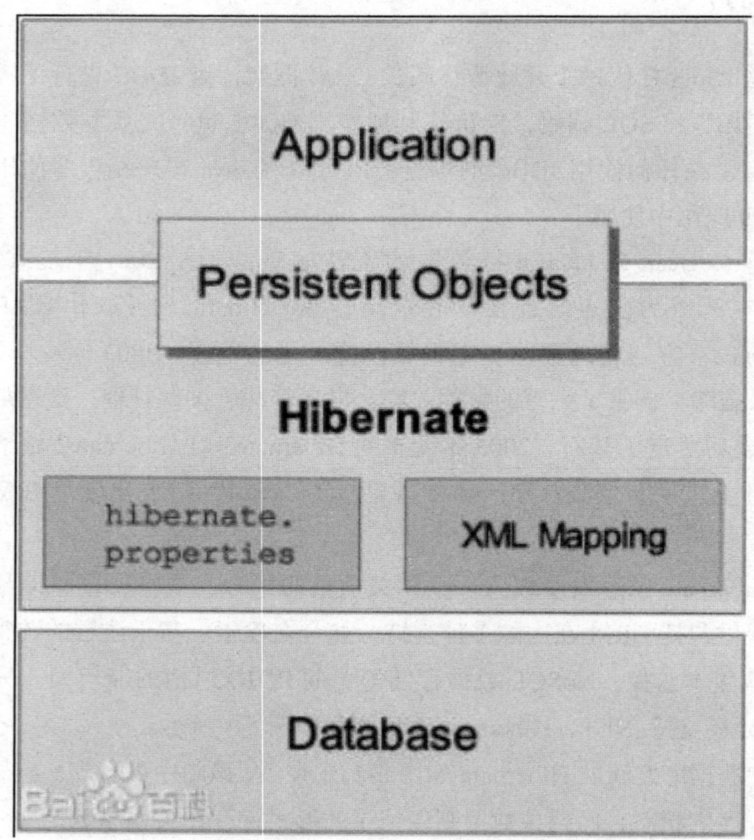

图 6–2　处于应用和数据库之间的 Hibernate

6.1.2 Hibernate 框架与接口

处于分层架构中的 Hibernate 接口 API 如图 6-3 所示。Hibernate 接口大致可以分为如下几类：核心接口、回调接口、类型接口和扩展接口。

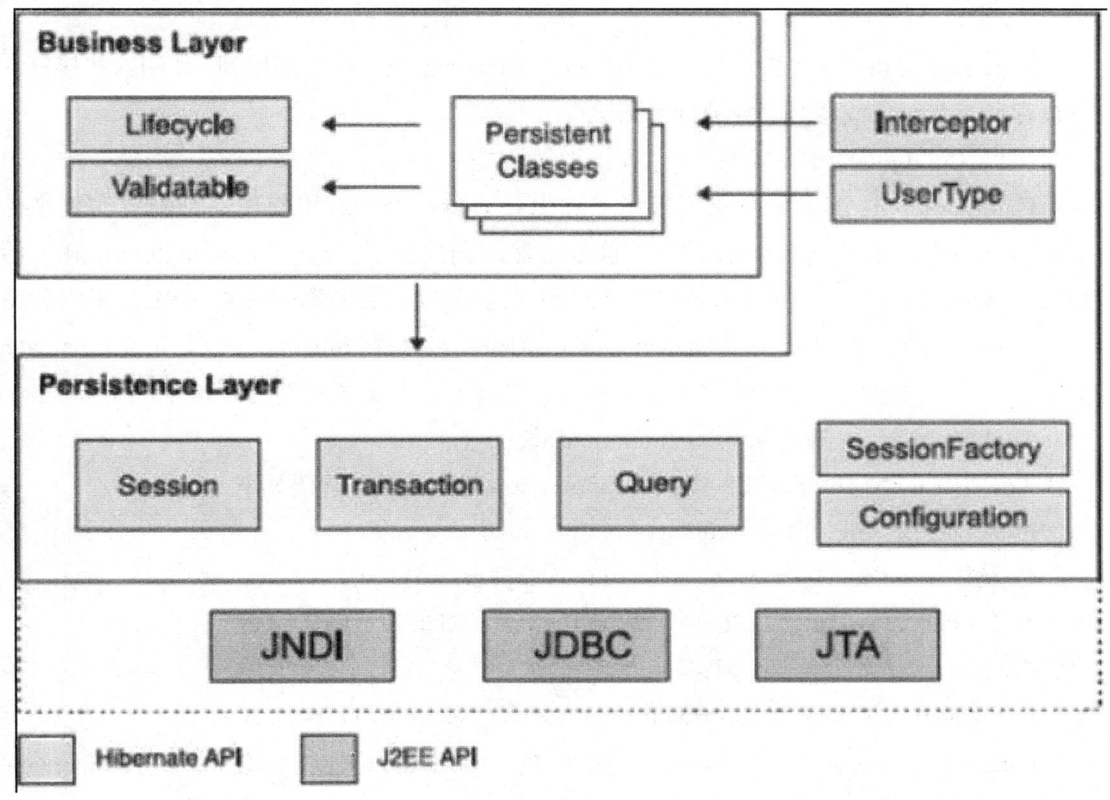

图 6–3 处于分层架构中的 Hibernate 接口 API

其中，核心接口又可以分为由应用调用以完成基本的增查改删（CRUD，Create- 新增、Retrieve- 检索、Update- 修改、Delete- 删除）、查询操作的接口（如 Session、Transaction 和 Query）和由应用的底层代码调用的接口（如 Configuration 和 SessionFactory）；回调接口允许应用对 Hibernate 内部出现的事件进行处理（如 Interceptor、Lifecycle 和 Validatable）；类型接口允许用户增加定制的数据类型（如 UserType 和 CompositeUserType）；扩展接口对 Hibernate 强大的映射功能进行扩展，扩展点包括主键生成（如 IdentifierGenerator）、SQL 方言（如 Dialect）、缓存策略（如 Cache 和 CacheProvider）、JDBC 连接管理（如 ConnectionProvider）、事务管理（如 TransactionFactory、Transaction 和 TransactionManagerLookup）、ORM 策略（如 ClassPersister）、属性访问策略（如 Property Accessor）和代理创建（如 ProxyFactory）。

Hibernate 使用了许多现有的 Java API，包括 JDBC、Java 事务 API（JTA）、Java 命

名和目录接口（JNDI）。JDBC 为关系数据库的共同功能提供了一个基本级别的抽象，允许几乎所有具有 JDBC 驱动的数据库被 Hibernate 支持。JND1 和 JTA 允许 Hibernate 与 J2EE 应用服务器进行集成。Hibernate API 方法的详细语义可参考 net.sf.hibernate 包或者相关 API 指南。

1. 核心接口

Hibernate 提供的 5 个核心接口几乎在每个 Hibernate 应用中都会用到。使用这些接口，可以存取持久对象或者对事务进行控制。

（1）Configuration 接口

Configuration（配置）对象用来配置和引导 Hibernate。应用使用一个配置实例来指定映射文件的位置和 Hibernate 的特定属性，然后创建会话工厂。Configuration 是在开始使用 Hibernate 时遇到的第一个对象，其几个关键属性包括：数据库的 URL、用户和密码、JDBC 驱动类以及方言（Dialect）等，这些属性可在 hibernate.cfg.xml 或 hibernate.properties 文件中设定。基于默认配置得到 Configuration 对象的示例代码如下：

```
Configuration config = new Configuration().config();
```

基于指定的 XML 配置文件得到 Configuration 对象的示例代码如下：

```
File confFile = new File( "configsWmyhibernate.cfg.xml" ) ;
Configuration config = new Configuration().config(confFile);
```

基于 hibernate.properties 文件得到 Configuration 对象的示例代码如下：

```
Configuration config = new Configuration();
config.add(Membcr.class); //Member.class 为需要导入的实体类 POJO
```

hibernate.properties 文件是默认读取的。hibernate 启动时会先查找 hibernate.properties，然后再读取 hibernate.cfg.xml.。当存在冲突时，后者会覆盖前者的设定。

（2）SessionFactory 接口

应用从 SessionFactory（会话工厂）里获得会话实例。会话工厂并不是轻量级的，可以在多个应用线程间共享。典型的，整个应用只有唯一的一个会话工厂——例如在应用初始化时被创建。如果应用使用 Hibernate 访问多个数据库，则需要为每一个数据库使用一个会话工厂。会话工厂缓存了生成的 SQL 语句和 Hibernate 在运行时使用的映射元数据，同时也保存了在一个工作单元中读入的并且可能在以后的工作单元中被重用的数据（只有类和集合映射指定了需要这种二级缓存时才会如此）。SessionFactory 负责创建 Session 实例，可以通过 Configuration 实例来创建 SessionFactory 如下：

```
SessionFactory SessionFactory = config.buildSessionFactory();
```

（3）Session 接口

Session（会话）接口是 Hibernate 应用使用的主要接口。会话接口的实例是轻量级的并且创建与销毁的代价也不高。Hibernate 会话是一个介于连接和事务之间的概念，可以简单地认为会话是对于一个单独的工作单元已装载对象的缓存或集合。Hibernate 可以检测到这个工作单元中对象的改变，因为 Hibernate 会话也是与持久性有关的操作。例如，存储和取出对象的接口，有时也将其称为持久性管理器。Hibernate 会话并不是线程安全的，因此应该被设计为每次只能在一个线程中使用。

由 SessionFactory 创建 Session 实体的代码如下：

```
Session session = sessionFactory.opemSession();
```

通过调用 Session 接口提供如 save()、get()、update()、delete() 等方法，可以透明地完成实体对象的 CRUD。调用 Session 接口对象的 save() 方法新增实体对象如下：

```
// 新增实体对象 member
Member member = new Member( “Zhangsan” , “123456” );
session.save(member);
```

调用 Session 接口对象的 get() 方法检索实体对象如下：

```
// 检索 id 为 1 的 Member 实体对象
Member member = session.get(Member.class, new Integer(1));
```

调用 Session 接口对象的 update() 方法更新实体对象如下：

```
// 修改实体对象 member，将其 username 属性更新为 “Lisi”
member.setUsemame( “Lisi” );
session.updatc(mcmber);
```

调用 Session 接口对象的 delete() 方法删除实体对象如下：

```
// 删除 id 为 1 的 Member 实体对象
Member member = session.get(Member.class, new Integer(1));
session.delete(member);
```

（4）Query 接口

Queiy（查询）接口允许在数据库上执行查询并控制查询如何执行。查询使用 HQL 或者本地数据库的 SQL 方言编写。查询实例用来绑定查询参数、限定查询返回的结果数，并且最终执行查询。查询实例是轻量级的并且不能在创建它的会话之外使用。由 Session 创建 Query 实例如下：

```
String hql = “from Customer c where c.usemame = ‘Zhangsan’ ”
Query query = session.createQuery(hql);
```

Session 接口中所支持的实体 CRUD 操作，Query 接口同样都可以支持，只是 Query 接口所提供的方法支持更为复杂的数据查询、批量更新和删除等实体操作。

（5）Transaction 接口

Transaction（事务）接口是一个可选的 API，Hibernate 应用可以在自己的底层代码中管理事务。事务将应用代码从下层的事务实现中抽象出来，这样有助于保持 Hibernate 应用的可移植性。Hibernate 支持两种事务处理机制：JDBC 事务和 JTA 事务，默认为 JDBC

事务。通过配置文件设定 Hibernate 事务处理类型为 JTA 事务，代码如下：

```
<session-factory>
<property name = “hibernate.transaction.factoryclass”>
    net.sf.hibernate.transaction.JTATransactionFactory
            <!-- net.sf.hibernate. transaction.JDBCTransactionFactory </property>
    </session-factory>
```

关于 JDBC 事务和 JTA 事务的区别，以及在 Hibernate 中如何具体使用这两种事务处理类型，可以参考 Hibernate 高级特性。

2. 回调接口

当一个对象被装载、保存、更新或删除时，回调接口允许应用可以接收到相应事件通知。

Hibernate 应用并不必须实现这些回调，但是在实现特定类型的功能（如创建审计记录）时却非常有用。接口 Lifecycle 和 Validatable 允许持久对象对与其有关的生命周期事件做出响应。引入接口 Interceptor 是为了允许应用处理回调而又不用强制持久类实现 Hibernate 特定的 API。

3. 类型接口

一个基础的并且非常强大的体系结构元素是 Hibernate 类型的概念，Hibernate 的类型对象将一个 Java 类型映射到数据库字段的类型。持久类所有的持久属性（包括关联）都有一个对应的 Hibernate 类型，这种设计使 Hibernate 变得极端灵活并易于扩展。内建类型的范围非常广泛，覆盖了所有的 Java 基础类型和许多 JDK 类，包括 java.util.Currency、java.util.Calendar、byte[] 和 java.io.Serializable。另外，Hibernate 还支持用户自定义类型，这也是 Hibernate 的重要特征。其提供的 UserType 和 CompositeUserType 接口允许增加定制类型。使用该特征，应用使用的公共类如 Address、Name 或 MonetaryAmount 就可以方便地进行处理了。

4. 扩展接口

Hibernate 提供的大多数功能都是可配置的，允许在一些内置的策略中进行选择。当内置策略不能满足需要时，Hibernate 通常会允许通过实现一个接口来插入定制实现。

6.2 实体状态及持久化操作

在 Hibernate 应用中，持久化实体对象的生命周期是一个很关键的概念，而所谓的 Hibernate 实体对象的生命周期就是指 Hibernate 实体对象由被创建到被 JVM 的垃圾回收器（Garbage Collection，GC）回收所经历的一段过程。Hibernate 实体对象在其生命周期内具有四种状态：瞬时态（Transient）、持久态（Persistent）、脱管态（Detached）和移除态（Removed）。Hibernate 实体对象的状态变迁则由 Hibernate 实体管理操作（CRUD）等触发。Hibernate 实体对象的状态以及触发状态变迁的实体管理操作如图 6-4 所示。

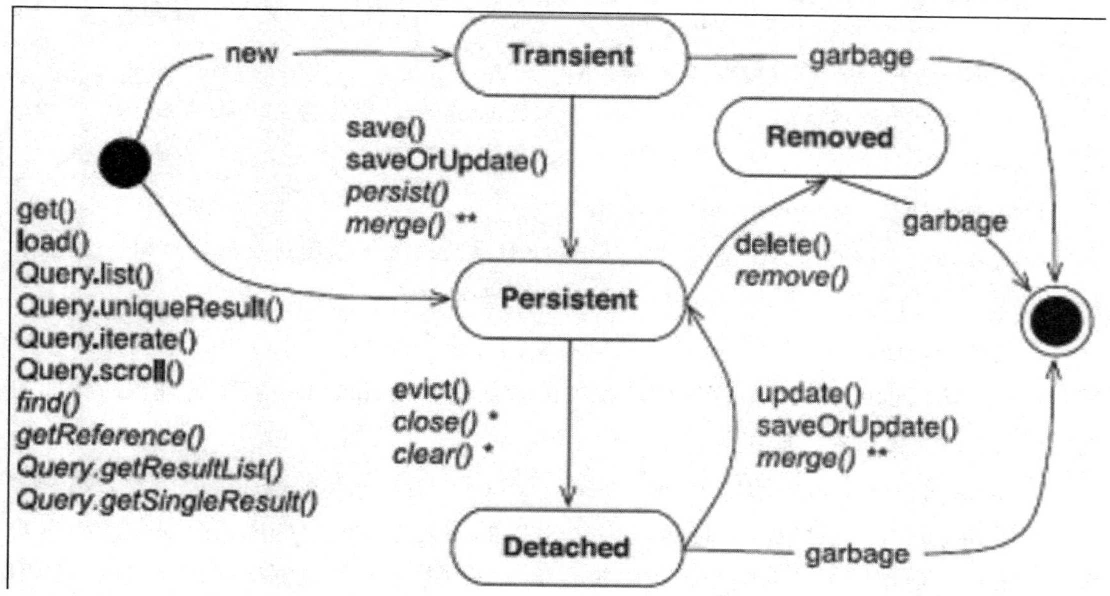

图 6–4　Hibernate 实体对象的状态以及触发状态变迁的实体管理操作

6.2.1 瞬时态

所谓的 Transient 状态，即实体对象被 new 后在内存中自由存在，与数据库中的相应记录还没有关联。处于这种状态的 Hibernate 实体此时还并未被纳入 Hibernate 的实体管理容器进行管理。如果该对象没有被其他对象引用，将被垃圾回收。在 Java EE 中，处于瞬时态的对象被称为 VO（Value Object）。形如：

```
Customer customer = new Customer();          // 此时的 customer 为瞬时态的对象
Customer.setName("Zhangsan");
```

在 Hibernate 中，可以通过 Session 接口对象的 save() 或 saveOrUpdate() 等方法将瞬态的对象与数据库进行关联，并将数据对应插入数据库中，这样该瞬时对象就转变成持久态的对象。

6.2.2 持久态

持久态的实体对象已经被 Hibernate 实体管理器所管理。处于该状态的对象在数据库中具有对应的记录，并拥有一个持久化标志，其相关的变更也将体现到数据库中。持久态对象具有两个特点：和 Hibernate 的 session 实例关联；在数据库中有与之关联的记录。在

Java EE 中，处于持久态的对象通常也被称为 PO（Persistent Object），与一个持久化上下文相关联。通过 Session 接口对象的 save() 方法，将瞬时对象转变为持久对象的示例代码如下：

```
Customer customer = new Customer();          // 此时的 customer 对象处于瞬时态
Transaction tr = session.beginTransaction();
session.save(customer);                      //customer 转变为持久态的对象
tr.commit();
Transaction tr2 = session.beginTransaction();
customer.setName( "Lisi" );   // 对 customer 对象的修改将体现到数据库的相应记录中
tr2.commit();                                // 提交修改
```

除此之外，通过 load() 等 Session 接口对象的方法和 list()、getResultList() 等 Query 接口对象的方法，也可以基于数据库中的相关记录创建纳入 Hibernate 实体管理器所管理的处于持久态的实体对象，形如：

```
Customer c = session.load(Customer.class, new Long(1));  // 此时 customer 为持久对象
```

调用 Session 接口对象的 delete() 方法，对应的持久对象就会变成瞬时对象。相应的事务提交后，数据库中的对应数据也将被删除，该对象不再与数据库的记录关联。调用 Session 接口对象的 close()、clear() 或 evict() 方法，持久对象转变成脱管对象。此时，该对象虽然具有数据库识别值，但已不在 Hibernate 的管理之下。

6.2.3 脱管态

持久实体对象在其对应的 Session 关闭后，就处于脱管态。这里，脱管态中的“脱管”与“托管”（Managed）相对，而持久态就对应为“托管”态，亦即实体对象被 Hibernate 实体管理器所管理。Session 接口对象类似于持久态对象的一个宿主，一旦宿主 Session 失效，该实体对象就处于托管态。脱管对象具有两个特点：

（1）本质上与瞬时对象相同，在没有任何变量引用它时，JVM 会在适当的时候将其回收。

（2）比瞬时对象多了一个数据库记录标识值。脱管对象的属性不与数据库中相关记录同步。在 Java EE 中，处于脱管态的对象亦被称为 VO（Value Object）。

当处于脱管态的实体对象被重新关联到 Session 接口对象上时，将再次转变成持久态的对象。脱管对象拥有数据库的识别值，可通过调用 Session 接口的 update()、saveOrUpdate() 或 merge() 方法转变为持久对象。形如：

```
session.close();      // 与 customer 对象关联的 session 被关闭，此时该对象进入脱管态
session2 = HibernateSessionFactory.gctScssion();
Transaction tr2 = session2.beginTransaction();
```

```
test.setName( "Wangwu" );
session2.update(test);          // 此时处于脱管态的 customer 对象恢复到持久态
tr2.commit();                   // 提交修改
```

处于瞬时态的实体对象与处于脱管态的实体对象都与 Hibernate 实体管理容器失去关联，但两者还是存在差别。差异在于：瞬时态对象缺乏与数据表记录之间的关联，仅仅为一个 Java VO 对象；而脱管态对象与数据库表中拥有相同 id 的记录仍维持关联，比瞬时对象多了一个数据库记录标识符，并脱离了 Hibernate Session 的管理。

6.2.4 移除态

如果调用 Session 接口对象的 delete() 或 remove() 方法删除处于持久态的实体对象，则该实体对象将处于移除态。通常情形下，处于移除态的实体对象不应该被继续使用，因为其对应的数据表中的记录将在事务提交时被删除。而且，实体对象在适当的时候将会被 GC 回收。代码如下：

```
Transaction tx = session.beginTransaction();
Customer c = session.load(Customer.class, new Long(1)); //customer 实体对象处于持久态
session.delete(c);                          // 实体对象被删除后将转变为移除态
tx.commit();                                // 提交修改
```

基于回调接口 Lifecycle 可以捕获实体的状态变迁，代码如下：

```
//Member.java
package vo;
public class Member implements java.io.Scrializable, Lifecycle {
    public boolean onSave(Scssion s) throws CallbackException {
    …………
    return false;                               //insert 操作将正常执行
            …………
    }
    public boolean onUpdate(Sessions) throws CallbackException {
    …………
    return true;                                //update 操作将被中止
            ………
    }
    public boolean onDclete(Sessions) throws CallbackException {
    …………
    return false;                               //delete 操作正常执行
```

```
        .........
    }
    public void onLoad(Sessions, Serializable id) throws CallbackException {
        ............
    }
}
```

6.3 Hibernate 实体映射

6.3.1 Hibernate 实体映射概述

实体映射就是将面向对象应用中的实体对象映射到关系数据库的记录中。作为实体与表之间的联系纽带，是 ORM 框架中最为关键的部分之一。由此，在 Hibernate 中对数据库的操作就直接转换为对相应实体的操作。Hibernate 中的映射可基于映射配置文件（默认为 hibernate.cfg.xml）来设定，也可以通过 annotation 来实现。按照由浅入深的顺序，可以将实体映射分为两个部分。

基础实体映射，即 Hibernate 中实体类 / 数据表映射，包括实体类属性 / 数据表字段映射，这里属性包括主键属性和一般属性。

高级实体映射，即复合主键、特殊字段（Blob/Clob）等的相关映射。

6.3.2 Hibernate 实体类 / 数据表映射

为了获得一个全面的印象，在配置文件 hibernate.cfg.xml 中指定 member.hbm.xml 为实体 Member 的映射配置代码如下：

```
<mapping resource="vo/membcr.hbm.xml" />
```

实体 Member 的映射配置文件如代码 6.1 所示。

代码 6.1　member.hbm.xml-Hibernate 实体 Member 的映射文件。

```
<!- XML 头文件 ->
<?xml version="1.0" encoding="utf-8"?>
<!DOCTYPE hibernate-mapping PUBLIC "-//Hibernate/Hibernate Mapping DTD 3.0//
EN" "http://hibernate.sourceforge.net/hibernate-mapping-3.0.dtd" >
<!-- 映射配置文件的根节点 -->
<hibernate-mapping>
```

```
    <!-- 实体类 / 表映射 -->
        <class name = "vo.Member" table = "member" catalog = "acc" >
        <!- 主键属性 / 字段映射 ->
        <id name = "id" type = "java.lang.Integer" >
            <column name = "id" />
            <generator class = "native" />
        </id>
        <!-- 一般属性 / 字段映射 -->
        <property name = "username" type = "java.lang.String" >
            <column name = "username" />
        </property>
        <property name = "password" type = "java.lang.String" >
            <column name = "password" />
        </property>
    </class>
</hibernate-mapping>
```

Hibernate 中，也可以在实体类的 Java 代码中使用 annotation 配置实体映射，从而取代上述的 XML 映射配置文件，如代码 6.2 所示。

代码 6.2 Member.java-Hibernate 实体 Member。

```
//Member.java
package vo;
// 实体类 / 表映射
@Entity
@Tablefname = "lasses" catalog = "ace" )
public class Member implements javaio.Serializable {
    private Integer id;                                    // 属性 id
    private String usermame;                   // 属性 usermame
    private String password;                          // 属性 password
    <!-- 主键属性字段映射 -->
    @ld
    @GeneratedValue(strategy-GenerationType.NATIVE)
    @Column(name = "id" )
    public Integer getld() {
            return this.id;
    }
```

```
    public void setld(Integer id) {
            this.id= id;
    }
    <!-- 一般属性字段映射 -->
    @Basic
    @Column(name = “username”)
    public String getUsemame() {
            returm this.username;
    }
    public void setUsemame (String username) {
            this.usermame=usemame;
    }
    @Basic
    @Column(name = “password”)
    public String getPassword() {
            retum this.password;
    }
    public void setPassword(String password) {
            this.password password;
    }
}
```

上述代码中，@Entity 和 @Table 配置实体类 / 数据表映射。其中，@Entity 指明该类为 Hibernate 实体，@Table 则指明该实体所映射的数据表（参数 name 设定表名）。@Id 配置主键属性 / 字段映射。@Basic 配置一般属性 / 字段映射，且该属性为基本类型，此为缺省配置，通常可以省略。@Transient 表示对应属性不进行持久化处理，为暂态变量。@Column 配置实体类属性所对应的数据表中的字段名。对于实体属性 / 数据表字段映射，一般将 annotation 写在属性对应的 getter 方法前，也可在属性定义前面配置。

1. 实体类 / 数据表映射配置

```
<class name=“vo.Member” table=“member” catalog=“acc”>
```

参数 name 指定待映射的实体类名为 vo.Member，参数 table 指定实体类对应的数据表为 member，参数 catalog 指定数据库为 acc。基于以上映射配置，Hibernate 即可获知实体类 Member 与数据表 member 的映射关系，而每个 Member 实体对象实例对应到数据表 member 中的条。基于 annotation 的配置代码如下：

```
@Entity
```

```
@Table（name = “classes” catalog = “acc”）
public class Member implements java.io.SerializabIe { }
```

2. 键属性 / 字段映射配置

```
<id name= “id” type= “java.lang.Integer”
    <column name= “d” />
    <generator class= “native” />
</id>
```

<id> 中的参数 name 指定待映射的主键属性名为 id，参数 type 指定主键属性的类型为 Integer，子元素 <column> 中的参数 name 指定该类的主键属性对应到数据表 member 的字段 id，子元素的参数 class 指定主键生成方式为 native（Hibernate 将根据底层数据库定义，采用不同数据库特定的主键生成方式，如 SQLServer 和 MySQL 自动采用自增字段，Oracle 则自动采用 sequence 生成主键）。基于 annotation 的配置代码如下：

```
@ld
@GeneratedValue(strategy-GenerationType.NATIVE)
@Column(name = “id”)
public Integer getld() {
    return this.id;
}
public void setld(Integer id) {
    this.id= id;
}
```

Hibernate 支持的主键生成方式如表 6-1 所示。

表 6–1　Hibernate 支持的主键生成方式

生成器名	参数	说明
assigned		主键生成由外部程序负责，与 Hibernate 和底层数据库无关。在调用 save() 方法存储对象前，必须使用主键 W 性的 sctlcr() 方法先给主键赋值。这种 assigned 主键生成方式可以跨 ORM 实现框架和数据库，但在实际应用中应尽量避免使用
increment		Increment 主键生成方式由 Hibernate 从实体所对应的数据表中取出主键的当前最大值 [如 select max(id) from member]，以该值为基础，每次增量为 1 生成主键。该 increment 主键生成方式不依赖于底层数据库，因此可以跨数据库。在一个独立的 JVM 内使用 increment 主键生成方式是没有问题的，在多个 JVM 同时并发访问数据库时就可能取出相同的值，进而在新值时会出现主键重复错误。所以只适合单一进程访问数据库的应用场合，不能用于群集环境

续 表

生成器名	参数	说明
sequence	sequence，parameters	采用数据库提供的 sequence 机制生成主键，前提是需要数据库支持 sequence（如 Oralce、DB、PostgerSQL 等），而 MySQL 不支持 sequence。采用 sequence 主键生成方式，首先需要在数据库中创建该 sequence，并通过查找数据库中对应的 sequence 生成主键
indentity		由底层数据库生成主键。使用该主键生成方式的前提条件是数据库（如 DB2、SQL Server、MySQL 等）支持自增字段，而 Oracle 不支持自增字段，因此也就不支持 identity 主键生成方式
hilo	table，column，max_Io	hilo（High Low，商地位方式）通过 hi/lo 算法实现主键的生成，是 hibernate 中最常用的一种主键生成方式。需要一张额外的表保存 hi 的值，而且表中至少有一条记录（只与第一条记录有关），否则会出现错误。可以跨 ORM 实现框架和数据库
seqhilo	sequence，parameters，max_lo	与 hilo 类似，只是将 hilo 中的数据表换成了序列 sequence，需要先在数据库中创建 sequence 以保存主键的历史状态，适用于支持 sequence 的数据库如 Oracle
uuid.hex	separator	该主键生成方式为产生一个 32 位字符串的 UUID（Universally UniqueIdentifier，通用唯一识别码）作为实体对象的主键，保证了唯一性，但其并无任何业务逻辑意义，唯一缺点是长度较大因而占用存储空间。有两个很重要的优点：维护主键时无须查询数据库，从而效率较高：是跨数据库的，数据库移植极其方便
guid		该主键生成方式提供一个由数据库创建的唯一标识字符串，只有 MySQL 和 SQL Server 支持
select	key	使用触发器生成主键，主要用于早期的数据库主键生成机制，目前用得非常少
forign	property	使用关联表的主键作为自己的主键。通常和 @OneToOne 联合起来使用
native		根据数据库适配器中的设定，由底层数据库自行判断采用 identity、hib、sequence 其中的一种作为主键生成方式

关于主键生成策略的选择：

（1）一般来说推荐 UUID，因为所生成主键唯一且独立于数据库，可移植性强。

（2）常用数据库（如 Oracle、DB2、SQLServer、MySQL 等）都提供了易用的主键生成机制（auto-increase 或 sequence），可以在数据库提供的主键生成机制上采用 native、sequence 或者 identity 的主键生成方式。

（3）需特别注意的是，一些数据库提供的主键生成机制在效率上未必最佳，大量并发 insert 数据时可能会引起表间的互锁，此时推荐采用 UUID 作为主键生成机制。

总之，Hibernate 主键生成器选择，还要具体情况具体分析，一般而言，利用 UUID 方式生成的主键将提供最好的性能和数据库平台适应性。

3. 一般属性 / 字段映射配置

```
<property name= "username"  type= "java.lang. String" >
    <column name= "usemame"  />
</propcrty
```

<property> 中，参数 name 指定待映射的属性名为 usemame，参数 type 指定属性的类型为 String，子元素 <column> 中的参数 name 指定该属性对应到数据表 member 的字段 username，参数 length 设定属性 username 的长度。基于 annotation 的配置代码如下：

```
@Basic
@Column(name = "username" )
public String getUsemame() {
    returm this.username;
}
public void setUsemame (String username) {
    this.usermame=usemame;
}
```

@Column 除了具有参数 name 之外，还包含其他参数。@Column 参数如表 6-2 所示。

表 6–2 @Column 的参数及其含义

名称	可选否	默认值	含义
name	属性和列同名时可选		指定属性所对应的列名
unique	可选	false	表示是否在该列上设置唯一性约束
nullable	可选	false	表示该列的值是否可以为空
insertable	可选	true	表示在插入实体时是否插入该列的值
updatable	可选	true	表示在更新时是否作为生成 update 语句的一个列
columnDefinition	可选		设定该列定义以覆盖 DDL，可能会导致移植性问题
table	可选	主表	定义对应的表
length	可选	255	定义列的长度
precision	可选	0	表示浮点数的精度
scale	可选	0	表示浮点数的数值范围

下面为一个针对 @Column 参数设定的简单例子：

```
@Id
@Column(name= "username" , unique= true, nullable = false,Insertable=true,
updatable=true, length=20)
```

```
public String getUsermame () {
    return this,username;
}
```

6.3.3 Hibernate 复合主键及嵌入式主键

简单主键只包含一个属性，复合（Composite）主键和嵌入式（Embedded）主键则包含两个或两个以上的属性。从设计角度而言，应尽量确保业务逻辑与底层数据库的表结构分离，以提高系统应对业务变化的弹性。复合主键和嵌入式主键的引入，很大程度上意味着数据逻辑已和业务逻辑耦合。但对于遗留系统，支持复合主键和嵌入式主键有时又非常必要。为了更好地说明复合主键和嵌入式主键的定义和使用，这里先引入两个实体 OrderMain（订单）和 OrderDetail（订单明细），其对应的表结构 ordermain 和 orderdetail 分别如表 6-3 和表 6-4 所示。实体 OrderDetail 以属性 detailld 和 orderld 作为复合主键或嵌入式主键。

表 6–3　表 ordermain 的结构

字段	类型	说明
order_id	int(10)	主键，自动增长
order_name	varchar(50)	字符类型，订单名
order_status	int(10)	整型，订单状态
created_date	Date	日期类型，创建日期
buyer_name	varchar(50)	字符类型，买家（顾客）姓名

表 6–4　表 orderdetail 的结构

字段	类型	说明
Orderdetail_id	int(10)	主键，自动增长
order_id	int(10)	主键，订单 id
book_name	varchar(50)	字符类型，书名
quantity	int(10)	整型，数量
unitprice	int(10)	整型，单价

这里需要说明的是：复合主键仅仅能用于 Session 接口的 get() 和 getReferenceO 等简单方法，因而作用有限；而嵌入式主键除了可以用于 Session 接口的 get() 和 getReference() 等方法之外，还可以用于 Query 接口的相关方法，因而更为通用。

1. 复合主键

使用复合主键需要完成两项工作：首先定义主键类，需包含复合主键所涉及的多个属性；然后在实体类上声明主键类，并在相应的主键属性上使用 @Id 标注。

（1）定义复合主键类

首先定义一个复合主键的类。作为复合主键类，要满足以下几点：①必须实现 Serializable 接口。②必须有默认的 public 无参构造方法。③必须覆盖 equals() 和 hashCode() 方法。具体如代码 6.3 所示。

代码 6.3　OrderDetailPkC.java- 复合主键类。

```
public class OrderDeailPkC implements Serializable {
    private Integer orderld;                                          // 订单号
    private Integer orderDetailld;                                    // 订单明细号
    public OrderDetailPkC()/                                          // 无参构造
            super();
    }
    public OrderDetailPkC(Integer orderld, Integer orderDetailld) {   // 全参构造
            super();
            this.orderld = orderld;
            this.orderDetailld = orderDetailld;
    }
    public Integer getOrderld() {
            return this orderld;
    }
    public void setOrderId(Integer orderld) {
            this.orderld = orderld;
    }
    public Integer getOrderDetailld0{
            return this,orderDetailld;
    }
    publie void setOrderDetailld(Integer orderDetailld) {
            thisorderDetailld=orderDetailld;
    }
    public int hashCode0 {
            int result;
            return result = orderld.hashCode() + orderDetalld.hashCode();
```

```
    }
    public boolean equals(Objcct obj) {
            if (this = obj) {
                    returm true;
            }
            if (null == obj) {
            returm false;
            }
            if((obj instanceof OrderDetailPkC)) {
                    returm false;
            }
            final OrderDetailPkC pko = (OrderDetailPkC) obj;
            if(orderld.equals(pko. orderld)) {
                    returm false;
            }
            if(mull = = ordeDetalld I orderDetilld.ntValue() != pko. orderDetailld) {
                            retum false;
            }
                            return true;
            }
    }
}
```

（2）声明主键类

声明主键类时需要注意：① @IdClass 标注用于标注实体所使用主键规则的类。②使用 @Id 标注实体中主键的属性，表示复合主键使用这个属性，如代码 6.4 所示。

代码 6.4　OrderDetailC.java- 使用复合主键类的 Hibernate 实体 OrderDetailC。

```
@Entity
@Table(name = "orderdetail")
@ldClass(OrderDetailPkC.clas)
public class OrderDetailC implements Serializable {
    private Integer orderld;                    // 订单号
    private Integer orderDetailld;              // 订单明细号
    private String detailName;                  // 订单明细名称
    private Integer status;                     // 订单状态
    private String bookName;                    // 书名
```

```
    @Id
    @Column(name = "order id", nullable = false)
    public Integer getOrderId() {
            return thisorderId;
    }
    public void setOrderId(Integer orderId) {
            this.orderId = orderId;
    }

    @Id
    @Column(name = "orderdetail id", nullable = false)
    public Integer getOrderDetilId() {
            return this.orderDetailId;
    }
    public void setOrdeDetilId(Integer orderDetailId) {
            this.orderDetailId = orderDetailId;
    }

    @Column(name = "orderdetail name")
    public String getDetailName() {
            returm this detailName;
    }
    public void setDetailName (String detailName) {
            this. detailName detailName;
    }
    // 其他一般属性的 getter 和 setter 与该 detailName 域性相同
}
```

2. 嵌入式主键

复合主键也可以采用嵌入式主键替代，使用嵌入式主键需要完成两项工作：首先，定义主键类，需包含并使用 @Column 标注嵌入式主键所涉及的多个属性；其次，在实体类上声明主键类，并使用 @EmbeddedId 指明主键属性为嵌入式主键。

（1）定义嵌入式主键类

首先定义一个嵌入式主键的主键类，类似于上面的复合主键的主键类，但需要注意代

码中加 @Column 注释的地方，具体如代码 6.5 所示。

代码 6.5　OrderDetailPkE.java- 嵌入式主键类。

```
public class OrderDeailPkC implements Serializable {        // 订单明细表的嵌入式主键
    private Integer orderId;                                  // 订单号
    private Integer orderDetailId;                            // 订单明细号
    public OrderDetailPkC()/                                  // 无参构造
            super();
    }
    public OrderDetailPkC(Integer orderId, Integer orderDetailId) {    // 全参构造
            super();
            this.orderId = orderId;
            this.orderDetailId = orderDetailId;
    }

    @Column(name = "order id", nullable = false)
    public Integer getOrder () {
            return this.order;
    }

    @Column(name = "orderdetail id", nullable = false)
    public Integer getOrderDetilId() {
            return this.orderDetailId;
    }
    // 其他和上面的复合主键一样
}
```

（2）声明主键类

声明嵌入式主键实体类时，需要使用 @EmbeddedId 标注复合主键类属性，具体如代码 6.6 所示。

代码 6.6　OrderDetailE.java- 使用嵌入式主键类的 Hibernate 实体 OrderDetailE。

```
//OrderDetail.java
@Entity
@Table(name = "orderdetail")
public class OrderDetailC implements Serializable {
    @EmbeddedId
    private OrderDetailPkE pkod;                // 嵌入式主键的主键类属性
```

```
    private String detailName;                    // 订单明细名称
    private Integer status;                       // 订单状态
    private String bookName;                      // 书名

    @EmbeddedId
    public OrderDetailPkE getPkod() {
            return this.pkod;
    }
    public void setPk(OrderDetailPkE pkod) {
            this.pkod = pkod;
    }

    @Column(name = "orderdetail name")
    public String getDetailName() {
            returm this detailName;
    }
    public void setDetailName (String detailName) {
            this. detailName detailName;
    }
    // 其他一般属性的 getter 和 setter 与该 detailName 域性相同
}
```

6.3.4 Hibernate 特殊属性映射

1. 瞬态属性的映射

Hibernate 实体持久化时，实体属性会被默认处理（将属性值写入数据库中），@Basic 用于标注该种类型的属性，可以略去不写。如果不希望在处理实体的时候处理某个属性，可以使用 @Transient 标注该属性。@Transient 与 @Basic 的用法相同，具体如代码 6.7 所示。

代码 6.7　OrderDetailE.java-@Transient 属性示例。

```
//OrderDetail.java
@Entity
@Table(name = "orderdetail")
public class OrderDetailC implements Serializable {
    @EmbeddedId
```

```
    private OrderDetailPkE pkod;                  // 嵌入式主键的主键类属性
    private String detailName;                    // 订单明细名称
    private Integer orderld;                      // 订单编号
    private Integer orderDetailld;                // 订单明细编号
    // 其他属性
    @EmbeddedId
    public OrderDetailPkE getPkod() {
            return this.pkod;
    }
    public void setPk(OrderDetailPkE pkod) {
            this.pkod = pkod;
    }

    @Transient
    public Integer getOrderld0 {
            returm this.orderld;
    }
    public void setOrderld(Integer orderld) {
            this.orderld = orderId;
            this.pkod.orderld = orderld;
    }

    @Transient
    public Integer getOrderDaildO {
            return this.orderDetailld;
    }
    public void setOrderDetilld(Integer orderDetailld) {
            this.orderDetilld - orderDetailld;
            thispkod.orderDetailld = orderDetailld;
    }
    // 其他一般属性的 getter 和 setter
}
```

在处理实体 OrderDetail 时，被 @Transient 标注的属性 orderld 和 orderDetailld 将不被持久化处理。

2. 日期 / 时间属性的映射

除了 @column 和 @Basic 之外，还可使用 @Temporal 配置日期类型，日期属性也是普通属性。java.sql.Date、java.sql.Time 和 java.sql.Timestamp 都是 java.util.Date 的子类，实体类中声明成 java.util.Date 即可。日期类型字段映射的代码片段如下：

```
private Date createdDate;
@Temporal(TemporalType.TIMESTAMP)                //为日期时间类型
@Column(name “createdDate”)
private Date getCreatedDateO {
    return this.createdDate;
}
private yoid setCreatedDate(Date createdDate) {
    this.createdDate = createdDate;
}
```

3. 具有大型数据类型属性的映射

有时可能需要在数据库表中保存大型字符串或二进制数据（如图片、文件等），Hibernate 中也提供了对 Blob、Clob 类型的内置支持。Blob 和 Clob 字段的区别在于：Blob 字段采用单字节存储，适合保存二进制数据；而 Clob 采用多字节存储，适合保存大型文本数据。MySQL 中的 Blob 类型对应 Blob，Text 类型对应 Clob 之前的 member 表中，字段 resume 的类型为 Clob，字段 photo 的类型为 Blob。采用 @Lob 配置 Blob/Clob 类型字段映射的代码片段如下：

```
private String resume;                    //属性 resume，对应 Clob 字段
private Byte[] photo;                     //属性 photo，对应 Blob 字段
@Lob
@Basic（fetch = FetchType.LAZY）
@Column(name = “resume”, columnDefinition = “CLOB”, nullable true)
public String getResume0 {
    return this.resume;
}
public void setResume(String photo) {
    this.resume=resume;
}

@Lob
@Basic(fetch FetchType.LAZY)
```

```
@Column(name = "photo"; columnDefinition = "BLOB", nullable = true)
public byte[] getPhoto() {
    return this.photo;
}
public void setPhoto(byte[] photo) {
    this.photo = photo;
}
```

其中，@Basic 参数 fetch 设定实体对象的加载类型，FetchType.LAZY 为延迟加载，也就是说直到属性 resume 第一次被使用才从数据库中取出相应字段的数据，以提高存储空间的使用效率。@Column 的参数 columnDefinition 定义字段类型，这里字段 resume 和 photo 分别为 Clob 和 Blob。参数 nullable 设定对应的字段是否允许为空。

6.4 Hibernate 基本数据查询

6.4.1 Hibernate 数据检索

Hibernate 的几种主要检索方式包括：QBC（Query By Criteria）检索方式、SQL 检索方式、HQL（Hibernate Query Language）检索方式。其中，QBC 基于 Hibernate 的 Criteria 接口实现查询：Hibernate 是一个轻量级框架，允许使用原始 SQL 语句查询数据库；HQL 则是 Hiberante 推荐的检索方式，使用类似 SQL 的查询语言，以面向对象方式查询数据库，支持继承和多态。在检索数据时应优先考虑使用 HQL 方式。

作为 Hibernate 数据查询接口，Queiy 与 Criteria 提供了对查询的封装机制，两者的不同之处在于：Query 面向 HQL 和一般 SQL，Criteria 则支持面向对象的查询模式。

6.4.2 Query 接口

首先，通过 Session 接口方法 createQuery() 创建一个 Query 对象，该对象包含一个 HQL 查询语句。另外也可以通过另一个 Session 接口方法 createSQLQuery() 创建一个 Query 对象，该对象同样也包含一个 HQL 查询语句。在 Hibernate4 以前，还可以通过 Session 接口方法 connection() 获取 Connection 对象，创建 Statement 语句或 PreparedStatement 语句来执行各种 SQL 查询。具体请参考 Hibernate 指南，这里将不做进一步介绍。Query 接口所提供的常用方法如表 6-5 所示，主要为取查询结果、设定查询参数、执行更新等。

表 6-5 Query 接口所提供常用方法的列表

方法	说明
public List list();	返回查询结果集
public Object uniqueResult();	返回查询一个唯一结果
public Iterator iterate();	返回的集合是对象的主键集合。在使用 iterate 迭代的过程中需要先到缓存中查找，如果找不到就要执行 select 语句。只有在缓存中存在查询的持久对象，这种访问才能优化，否则不应使用
public ScrollableResults scroll();	利用数据库游标滚动访问结果集
public Query setFirstResult(int startRow);	设定起始结果编号，从零开始编号。注意，这与数据库中的记录的 id 没有关系
public Query setMaxResults(int maxResult);	设定所要读取的结果条数
public Query setFetchSize(int fetchSize);	设定一次从结果集中取的记录条数
public Query setParameter(int index, Object value, Type type); public Query setParameter(String name, Object value, Type type);	设定查询参数的值，前者基于参数 index，后者基于参数名称，两者都指定参数值的类型
public Query set × × ×(int paramIndex, × × × value); public Query set× × ×(String paramName, × × × value);	根据查询参数的类型（如类型为 String，则将 × × × 替换为 String 即可，其他类型类推）设定参数的值，前者基于参数 index，后者基于参数名称
public int executeUpdate();	用于执行 INSERT、UPDATE 或 DELETE 语句以及 SQL DDL（数据定义语言）语句

HQL 查询依赖于 Query 接口，每个 Query 实例对应一个查询对象，使用 HQL 查询按如下步骤进行：

获取 Hibernate Session 对象。

编写 HQL 语句。

以 HQL 语句作为参数，调用 Session 的 createQuery() 方法创建查询对象。

如果 HQL 语句包含参数，调用 Query 的 set× × ×() 方法为查询参数赋值。

调用 Query 对象的 list() 等方法返回查询的结果集。

6.4.3 HQL 基本语法

HQL 看上去很像 SQL，但 HQL 是完全面向对象的，可以理解为诸如继承、多态和关联之类的概念。HQL 本身并不区分大小写，亦即 HQL 语句的关键字以及函数都不区分大小写，但 HQL 语句中所使用的 Java 包名、类名、实例名及属性名都区分大小写。所以，SeLeCT 与 SELECT 是相同的，但是 org.hibernate.eg.FOO 不等价于 org.hibernate.eg.Foo。

1.from 子句

Hibernate 中最简单的查询语句的形式如下：

```
from vo.Customer as customer
```

该子句简单地返回 vo.Customer 类的所有实例。大多数情况下，需指定个别名，该 HQL 语句把别名 customer 指定给持久化类 Customer 的实例，这样就可以在随后的查询中使用此别名了。这里关键字 as 可以省略。from 子句可以包含多个实体，产生的结果集为相应的笛卡尔积，形如：

```
from vo.ordermain ordermain, vo.Customer customer
```

HQL 还支持多态查询。在 select 子句中指定任何 Java 类或接口，不仅会查出 select 中指定的持久化类的全部实例，还会查询出该类的子类的全部实例，形如：

```
from vo.Customer customer
```

该 HQL 查询语句不仅返回持久化类 Customer 的全部实例，还返回其子类 Buyer 和 Seller 的全部实例。如下 HQL 查询语句将返回系统中全部持久化类的实例：

```
from java.lang.Object object
```

另外，如果接口 MyNamed 被多个不同的持久化类实现，则基于如下 HQL 查询语句对实现了 MyNamed 接口的持久化类的实例进行连接操作：

```
from MyNamed n1, MyNamed n2 where n1.name = n2.name
```

最后的两种 HQL 语句已经超越了 SQL 的范畴。where 子句将在后面进行讲解。

2. select 子句

select 子句选择将哪些对象与属性返回到查询结果集中，需要注意的是 select 选择的属性必须是 from 后面的持久化类所包含的属性，形如：

```
select customer.name from vo.Customer customer
```

HQL 查询甚至可以返回作用于属性之上的聚集函数的计算结果，HQL 支持的聚集函数与 SQL 的完全相同，即包括五种：avg、count、max、min 以及 sum，形如：

```
select count(*) from vo.Customer
```

另外，select 子句也支持关键字 distinct 与 all，效果与 SQL 中的完全相同。

3.where 子句

where 子句允许缩小返回结果集的范围。如未指定别名，则可以使用属性名来直接引用属性：

```
from vo.Customer where name= “ZhangSan”
```

如果派了别名，需要使用完整的属性名：

```
from vo.Customer customer where customer.name= “ZhangSan”
```

基于对象属性的组合路径表达式使得 where 子句非常强大，考虑如下情况：

```
from vo.Ordermain ordermain where ordcrmain.customer.passport is not null
```

该 HQL 查询语句将被翻译成为个含有内连接的 SQL 查询。

一个“任意”类型有两个特殊的属性 id 和 class。特殊属性（小写）id 可以用来表示一个对象的唯一的标识符，形如：

```
from vo.Customer customer where customer.id =1314
```

同样地，特殊属性 class 在进行多态持久化的情况下被用来存取一个实例的鉴别值，对应的 HQL 语句如下：

```
from vo.Customer customer where customer.class = BuyerCustomer
```

4. 连接（join）查询

HQL 支持的连接类型包括：inner join（内连接）、left outer join（左外连接）、right outer join（右外连接）、full join（全连接，并不常用）。语句 inner join、left outer join 和 right outer join 可以分别简写为 join、left join 和 right join。另外，一个“fetch”连接允许仅仅使用一个选择语句就将相关联的对象或一组值的集合随着其关联对象的初始化而被初始化，可以有效地代替映射文件中的外连接与延迟声明，与“抓取策略”（Fetchingstrategies）有关，形如：

```
from vo.Ordermain ordermain left join fetch ordermain.orderdetails
```

如果使用属性级别的延迟获取，该子句中的 fetch 强制 Hibernate 立即取得那些需要延迟加载的属性（这里为 Ordermain 的属性 orderdetails）。

5. 更新与删除

通过 update 子句和 delete 子句，可以实现对持久化实体实例的更新和删除，形如：

```
String hqlUpdate = “update Customer c set c.name = :newName where c.name=oldName”;
int iUpdateEntityCount = session.createQuery(hqIlUpdate).setString( “newName”, sNewName).
setString( “oldName”, sOldName).executeUpdate():
```

以上为基于update子岛对持久化实体实例进行更新。基于delete子句的删除操作，同理。

6. 其他

（1）表达式

在 where 子句中允许使用的运算符也很多，不仅包括 SQL 运算符、关键字和函数，也包括 EJB-QL 的运算符、关键字和函数等。where 子句中允许使用的表达式包括大多数可以在 SQL 中使用的表达式。与 SQL 的 where 子句的表达式相比较，最大的区别是表达式中的变量为返回结果的实例集合、实例或实例的属性。

（2）子查询

对于支持子查询的数据库，HQL 也支持在查询中使用子查询，形如：

```
from vo.Book book
where book.price >(select avg(book2.price) from vo.Book book2)
```

对于其他的如 some、exists/not exists、in/not in 等关键字所对应的子查询类同。

（3）order by 子句

如同 SQL 查询，HQL 查询返回的结果列表也可以按照一个返回的持久化类的任何属性进行排序，形如：

```
from Book book
order by book.name asc, book.price desc, book.publisher
```

可选的 asc 或 desc 关键字指明按照升序或降序进行排序，默认为 asc（升序）。

（4）group by 子句

如同 SQL 查询，HQL 查询返回聚集值的查询也可以按照一个返回的持久化类中的任何属性进行分组。形如：

```
select count(book name), sum(book price), book.publisher
from Book book
group by book.publisher
```

having 子句在这里也允许使用，形如：

```
select coutook,name), sum(book.price), book publisher
from Book book
group by bok.publisher
having book.name like “%Java%”
```

如果底层的数据库支持的话（如 MySQL 就不支持使用 group by 子句），HQL 如同 SQL 一样也允许在 having 与 order by 子句中出现一般函数与聚集函数，形如：

```
select count(book.name), sum(book.price, book publisher
from Book book
group by book.publisher
having avg(book price)> 50
order by count(book.name) asc
```

注意：group by 子句与 order by 子句中都不能包含算术表达式。

6.4.4 HQL 返回结果

1. 返回单个对象

```
Query query session.createQuery(“select count(b) from Book b”);
Integer num=(Integer)query.uniqucResult();             //返回单个实例
```

```
int count = num intValue();                                          //返回数值
```

查询总数时，HQL 格式必须为以上语句格式，返回值可能为 Shortlnteger、Long、Biglnteger，具体根据主键的类型而定。

2. 返回 Object[] 数组

```
List<Object[]> list = session.createQuery( "select b.name, b.publisher from Book b" ),list();
for(Object[] row : list) {
    for(Object obj : row){
            System.out.println(obj);
    }
}
```

3. 返回 List 类型

```
String hql=  "select new List(b.name, b.publisher) from Book b"
List<List>list=session.createQuerey(hql).list();                        //获取
for(List row: list) {
    for(Object obj : row){
            System.out.println(obj);
    }
}
```

4. 返回 Map 类型

```
String hql = "sesect new map(b.name as name, b.publisher as publisher)" + "from Book b";
List listMap = session.createQuerey (hgl).list();                        //获取
for(Map map : (List<Map> listMap) {
    System.out.println( "Name:" + map.get( "name" ));
    System.out.println( "Publisher:" + map.get( "publisher" ));
}
```

5. 返回实体对象

```
String hql =  "select new Book2(b.name, b.publisher) from Book b" ;
List< Book2> bookList = session.createQuerey (hql)list();
```

这样使用时，Book2 类中必须存在一个 public Book2(String name, String publisher) 的构造方法。因为 Hibernate 是通过调用该构造方法完成返回值从 Object[] 数组转化到 Book2 类实体类的。

6. 返回结果的分页

```
String hql =“select count(b) from Book b”;
Long count = (L ong)session.createQuerey (hqI).uniqueResult();          // 查询记录总数
// 从第 0 条开始，取 10 条数据
List<Book> booklist= session.createQuery(“from Cat”).setFirstResut(0).
sctMaxResults(10),list();
```

6.4.5 HQL 中的参数绑定

在 SQL 语句中妥善使用命名参数绑定将在一定程度上提高可读性，利用 SQL 语句还可以有效防止 SQL Injection 安全漏洞。HQL 中的参数绑定，类同。

1. 按照参数名称绑定

类似 T SQL 语句，在 HQL 语句中定义命名参数要用“:”开头，形如：

```
// : bName 定义了命名参数，相当于 b.name = ?
Query query = session.createQuery(“from Book b where b.name = rbName”);
// 调用 setString() 方法（这里参数为 String 类型）设置 ? 的值
queiy.setString(“bName”，“Java EE 开发技术与实践教程”);
```

2. 按照参数位置绑定

类似于 SQL 语句，在 HQL 查询语句中用“？”来定义命名参数的位置，形如：

```
Query query = session.createQuery(“from Book b where b.name=? and b.price <=?”);
String sBookName = “Java EE 开发技术与实践教程”:
float fBookPrice = 55;
query.setString(0, sBookName);
query.setInteger(1, fBookPrice);
```

3. setParameter() 方法

基于 Query 接口的 setParameter() 方法，可以在 HQL 语句中绑定任意类型的命名参数。由于该方法较为通用，为 HQL 命名参数绑定的推荐方法，形如：

```
String hql = “from Book b where b.name = :bName”;
Query query= session.createQuery(hql);
String sBookName = “Java EE 开发技术与实践教程”;
query .setParameter(“bName”, sBokName, Hibernate.STRING);
```

Query 接口的 setParameter() 方法中的 bName 为命名参数的名称，sBookName 赋给命名参数的实际值，第三个参数为命名参数的映射类型。Hibernate 可以猜测出一些基本的

参数映射类型，但无法猜测 Date 类型。因为 Date 类型对应 Hibernate 的多种映射类型，如 Hibernate.DATE 和 Hibernate.TIMESTAMP，所以需要特别指定。

4. setProperties() 方法

基于 Query 接口的 setParameter() 方法，在 HQL 语句中可以将命名参数与一个对象的属性值绑定在一起，形如：

```
String sBookName = "Java EE 开发技术与实践教程";
Book book = new Book();
book setName(sBookName);
booksetPrice(55);
Query query-session.createQuery( "from Book b where b.name = :name and c.age :price" );
query.setProperties(book);
```

setProperties() 方法会自动将 book 对象实例的属性值匹配到命名参数上，但是要求命名参数名称必须要与实体对象相应的属性同名。

setEntity() 方法则较为特殊，将命名参数与个持久化对象相关联，形如：

```
Customer customer = (Customer)session.load(Customer.class, "1" );
Query query session.createQuery( "from Book book where book .customer :customer" );
query.setEntity( "customer" , customer);
```

上面的代码会生成类似的 SQL 语句如下：

```
Select * from book where customer_id = "1" ;
```

6.4.6 实现一般 SQL 查询

Hibernate 还支持使用 SQL 查询，使用 SQL 查询可以利用数据库的某些特性，或者用于将原有的 JDBC 应用移植到 Hibernate 应用上。SQL 查询是通过 Hibernate 的 SQLQuery 接口来表示的。由于 SQLQuery 接口为 Query 接口的子接口，因此完全可以调用 Query 接口的方法。类同 HQL 查询的执行步骤，执行 SQL 查询的步骤如下：

获取 Hibernate Session 对象。

编写 SQL 语句。

以 SQL 语句作为参数，调用 Session 接口的 createSQLQueiy() 方法创建 SQL 查询对象。

如果 SQL 语句包含参数，调用 Query 的 setX X X() 方法为查询参数赋值。

调用 SQLQueiy 接口对象的 addEntity() 或 addScalar() 方法将查询结果与 Hibernate 持久化实体类或实体类的标量属性进行关联。

调用 Queiy 对象的 list() 等方法返回查询的结果集。

利用 addEntity() 方法实现查询结果与实体的关联，示例如下：

```
String sql “select {b.*} fom Book as b”;
Query query = session.createSQLQuery(sq);
List-Book> IstBooks query.addEntity( “b”, Bok.cass).list;
```

利用 addScalar() 方法实现查询结果与实体的关联，示例如下：

```
String sql = “select b.name as n, b.publishedDate as d from Book as b”;
Query query session.createSQLQuery(sq[);
List<Book> IstBooks=null;
IstBooks = query addScalar “n”, Hibernate.String).add Scalar “d”, Hibernate.Date).
setResultTransformer(Transformers.aliasToBean(NewBook.class).list);
```

其中，SQLQuery 接口对象的 setResultTransformer() 方法将查询结果中的属性组合为指定的实体 NewBook 而返回。需要注意的是，这里的 NewBook 可以为任意的 Java Bean，而 addEntity() 方法要求实体必须是 Hibernate 持久化类。

6.4.7 命名查询

除非万不得已，应该尽量避免在 Java 代码中嵌入过多的 HQL 或 SQL 语句字符串，以提高程序的可维护性。Hibernate 提供一种命名查询（Name Queries）技术，允许将查询字符串外化为映射元数据。可以将某个特定的持久化类（或一组持久化类）相关的查询字符串以及其他元数据一同封装在 XML 映射文件中。当然，也可以基于 annotation 为特定的持久化类创建命名查询。

1. 调用命名查询

Hibernate 中，可以利用 Session 接口对象的 getNameQuery() 方法获取命名 HQL 查询的一个实例，形如：

```
session.getNamedQuery( “findItemsByNamem” ).sestring( “name”, sName);
```

可以利用 getNameSQLQuery() 方法获取命名 SQL 查询的一个实例，形如：

```
session.gctNamedSQLQuery( “findItemsByName” ).setString( “name”, sName);
```

2. 在 XML 元数据中定义命名查询

可以在 XML 映射文件的 <hibemnate -mapping> 元素中放置命名 HQL 查询，形如：

```
Squery name = “findItemsByName” >
    <!CDATA[from Book book where book.name like :name>
</query>
```

对于命名 SQL 查询类同，只是对应的查询字符串语法不同。

3. 利用 annotation 在 Java 代码中定义命名查询

可以利用 annotation 在持久化类的代码中定义命名查询，形如：

```
package vo;
import ….
@NamedQueries({
    @NameQuery(
            name = "findItemsByName",
            query= "from Book book where book.name like :name"
    ),
)
@Entity
@Table(name = "BOOK"
public class Book {....}
```

对于命名 SQL 查询类同，只是对应的查询字符串语法不同。

第 7 章　Spring

7.1　Spring 简介

7.1.1 Spring 的发展及特点

Spring 开源框架的第一个版本由 RodJohnson 于 2003 年开发并发布，目的是解决企业应用开发的复杂性问题。经过多年的发展，Spring 成为 Java EE 开发中的重要框架之一。Spring 使用基本的 JavaBean 来完成以前只可能由 EJB 完成的功能。而它不仅仅针对某一特定层，而是贯穿于表现层、业务层及持久层，与已有框架进行友好的整合。从简洁性、可测试性、松耦合的角度讲，任何 Java 应用都或多或少受 Spring 影响。

控制反转不直接创建对象，但是描述创建它们的方式。在代码中也不直接与对象和服务交互，但在配置文件中描述哪一个组件需要哪一项服务。容器（在 Spring 框架中是 IoC 容器）负责将这些联系在一起。

SpringAOP 是一种编程技术，它允许程序员对横切关注点或横切典型的职责分界线的行为（例如日志和事务管理）进行模块化。AOP 的核心构造是方面，它将那些影响多个类的行为封装到可重用的模块中。

AOP 和 IOC 是补充性的技术，它们都运用模块化方式解决企业应用程序开发中的复杂问题。在典型的面向对象开发方式中，可能要将日志记录语句放在所有方法和 Java 类中才能实现日志功能。在 AOP 方式中，可以反过来将日志服务模块化，并以声明的方式将它们应用到需要日志的组件上。当然，优势就是 Java 类不需要知道日志服务的存在，也不需要考虑相关的代码。所以，用 SpringAOP 编写的应用程序代码是松散耦合的，AOP 的功能完全集成到了 Spring 事务管理、日志和其他各种特性的上下文中。

综合上述，Spring 的特点如下。

（1）Spring 简化了开发：String 中的 IoC 容器，可以将对象的实例化及对象间的依赖关系移交给 Spring 进行处理，用户不必再把精力放在最底层代码的编写上，提高了代码编写的效率。

（2）Spring 中 AOP 技术简洁、易用：基于注解，Spring 中 AOP 的实现更加简洁、易用，较好地实现了将多个公共服务整合到业务逻辑中以更好地完成业务操作。

（3）Spring 中事务管理简单易用：通过声明式的事务管理降低了代码的复杂性，提高了开发效率。

（4）Spring 可以较好地与其他框架进行整合：Spring 较好地与当前流行框架（如 Struts、Hibernate 等）进行整合，以实现复杂的业务逻辑。

7.1.2 Spring 的体系结构

Spring 框架是一个分层架构，由 7 个定义良好的模块组成。Spring 模块构建在核心容器之上，核心容器定义了创建、配置和管理 bean 的方式。

组成 Spring 框架的每个模块（或组件）都可以单独存在，或者与其他一个或多个模块联合实现。每个模块的功能如下。

核心容器：核心容器提供 Spring 框架的基本功能。核心容器的主要组件是 BeanFactory，它是工厂模式的实现，BeanFactory 使用控制反转（IOC）模式将应用程序的配置和依赖性规范与实际的应用程序代码分开。

Spring 上下文：Spring 上下文是一个配置文件，向 Spring 框架提供上下文信息。Spring 上下文包括企业服务，如 JNDI、EJB、电子邮件、国际化、校验和调度功能。

SpringAOP：通过配置管理特性，SpringAOP 模块直接将面向方面的编程功能集成到了 Spring 框架中。所以，可以很容易地使 Spring 框架管理的任何对象支持 AOP。SpringAOP 模块为基于 Spring 的应用程序中的对象提供了事务管理服务。通过使用 SpringAOP，不用依赖 EJB 组件，就可以将声明性事务管理集成到应用程序中。

SpringDAO：JDBCDAO 抽象层提供了有意义的异常层次结构，可用该结构来管理异常处理和不同数据库供应商抛出的错误消息。异常层次结构简化了错误处理，并且极大地降低了需要编写的异常代码数 M（例如打开和关闭连接）。SpringDAO 的面向 JDBC 的异常遵从通用的 DAO 异常层次结构。

SpringORM：Spring 框架插入了若干个 ORM 框架，从而提供 TORM 的对象关系工具，其中包括 HX、Hibernate 和 iBatisSQLMap。所有这些都遵从 Spring 的通用事务和 DAO 异常层次结构。

SpringWeb：Web 上下文模块建立在应用程序上下文模块之上，为基于 Web 的应用程序提供了上下文。所以，Spring 框架支持与 JakartaStruts 集成。Web 模块还简化了处理大部分请求以及将请求参数绑定到域对象的工作。

SpringMVC：MVC 框架是一个全功能的构建 Web 应用程序的 MVC 实现。通过策略接口，MVC 框架成为高度可配置的，MVC 容纳了大量视图技术，其中包括 JSP、Velocity、Tiles、iText 和 POI。

7.2 Spring IoC 容器与 Beans

控制反转（IoC）是 Spring 的核心，也称作依赖性注入。它不创建对象，但是描述创建它们的方式。在代码中不直接与对象和服务交互，但在配置文件中描述哪一个组件需要哪一项服务。容器（在 Spring 框架中是 IoC 容器）负责将这些联系在一起。

在 Spring 容器中有所有类的注册信息，标明类要完成的功能及在运行时需要什么。Spring 会在系统运行时根据需要及时把需要的内容主动发送给当前类。所有类的创建、销毁都由 Spring 来完成，即 Spring 决定对象的生命周期而不是引用它的对象。

IoC 动态地向某个对象的属性提供它需要的实例，而不是直接通过实例化一个对象来完成其属性的初始化。如有两个类 Order 及 Orderltem，Order 中有一个属性 orderltem，它的类型为 Orderltem，orderltem 的值由 Spring 容器根据配置文件提供，提供值的这个过程称为依赖注入。

Spring 就像一个调度中心，负责管理所有的 Bean 实例的创建、使用（包括类属性的初始化）及销毁。

7.2.1 BeanFactory 和 ApplicationContext

Spring 容器是 Spring 的核心，容器通过 IoC 控制管理系统中的组件。Spring 通过两种类型方法实现 Spring 容器：BeanFactory 和 ApplicationContext。

1. BeanFactory

Spring 中的两个包是 org.springframework.beans 和 org.springframeworkxontex，包中的代码为 Spring 的控制反转特性的基础。BeanFactory 提供了一种管理 bean（对象）的配置方法，这种配置方法考虑到多种可能的存储方式。ApplicationContext 建立在 BeanFactory 之上，扩展了它的功能，如更容易同 SpringAOP 特性整合、消息资源处理（用于国际化）、事件传递等。

综上可知，BeanFactory 提供了框架的基本功能，而 ApplicationContext 为它进行了功能扩展。可以认为 ApplicationContext 是 BeanFactory 的扩展集，任何 BeanFactory 功能都同样适用于 ApplicationContex。

用户有时不能确定 BeanFactory 和 ApplicationContext 中哪一个在特定场合下更适合。通常大部分在 Java EE 环境中的应用，最好选择使用 ApplicationContext，因为它不仅提供了 BeanFactory 所有的特性以及它自己的特性，还提供以声明的方式使用的功能，使用起来更加灵活。BeanFactory 与 ApplicationContext 相比较，前者占用内存更小（当不需要使用 ApplicationContext 所有特性时）。

代码 7.1 为 Spring 配置文件，文件中提供了 User 配置信息。

代码 7.1　beans.xml。

```
<?xml version= “1.0” encoding= “UTF-8” ?>
<beans xmlns= “http://www.springframework.org/schema/beans” xmlns:xsi= “http://www.w3.org/2001/XMLSchema-instance” xmlns:p= “http://www.springframework.org/schema/p” xsi:schcmaLocation= “http://www.springframework.org/schema/beans http://www.springframework.org/schema/beans/spring-beans-3.1.xsd” >
    <bean id= “user” class= “cn.edu.User” p:usemame= “han” p:type= “administrator” />
</beans>
```

代码 7.2 通过 BeanFactory 的实现类 XmlBeanFactory 启动 Spring IoC 容器。

代码 7.2　BeanF actory Demo.java。

```
package cn.edu.factory;
import org.springframework.beans.factory.BeanFactory;
import org.springframework.beans.factory.xml.XmlBeanFactory;
import org.springframework.core.io.Resource;
import org. springframe work.core.io .support. PathMatchi ngResourcePattemResolver;
import org.springframe work.core. io.support. ResourcePattemResol ver;
import cn.edu.User;
public class BeanTFactoryDemo {
    public static void main(String[] args) throws Throwable{
            ResourcePattemResolver resolver = new PathMatchingResourcePattemResolver();
            Resource res = resolver.getResource( “classpath:cn/edu/factory/beans.xml” );
            BeanFactory factory=new XmlBeanFactory(res);
            User user = factory.getBean( “user” , User.class);
            System.out.println( “user bean is called successfully!” );
            user.userlnfo();
    }
}
```

XmlBeanFactory 是接口 BeanFactory 的实现类，Resource 加载配置文件 beans.xml 然后通过 BeanFactory 启动 IoC 容器，但 Bean 实例的创建是在第一次使用 Bean 时进行。

2. ApplicationContext

ApplicationContext 基于 BeanFactory 基础构建，提供了面向应用的服务。对于大多数用户来讲，使用 ApplicationContext 更方便，表 7-1 为 Spring 常用上下文类型。

表 7–1　Spring 常用上下文类型

方法	说明
ClassPathXmlApplicationContex	从类路径下加载应用上下文配置文件
FileSystemXmlAppI icationContext	从文件系统下读 xml 配置文件
XmlWeb Appl icationContext	用于执行从 Web 应用下读取 xml 配置文件。INSERT、UPDATE 或 DELETE 语句以及 SQL DDL（数据定义语言）语句

下面代码显示加载一个 FileSystemXmlApplicationContext。

ApplicationContext context = new FileSystemXmlApplicationContext(“d:/beans.xml”);

使用 ClassPathXmlApplicationContext 从类路径加载应用上下文方法代码如下：

ApplicationContext context = new ClassPathXmlApplicationContext(“bean01 .xml”);

FileSystemXmlApplicationContext 从指定的文件系统路径下查找所需配置文件。而 ClassPathXmlApplicationContext 从类路径下查找所需配置文件。其配置文件可以是多个，Spring 会把它们组合为一个配置文件，定义格式代码如下：

ApplicationContext context = new ClassPathXmlApplicationContext(new String[] {“bean01.xml”，“bean02.xmr” });

代码 7.3 显示 ClassPathXmlApplicationContext 的用法。

代码 7.3　XmlApplicationContextDemo.java。

```
package cn.edu.context;
import org.springframework.context.ApplicationContext;
import org.springframework.context.support.ClassPathXmlApplicationContext;
import cn.edu.User;
public class XmlApplicationContextTest {
    public static void main(String[] args) {
    ApplicationContext ctx = newClassPathXmlApplicationContext( “cn/edu/context/*.xml” );
    User user = ctx.getBean( “user” , User.class);
            user.userlnfo();
    }
}
```

3. Annotation ApplicationContext

Spring3.0 支持注解配置方式。从代码 7.4 可看到使用 ©Configuration 注解一个类可实现所需配置信息，通过注解 @Bean 实现定义 Bean。

代码 7.4　Annotation.java.

```
package cn.edu.annotation;
import org.springframework.context.annotation.Bean;
import org.springframework.context.annotation.Configuration;
import cn.edu.User;
@Configuration
public class Annotation {
    @Bean(name= “user” )
    User getUser(){
            User user = new User();
            user.setUsemame( “李四” );
            user.setType( “admin” );
            return user;
    }
}
```

AnnotationConfigApplicationContext 的用法如代码 7.5 所示。

代码 7.5　AnnotationApplicationContextDemo.java。

```
package cn.edu.annotation;
import org.springframe work.context. ApplicationContext;
import org.springframework.conlext.annotation.AnnotationConfigApplicationContext;
import cn.edu.User;
public class AnnotationApplicationContextDemo {
    public static void main(String[] args) {
            ApplicationContext ctx =new AnnotationConfigApplicationContext(Annotation.
class);
            User user =ctx.getBean( “user” , User.class);
            user.userlnfo();
    }
}
```

AnnotationConfigApplicationContext 加载 Annotation.class 中的 Bean 并调用其中方法实例化 Bean，启动容器装配 Bean。

7.2.2 Bean 基本装配

1. Bean 的命名

一个 Bean 在容器内要有标识符标识。在 xml 配置文件中，使用 id 和 name 属性指定 Bean 标识符。

id 命名必须满足 xml 命名规范，可以认为 id 相当于一个 Java 变量的命名：不能以数字、符号打头，不能有空格，如“123”“?ad”“ab”等都是不规范的，Spring 在初始化时就会报错；在配置文件中，不能有两个相同 id 的 <bean>。

name 命名则没有 id 命名的诸多限定，可以使用几乎任何的名称。在 Spring 同一个上下文中 id、name 只能有一个，但是同一个 id 可以用多个别名，如 <bean id=“a” name=“a1,a2,a3” class=“ExampleClass”>、a1、a2、a3 指向的是同一个对象（单例的）。如果不是单例则创建了和 name 数量相等的 bean 实体。在配置文件中，可以有 name 命名两个相同的<bean>，用 getBean() 方法获取的将是最后一个声明的 bean，为了避免这种情况，推荐使用 id 命名。

如果 <bean> 中 id 和 name 两个属性都没有指定，则用类的全限定名称作为 name 的值。

id 和 name 指定名称个数：id 和 name 都可以指定多个名称，它们之间用逗号、分号或空格隔开。

2. 实例化 Bean

一般情况下，配置文件中的 <bean> 对应 Spring 容器中一个 bean，id 为名称，通过容器的 getBean() 方法可以获取对应 bean 实例。class 属性指定 bean 的实现类。在代码 7.6 中，指定了 id 为 personDAO 和 id 为 personService 的 bean，它们的实现类分别为 PersonDAOImpl 和 PersonService。

代码 7.6　配置文件 beans.xml。

```
<? xml version=“1.0” encoding=“UTF-8” ?>
<beansxmlns=“http://www.springframework.org/schema/beans” xmlns:xsi=“http://www.w3.org/2001/XMLSchema-instance” xmlns:p=“http://www.springframework.org/schema/p” xsi:schemaI.ocation=“http://www.springframework.org/schema/beans http://www.springframework.org/schema/beans/spring-beans-3.1.xsd” >
    <bean id=“personDAO” class=“cn.edu.dao.impl.PersonDAOImpl” >
    </bean>
    <bean id=“personService” class=“cn.edu.service.PersonService” >
            <property name=“personDAO” ref=“personDAO” />
    </bean>
```

```
</beans>
```

代码 7.7 中通过 getBean(“personService”) 方法获取代码 7.5 配置文件中 id 为 personService 的 bean。

代码 7.7　PersonServiceTest.java。

```
package cn.edu. test;
import org.springframework.conlext.ApplicationContext;
import org.springframework.context.support.ClassPathXmlApplicationContext;
import cn.edu.model.Person; import cn.edu.service.PersonService;
public class PersonServiceTest {
    public static void main ( String[] args ) throws Exception {
            ApplicationContext ctx = new ClassPathXmlApplicationContext( “beans.
xml” );
            PersonService service =(PersonService)ctx.getBean( “personService” );
            Person person = new Person();
            person.setName( “zhangsan” );
            person.setPassword( “123” );
            service.add(person);
    }
}
```

7.2.3 依赖注入

依赖注入（DI）的基本原理是对象之间的依赖关系（一起工作的其他对象），通过以下几种方式来实现：构造方法的参数、工厂方法的参数，由构造方法或者工厂方法创建的对象来设置属性。因此，容器的工作就是创建 bean 时注入哪些依赖关系。相对于由 bean 自己来控制其实例化、直接在构造方法中指定依赖关系等自主控制依赖关系注入的方法来说，控制从根本上发生了倒转，这也正是控制反转名字的由来。

采用依赖注入后，应用的逻辑关系更加清晰，而且 bean 对象之间的依赖关系将由容器维护，增加了程序的灵活性。DI 主要有两种注入方式，即属性注入 [也叫 Setter() 方法注入] 和构造器注入。

1. 属性注入

属性注入具有可操作性好、灵活性高等优点，是一种常用的注入方式。

Bean 必须满足如下条件：

Bean 必须具有一个不带参数的构造方法。

需要注入的属性必须有对应的 Setter() 方法。

代码 7.8 有 Stter() 方法及不带参数的构造方法，满足上述要求。

代码 7.8　Person.java。

```
public class Person implements Serializable{
    private Integer personid;
    private String name;
    private boolean gender;
    public Integer getPersonid() {
            return personid;
    }
    public void sctPersonid(Integer personid) {
            this.personid = personid;
    }
    public String getName() {
            returm name;
    }
    public void setName(String name) {
            this.name=name;
    }
    public boolean getGender() {
            return gender;
    }
    public void setfGender(boolean gender) {
            this.gender=gender;
    }
    public void setlAge(Short age) {
            this.age= age;
    }
    @Override
    public String toString0 {
            return "Person name" = "+ name +" , age= " + age +" , gender= "+ gender +]" ;
    }
}
```

代码 7.9 为访问 PersonDAO 接口，其中有一个方法 insertPerson()，代码 7.10 为其实现类。

代码 7.9 PersonDAO.java。

```
package cn.edu.dao;
import java.util.List;
import cn.edu.model.Person;
public interface PersonDAO {
    public void insertPerson(Person person);
}
```

代码 7.10 PersonDAOImpl.java。

```
package cn.edu.da.impl;
import java.util.List;
import cn.edu.dao.PersonDAO;
import cn.cdu.modelPerson;
public class PersonDAOIlmpl implements PersonDAO {
    public void insertPerson(Person person) {
            System.out.printn(person);
            System.out.printn( “object is saved!” );
    }
}
```

2. 构造方法注入

构造方法注入就是在调用 Bean 的构造方法时对其属性进行设置。

（1）按照类型匹配

一个 Bean 如果存在一个带参数的构造方法，则只需要指定 ref 属性即可，但是如果带多个参数，则存在参数的匹配问题，可以通过 <constructor-arg type= “cn.edu.model.Person” ref= “p” > 中 type 属性指定参数类型进行参数的匹配，如代码 7.11 所示。

代码 7.11 beans xml。

```
<? xml version= “1.0” encoding = “UTF-8” ?>
<beans xmlhs = “http://www.springframework.org/schema/beans” xmlns:xsi = “http://www.w3.org/2001/XMLSchema-instance” xmlns:p = “http://www.springframework.or/schema/p” xsi:schematLocation = “http://www.springframework.org/schema/bcanshttp://www.springframework.org/schema/beans/spring-beans-3.0.xsd” >
    <bean id= “personDAO” class= “cn.edu.da.impL.PersonDAOImpl” />
    <bean id= “p” class= “cn.edu.model.Person” >
            <property name= “personid” value= “1” />
            <property name= “name” value= “zhangsan” />
```

```
            <property name= "gender"  value= "true" />
            <property name= "age"  valuc= "20" />
        </bean>
        <bean id= "personService"  class= "cn.eduservice.PersonService" >
            <constructor-argtype= "cn.edu.model.Person"  ref= "p" />
            <constructor- arg index= "0"  type= "cn.edu. dao.PersonDAO"
ref= "personDAO" />
        </bean>
    </beans>
```

（2）按照索引匹配

如果构造方法的入参中有类型相同的，则通过参数类型匹配会存在问题，所以 Spring 提供 / 另外一种匹配力式：通过索引匹配。如代码 7.12 所示，通过 <constructor-arg> 的属性 index 来实现。构造方法的第一个参数索引为 0，第二个为 1，其他依此类推。

代码 7.12　beans xml。

```
    <? xml version= "1.0"  encoding = "UTF-8"  ?>
    <beans xmlhs = "http://www.springframework.org/schema/beans" xmlns:xsi = "http://
www.w3.org/2001/XMLSchema-instance" xmlns:p = "http://www.springframework.or/
schema/p" xsi:schematLocation = "http://www.springframework.org/schema/bcanshttp://www.
springframework.org/schema/beans/spring-beans-3.0.xsd" >
        <bean id= "personDAO"  class= "cn.edu.da.impL.PersonDAOImpl"  />
        <bean id= "p"  class= "cn.edu.model.Person"  >
            <property name= "personid"  value= "1" />
            <property name= "name"  value= "zhangsan"  />
            <property name= "gender"  value= "true"  />
            <property name= "age"  valuc= "20"  />
        </bean>
        <bean id= "personService"  class= "cn.eduservice.PersonService" >
            <constructor- arg index= "0"  type= "cn.edu. dao.PersonDAO"
ref= "personDAO" />
            <constructor-arg index= "1"  ref= "p" />
        </bean>
    </beans>
```

3. Bean 属性常见配置方式

（1）使用命名空间装配属性

Spring 提供了一种比 <propery> 更方便的注入方式：使用命名空间装配。如命名空间 p 的 schema 的 URI 为：xmlns:p= “http://www.springframework.org/schema/p” 。修改代码 7.12，结果如代码 7.13 所示。

代码 7.13　beans xml。

```
<? xml version= “1.0” encoding = “UTF-8” ?>
<beans xmlhs = “http://www.springframework.org/schema/beans” xmlns:xsi = “http://www.w3.org/2001/XMLSchema-instance” xmlns:p = “http://www.springframework.or/schema/p” xsi:schematLocation = “http://www.springframework.org/schema/bcanshttp://www.springframework.org/schema/beans/spring-beans-3.0.xsd” >
    <bean id= “personDAO” class= “cn.edu.da.impL.PersonDAOImpl” />
    <bean id= “p” class= “cn.edu.model.Person” >
            <property name= “personid” value= “1” />
            <property name= “name” value= “zhangsan” />
            <property name= “gender” value= “true” />
            <property name= “age” valuc= “20” />
    </bean>
    <bean id= “personService” class= “cn.eduservice.PersonService” p:personDAO-ref= “personDAO” p:person-ref= “p” />
    </bean>
</beans>
```

（2）集合类型属性的配置

Java 中的集合类主要包括：Set、List、Properties、Map，Spring 中也支持这些集合类。代码 7.14 为有关集合类型的配置文件。

代码 7.14　beans.xml。

```
<? xml version= “1.0” encoding = “UTF-8” ?>
<beans xmlhs = “http://www.springframework.org/schema/beans” xmlns:xsi = “http://www.w3.org/2001/XMLSchema-instance” xmlns:p = “http://www.springframework.or/schema/p” xsi:schematLocation = “http://www.springframework.org/schema/bcanshttp://www.springframework.org/schema/beans/spring-beans-3.0.xsd” >
    <bean id= “personDAO” class= “cn.edu.da.impL.PersonDAOImpl” >
            <property name= “sets” >
                    <set>
```

```
                    <value>set01</value>
                    <value>set02</value>
                    <value>set03</value>
            </set>
        </property>
        <property name= “lists” >
            <list>
                    <value>list01</value>
                    <value>list02</value>
                    <value>list03</value>
            </lisp>
        </property>
        <property name = “properties” >
            <props>
                    <prop key= “key01” >value01</prop>
                    <prop key= “key02” > value02</prop>
                    <prop key= “key03” >value03</prop>
            </props>
        </property>
        <property name = “maps” >
            <map>
                    <entry key= “key01”  value= “value-1” />
                    <enty key= “key02”  value= “value-2” />
                    <entry key= “key03”  value= “value-3” />
            </map>
        </property>
</bean>
<bean id= “p”  class= “cn.edu.model.Person” >
        <property name= “personid”  value= “1” />
        <property name= “name”  value= “zhangsan”  />
        <property name= “gender”  value= “true”  />
        <property name= “age”  valuc= “20”  />
</bean>
<bean id= “personService”  class= “cn.eduservice.PersonService” >
        <property name= “PersonDAO”  ref= “personDAO” />
```

```
        <property name="person" ref="p" />
    </bean>
</beans>
```

（3）自动装配

Spring 的 IoC 容器通过 Java 反射机制获取容器中所存在 Bean 的配置信息（包括构造方法的结构、属性等信息），然后通过某种规则对 Bean 进行自动装配，表 7-2 为 Spring 自动装配类型。

表 7–2 Spring 提供的自动装配类型

描述	含义
byName	根据属性名自动装配，检查容器并根据名字查找与属性完全一致的 bean，并将其与属性自动装配
byType	根据类型名自动装配，检查容器并根据名字查找与类型完全一致的 bean，并将其与属性自动装配
constructor	与 byType 方式类似，不同之处在于它应用于构造器参数。如果容器中没有找到与构造器参数类型一致的 bean，那么就抛出异常
autodetect	通过 bean 类的自省机制（Introspection）来决定是使用 constructor 还是 byType 方式进行自动装配，如果发现默认的构造器，那么将使用 byType 方式，否则采用 constnictor

如果使用自动装配，需要设置 <bean> 的 autowire 属性，格式为：

```
<bean id = "xxx" class = "xxxx" autowire="自动装配类型">
<property name="属性名" value = "" >
</bean>
```

<beans> 标签的 default-autowire 属性可以实现全局自动配置，格式如下：

```
<? xml version="1.0" encoding = "UTF-8" ?>
<beans xmlhs = "http://www.springframework.org/schema/beans" xmlns:xsi = "http://www.w3.org/2001/XMLSchema-instance" xmlns:p = "http://www.springframework.or/schema/p" xsi:schematLocation = "http://www.springframework.org/schema/bcanshttp://www.springframework.org/schema/beans/spring-beans-3.0.xsd"
defaul-autowire= "byType"
```

4. Bean 作用范围

Spring2.0 以前版本只有两个作用域：singleton 和 prototype。Spring2.0 以后增加了 request、session 及 gobalSession 三个作用域。

<bean id= "personService" class= "cn.edu.service.PersonService" scope= "prototype" /> 中通过属性 scope 指定 Bean 作用域。

表 7-3 为 Spring 支持的作用域及其类型。

表 7-3　Spring 支持的作用域类型及其含义

描述	含义
singleton	Spring 容器中只含有一个 Bean 实例，为 Spring 默认作用域
prototype	每次从容器中获取 Bean 实例都是一个新的实例
request	当请求类型为 http 时会创建一个新实例，仅在基于 Web 的 Spring 上下文中有效
session	针对每一次 HTTP 请求都会产生一个新的 bean，同时该 bean 仅在当前 HTTP Session 内有效
globalSession	在全局 Http Session 中，共享一个 Bean，该作用域仅在 Portlet 上下文中有效

7.2.4 基于注解的 Bean 配置

Spring 3.0 以前，基本上使用 XML 进行依赖配置。从 Spring 3.0 开始，提供了一系列针对依赖注入的注解，这使得 Spring IoC 在基于 XML 文件的配置之外多了一种可行的选择。下面将详细介绍如何使用这些注解进行依赖配置的管理。

1. 自动装配注解

Spring 中默认是通过配置文件装配组件，如果要使用注解装配，必须在配置文件中启动它，方式是在 Spring 配置文件的 context 命名空间中添加 <context:annotation-config> 即可。配置文件组成代码如下：

```
<?xml version= "1.0"  encoding= "UTF-8" ?>
<beans xmlns= "http://www.springframework.org/schema/bcans" xmlns:xsi= "http://www.w3.org/2001/XMLSchema-instance"  xmlns:context= "http://www.springfTamework.org/schema/context"  xsi:schemaLocation= "http://www.springframework.org/schema/beans http://www.springframework.org/schema/beans/spring-beans-3.0.xsd http://www.springframework.org/schema/context http://www.springframework.org/schema/context/spring-context-3.0.xsd" >
<contcxt:annotation-config />
</beans>
```

2. @Resource 装配

@Resource 注解是 SR-250 标准的注解，@Resource 的作用相当于 @Autowired，只不过 @Autowired 按 byType 自动注入，而 @Resource 默认按 byName 自动注入。

@Resource 有两个常用的属性，分别是 name 和 type，@Resource 注解的 name 属性是 Bean 的名字，而 type 属性则可以解析为 Bean 的类型。所以，如果使用 name 属性，则使用 byName 自动注入策略；使用 type 属性时，则使用 byType 自动注入策略。如果 name 属性和 type 属性都没有指定，Spring 容器将通过反射机制使用 byName 自动注入策略。

@Resource 装配顺序如下。

如果同时指定了 name 和 type，则从 Spring 上下文中找到唯一匹配的 Bean 进行装配，找不到则抛出异常。

如果指定了 name，则从上下文中查找名称（id）匹配的 bean 进行装配，找不到则抛出异常。

如果指定了 type，则从上下文中找到类型匹配的唯一 bean 进行装配，找不到或者找到多个，都会抛出异常。

如果既没有指定 name，又没有指定 type，则自动按照 byName 方式进行装配。如果没有匹配，则回退为一个原始类型（UserDao）进行匹配，如匹配则自动装配。

3. 自动检测装配中 Bean 的标注

虽然配置中增加 <context:annotation-config> 有助于消除配置文件中的 <property> 及 <constructor-arg> 元素，但用户还得在配置文件中使用 <bean> 元素。Spring 还有一种方法就是用 <context:component-scan> 元素代替 <context:annotation-config>，从而进一步简化配置文件，具体见代码 7.15。表 7-4 为 Bean 的常用注解。

代码 7.15 beans.xml。

```
<?xml version= "1.0" encoding= "UTF-8" ?>
<beans xmlns= "http://www.springframework.org/schema/bcans" xmlns:xsi= "http://www.w3.org/2001/XMLSchema-instance" xmlns:context= "http://www.springfTamework.org/schema/context" xsi:schemaLocation= "http://www.springframework.org/schema/beans http://www.springframework.org/schema/beans/spring-beans-3.0.xsd http://www.springframework.org/schema/context http://www.springframework.org/schema/context/spring-context-3.0.xsd" >
<context.component. scan base-package= "cn.edu" />
</beans>
```

表 7-4 Bean 的常用注解

注解名	说明
@Controller 或 @Contoller(“Bean 的名称”)	注解控制层组件，如 Action
@Service 或 @Service (“Bean 的名称”)	注解业务层组件
@Repository 或 @Repository(“Bean 的名称”)	注解数据访问组件，即 DAO 层组件
@Component	注解不好归类的组件

7.3 Spring AOP

7.3.1 AOP 基础

AOP 是对面向对象编程的有益补充。在封装的对象内部，引入可以被多个类引用的可重用模块，并将该模块命名为“Aspect”，即方面。所谓“方面”，简单地说，就是将那些与业务无关，但可以为业务模块调用的逻辑封装起来，便于减少系统的重复代码，增加系统的可操作性和可维护性。

Spring 通常通过 AOP 来处理一些具有横切性质的系统性服务，如事务管理、安全检查、缓存、对象池管理等，AOP 已经成为一种非常常用的解决方案。

如模块 BuyerService、DeliverService、PaymentService 等都会用到登录及事务，可以通过 AOP 将登录、事务等非核心逻辑切入上述模块中。

AOP 常用术语如下。

连接点（joinpoint）：程序执行的某个特定位置，如类开始初始化前和类初始化后、类某个方法调用前和调用后、方法抛出异常后，这些代码中的特定点，称为“连接点”。Spring 仅支持方法的连接点。

切入点（Pointcut）：Spring 中 AOP 的切入点是一组连接点（Joinpoint，简单地讲是指一些方法的集合），每个程序类都拥有多个连接点，如一个拥有多个方法的类，这些方法都是连接点。但在为数众多的连接点中，AOP 通过“切点”定位特定的连接点。而切点相当于查询条件。一个切点可以匹配多个连接点。Spring 中，切点通过 Pointcut 接口进行描述。

通知（Advice）：在特定的 Joinpoint 处运行的代码，是 AOP 框架执行的动作，就是在指定切点上要干些什么。Spring 的通知包括 around、before 和 throws 等。

方面（Aspect）：是 Advice 和 Pointcut 的组合，切面由切点和通知组成，它既包括横切逻辑的定义，也包括连接点的定义，Spring AOP 就是负责实施切面的框架，它将切面所定义的横切逻辑织入切面所指定的连接点中。

引入（Introduction）：添加方法或字段到被通知的类。Spring 允许引入新的接口到任何被通知的对象。

目标对象（TargetObject）：包含连接点的对象，也被称作被通知或被代理对象。

AOP 代理（AOPProxy）：AOP 框架创建的对象，包含通知。在 Spring 中，AOP 代理可以是 JDK 动态代理或 CGLIB 代理。

织入（Weaving）：织入是将通知添加到目标类具体连接点上的过程。

各种通知类型如下。

Around 通知：包围一个连接点的通知，如业务方法的调用。这是最强大的通知。Around 通知在方法调用前后完成自定义的行为，负责选择继续执行连接点或通过返回自己的返回值或抛出异常来执行。

Before 通知：在一个连接点之前执行的通知，但这个通知不能阻止连接点前的执行（除非它抛出一个异常）。

Throws 通知：在方法抛出异常时执行的通知。Spring 提供强制类型的 Throws 通知，因此可以书写代码捕获感兴趣的异常（和它的子类），不需要从 Throwable 或 Exception 强制类型转换。

AfterReturning 通知：在连接点正常完成后执行的通知。

Around 通知是最通用的通知类型，部分基于拦截的 AOP 框架只提供 Around 通知。

Spring 提供所有类型的通知，推荐使用合适的通知类型来实现需要的行为。如果用一个方法的返回值来更新缓存，最好实现一个 AfterReturning 通知，而不是 Around 通知。虽然 Around 通知也能完成同样的事情，但使用最合适的通知类型将使编程模型变得简单，并能减少潜在错误。

切入点的概念是 AOP 的关键，它构成了 AOP 的结构要素。

7.3.2 Spring AOP 中的 Annotation 配置

AspectJ 是 Java 语言的一种扩展，是一种动态代理的实现方式，提供了许多 Spring AOP 中没有的切点，是 Spring AOP 在功能上的扩充，目标是解决使用传统的编程方法无法很好处理的问题。

1. 切点的使用

AspectJ 切入点语法定义如下：

AspectJ 通配符。

x 一个元素。

.. 多个元素。

+ 类的类型，必须跟在类后面。

AspectJ 切点函数格式。

（1）通过方法签名定义切点。

```
Execution[public * *(..)]
```

匹配所有目标类的 public 方法。第一个“*”代表返回类型，第二个“*”代表方法名，而“..”代表任意入参的方法。

```
Execution[* *DAO(..)]
```

匹配目标类所有以 DAO 为后缀的方法。

（2）点。

```
execution[* cn.cdu.AOP.service.impl.PersonServicelmpl.*(..)]
```

匹配 PersonServicelmpl 类的参数为任意个元素的所有方法。第一个“*”代表返回任意类型，cn.edu.AOP.service.impl.PersonServiceImpl.* 代表类 PersonServicelmpl 中的所有方法。

```
execution[* cn.edu.AOP.service.impI.PersonService+.*(..)]
```

匹配 PersonService 接口及其所有实现类的方法。

（3）通过类包定义切点。

在类名模式串中表示包下的所有类，而表示包以及子孙包下的所有类。

```
execution[* cn.edu.*(..)]
```

匹配 cn.edu 包下所打类的所有方法。

```
execution[* cn.edu..*(..)]
```

匹配cn.edu包、子孙包下所有类的所有方法。出现在类名中时，后面必须跟“*”，表示包、子孙包下的所有类。

```
execution[* cn..*.*DAO.query*(..)]
```

匹配包名前缀为 cn 的任何包下类名后缀为 DAO 的方法，方法名必须以 query 为前缀。

2. 注解实现 AOP

注解配置 AOP，大致可分为三步：

（1）使用注解 @Aspect 来定义一个切面，在切面中定义切入点（@Pointcut），通知类型（@Before、@AfterRetuming、@After、@AfterThrowing、@Around）。

（2）开发需要被拦截的类。

（3）将切面配置到 xml 中，当然，也可以使用自动扫描 Bean 的方式。这样将 Bean 的装配交由 Spring AOP 容器管理。

下面用一个例子演示一下用注解配置 Spring AOP 的方法。

代码 7.16 是配置文件，通过注解和自动扫描装配组件。注解 <ap:aspecij-autoproxy/> 会在 Spring 上下文类中 (名称为 AnntationAwarcAspectJAutoProxyCreator) 自动代理 Bean，这些 Bean 的用法要与使用 @Aspect 注解的 Bean 中所定义的切点匹配。

代码 7.16　beans.xml。

```
<? xml version= “1.0” encoding = “UTF-8” ?>
<beans
xmlhs = “http://www.springframework.org/schema/beans”
xmlns:xsi = “http://www.w3.org/2001/XMLSchema-instance”
xmlns.context= “http://www.springframework.org/schema/context”
```

```
xmlns:aop= "http://www springframework.org/schema/aop"
xmlns:p = "http://www.springframework.or/schema/p"
xsi:schematLocation = "http://ww.wringframework.org/schema/bcans
    http://www.springframework.org/schema/beans/spring-beans-3.0.xsd
    http://www.springframework.org/schema/context
    http://www.springframework.org/schema/beans/spring-beans-3.0.xsd
    http://www.springframework.org/schema/aop
    http://www.springframework.org/schema/context/spring-context-3.0.xsd" >
    <context:annotation-config/>
    <context:component-scan base-package = "cn.edu"  />
    <aop:aspectj-autoproxy>
</beans>
```

7.3.3 Spring AOP 中的文件配置

XML 配置开发 AOP，分为四步。

（1）Service 层的开发

PersonService.java/PersonServiceBean.java 同注解方式。

（2）切面的开发

PersistInterceptorXML 文件的代码如代码 7.17 所示。

代码 7.17　PersistInterceptorXML。

```
package cn.edu.AOP interceptor;
import org.aspectj.lang.ProceedingJoinPoint;
import org.aspectj.lang.annotation.Aspect;
import org.springframework.stereotype.Component;
@Component( "persistInterceptorXML" )
public class PersistInterceptorXML {
    public void doIni(String name){
            Sytem.out.printin( "before advice:" +name +  "data is initiated." );
    }
    public void successPersist(String result){
            System.out.printn( "after returning advice" +  "." +result);
    }
    public void doResRelease() {
            System.out.printn( "after advice" );
```

```
    }
    public void doErrorPersit(Exception e){
            System.outprintIn( "Exception advice" );
    }
    public Object doAroundMethodProceedingJoinPoint point)throws Throwable{
            System.outprintin( "around advice method start,persit start." );
            Object obj = pointproceed();
            System.outprintn( "exit around advice method.persit end." );
            retur obj;
    }
}
```

(3) 配置文件

代码 7.18 为配置文件，用扫描加注解方式实现装配。

代码 7.18　beans.xml

```
<? xml version= "1.0"  encoding = "UTF-8" ?>
<beans
xmlhs = "http://www.springframework.org/schema/beans"
xmlns:xsi = "http://www.w3.org/2001/XMLSchema-instance"
xmlns.context= "http://www.springframework.org/schema/context"
xmlns:aop= "http://www springframework.org/schema/aop"
xmlns:p = "http://www.springframework.or/schema/p"
xsi:schematLocation = "http://ww.wringframework.org/schema/bcans
    http://www.springframework.org/schema/beans/spring-beans- 3.0.xsd
    http://www.springframework.org/schema/context
    http://www.springframework.org/schema/beans/spring-beans-3.0.xsd
    http://www.springframework.org/schema/aop
    http://www.springframework.org/schema/context/spring-context-3.0.xsd" >
    <context:annotation-config/>
    <context:component-scan base-package = "cn.edu.AOP" />
    <aop:aspectj-autoproxy>
    <!--
    <bean id= "personService"  class= "cn.edu.AOP service.impl.PersonServicelmpl" />
    <bean id= "persistInterceptorXML" class= "cn.edu.AOP.interceptor.
PersistInterceptorXML" />
    -->
```

```
        <aop:config>
                <aop:aspect id= "aspect"  ref= "persistnterceptorXML" >
                        <aop:pointcut id= "pointCutMethod"  expression= "execution(*
cn.edu.AOP.service.impl.PersonServicelmpl.*(..))" />
                        <aop:before pointcut= "execution(* cn.edu.AOP.service.impL.
PersonServicelmpl.*(..)) andargs(name)"  arg names  "name"  method= "doInt" />
                        <aop:afer-returning pointcut-ref= "pointCutMethod"  method=
 "successPersist"  returning= "result"  1>
                        <aop:after throwing pointcut ref= "pointCutMethod" method= "doEr
rorPersit"  throwing= "e" />
                        <aop:after pintcut-ref= "pointCutMethod"  method= "doResRelease" />
                        <aop:around pointcut-ref= "pointCutMethod" method= "doAroundM
ethod" />
                </aop:aspect>
        </aop.config>
    </beans>
```

7.4　Spring 事务管理与任务调度

7.4.1 Spring 中事务的基本概念

Spring 事务机制主要包括声明式事务和编程式事务，此处侧重讲解声明式事务，编程式事务在实际开发中得不到广泛使用，仅供学习参考。

Spring 声明式事务使程序员从复杂事务处理中得到解脱，使程序员无须去处理获得连接、关闭连接、事务提交和回滚等操作，无须在与事务相关的方法中处理大量的 try...catch...finally 代码。在使用 Spring 声明式事务时，有一个非常重要的概念就是事务属性。事务属性通常由事务的传播行为、事务的隔离级别、事务的超时值和事务只读标志组成。在进行事务划分时，需要进行事务定义，也就是配置事务的属性。表 7-5 为 Spring 事务管理抽象层接口。

表 7-5 Spring 事务管理 SP1 抽象层接口

接口名称	说明
TransactionDefinition	描述了事务的隔离级别、超时时间、事务是否只读、传播规则等
T ransactionStatus	描述事务的状态，该接口为 SavePointManager 的子接口可以实现回滚操作
PlatformTransactionManage	是一个事务管理器接口，只定义了 3 个方法 :getTransaction()、commit()、rollback()。它的实现类型要根据具体的情况来选择。比如如果用 jdbc，则可以选择 DataSourceTransactionManager；如采用 Hibernate，可以选择 HibernateTransactionManager

下面分别详细讲解事务的四种属性。Spring 在 TransactionDefinition 接口中定义这些属性，以供 PlatfromTransactionManager 使用，PlatfromTransactionManager 是 Spring 事务管理的核心接口。

```
public interface TransactionDefinition {
int getPropagationBehavior();         //返回事务的传播行为
int getIsolationLevel();              //返回事务的隔离级别
int getTimeout();                     //返回事务必须在多少秒内完成
boolean isReadOnly();                 //事务是否只读，事务管理器根据该返回值进行优化，确保事务的只读属性
}
```

（1）事务传播

一个事务在参与其他事务中运行时的规则，如有一事务参与到当前事务中，或挂起当前事务，或创建新事务。

在 TransactionDefinition 接口中定义了 7 个事务传播行为，具体见表 7-6。

表 7-6 事务传播行为

事务行为名称	说明
PROPAGATION_REQUIRED	如果存在一个事务，则支持当前事务。如果没有事务，则开启一个新的事务
PROPAGATION_SUPPORTS	如果存在个事务，支持当前事务。如果没有事务，则非事务地执行。但是对于事务同步的事务管理器，PROPAGATION SUPPORTS 与不使用事务有少许不同
PROPAGATION_MANDATORY	如果已经存在一个事务，支持当前事务。如果没有一个活动的事务，则抛出异常
PROPAGATION_REQUIRES_NEW	总是开启一个新的事务。如果一个事务已经存在，则将这个存在的事务挂起
PROPAGATION_NOT_SUPPORTED	总是非事务地执行，并挂起任何存在的事务。PROPAGATION_NOT_SUPPORTED，也需要使用 JtaTransactionManager 作为事务管理器

续　表

事务行为名称	说明
PROPAGATION_NEVER	总是非事务地执行，如果存在一个活动事务，则抛出异常
PROPAGATION_NESTED	如果存在一个活动的事务，则当前事务运行在该嵌套的事务中。如果不存在活动事务，则按照 TransactionDefmition.PROPAGATION_REQUIRED 属性执行。这是一个嵌套事务，使用 JDBC 3.0 驱动时，仅仅支持 DataSourceTransactionManager 作为事务管理器。需要 JDBC 驱动的 java.sql.Savepoint 类。有一些 JTA 的事务管理器实现可能也提供了同样的功能。使用 PROPAGATION_NESTED，还需要把 PlatformTransactionManager 的 nestedTransactionAllowed 属性设为 true;而 nestedTransactionAllowed 属性值默认为 false

（2）事务隔离

当前事务与其他事务之间的关系，TransactionDefinition 接口中定义了 5 个隔离级别，它们与 java.sql.Connection 中有 4 个同名，含义也基本相同。此外，Spring 还定义了一个默认的隔离级别：ISOLATION_DEFAULT。具体含义如表 7-7 所示。

表 7-7　TransactionDefinition 接口中事务隔离级别

隔离级别	说明
ISOLATION_DEFAULT	这是一个 PlalfromTransacUonManagcr 默认的隔离级别，使用数据库默认的事务隔离级别，另外四个与 JDBC 的隔离级别相对应
ISOLATION_READ_UNCOMMITTED	这是事务最低的隔离级别，它允许另外一个事务可以看到这个事务未提交的数据。这种隔离级别会产生脏读，不可重复读和幻像读
ISOLATION_READ_COMMITTED	保证一个取务修改的数据提交后才能被另外一个事务读取。另外一个事务不能读取该事务未提交的数据。这种事务隔离级别可以避免脏读出现，但是可能会出现不可重复读和幻像读
ISOLATION_REPEATABLE_READ	这种事务隔离级别可以防止脏读，不可重复谈，但是可能出现幻像读
ISOLATION_SERIALIZABLE	这种事务隔离级别可以防止脏读、不时重复读、幻像读

（3）事务超时

规定事务回滚前运行时间。有的事务操作可能延续很长的时间，事务本身可能访问数据库，因而长时间的事务操作会有效率上的问题，必须限定事务的运行时间。

（4）只读状态

规定事务不能修改任何数据，只是读取数据。

7.4.2 Spring 事务的配置

1. Spring 事务管理器

Spring 的事务处理中，通常的事务处理流程框架是由抽象事务管理器 AbstractPlatform TransactionManager 来提供的，而具体的底层事务处理则由 PlatformTransactionManager 的具体实现类来实现，常用实现类如表 7-8 所示。

表 7-8　事务管理器实现类

类名称	说明
Data Source Transaction Manager	位于 org.springframework.jdbc.datasource 包中，数据源事务管理器，提供对单个 javax.sql.DataSource 事务管理，用于 Spring JDBC 抽象框架、iBATIS 框架的事务管理
Jta Transaction Manager	位于 org.springframework.transaclion.jta 包中，提供对分布式事务管理的支持，并将事务管理委托给 Java EE 应用服务器事务管理器
Jdo Transaction	如果已经存在一个事务，支持当前事务。如果没有一个活动的事务，则抛出异常。位于 org.springframcwork.orm.jdo 包中，使用 JDO 持久化时使用该管理器
Jpa Transaction	位于 org.springframework.orm.jpa 包中，使用 JPA 持久化时使用
Hibernate Transaction Manager	位于 org.springframework.orm.hibernate3 或者 hibernate4 包中，提供对单个 org.hibcmate.SessionFactory 事务支持，用于集成 Hibernate 框架时的事务管理

实现 Spring 的事务管理时，可根据具体环境选择使用相应的事务管理器。

2. Spring 事务配置

（1）基于 XML 配置文件的事务管理

这种配置方式不需要对原有的业务方法进行任何修改，通过在 XML 文件中定义需要拦截方法的匹配即可完成配置，并要求业务处理中的方法的命名要有规律，如 set××× 和 ×××Update 等。

代码 7.19 中通过注解 @Component(“empDAO”) 创建组件 empDAO，在业务方法 save() 中，如果工资小于 2000，则抛出异常；如果引入事务，则应回滚。

代码 7.19　EmployeeDAOlmpl.java。

```
package cn.edu.dao.impl;
import java.sql.SQLException;
import javax.annotation.Resource;
import org.hibernate.Session;
import orgHibernate.SessionFactory;
```

```
import orgspringframework.stereotype.Component;
import cn.edu.dao.EmployeeDAO;
import cn.edu.model.Employee;
@Component( “empDAO” )
public class EmployeeDAOImpl implements EmployeeDAO {
    private SessionFactory sessionFactory;
    public SessionFactory getSessionFactory() {
    return sessionFactory;
    }
    @Resource
    public void setSessionFactory(SessionFactory sessionFactory) {
            this.sessionFactory sessionFactory;
    }
    public void save(Employee emp) {
            Session s = sessionFactory getCurrentSession();
            s.save(emp);
            if(emp.getSalary()<2000f)
                    throw new RuntimeException( “exeption!” );
    }
}
```

Spring 提供了一个 tx 命名空间，可以使 Spring 中的声明式事务更加简洁。使用时必须将其添加到 Spring XML 配置文件开始部分，同时也要添加 aop 命名空间。

<bean id = “sessionFactory” > 指定会话工厂，属性 class 指定其类型。该类中的属性 dataSource 通过 ref 注入，名称为另外一个 Bean, 其名称为 dataSource, 实现类可以由用户指定，本例使用的是 BasicDataSource。

（2）基于注解的事务管理

基于注解的事务管理常用的注解是 @Transactional，该注解常用在需要事务管理的 Bean 接口的实现类上或相关方法上。

注解 @Transactional 标注在业务类上时，则类的所有 public 类型方法都适用该注解指定事务。

注解 @Transactional 标注在业务类的方法上时，则可以特殊指定相关属性。

注解 @Transactional 的属性如下。

事务传播属性：由类 org.springframework.transaction.annotation.Propagation 指定事务的传播行为。

事务隔离级别：由类 org.springframework.transaction.annotation.Isolation 指定隔离级别。

事务的读写属性：该属性为布尔型，格式为：@Transactional(readOnly=true)。

回滚设置：属性 rollbaddFor 指定一组异常类，如遇到该异常，则进行事务回滚，其格式为: @Transactional(rollbackFor= {IOException.class}); 如果有多个异常，则用逗号隔开。norollbackFor 属性指定一组异常，这组异常不触发回滚。

代码 7.20 中方法 add() 上的注解 @Transactional, 其中属性 propagation 指定事务传播行为，本例事务传播行为是 REQUIRED。

代码 7.20　EmployeeService.java。

```
package cn.edu.service;
import javax.annotation.Resource;
import org.springframework.stereotype.Component;
import org-springframework transaction.annotation.ropagation;
import org,springframework.transaction.annotation.Transactional;
import cn.edu.dao.EmployeeDAO;
import cn.edu.model.Employee;
@Component("employeeService")
public class EmployeeService {
    private EmployeeDAO empDAO;
    public void init() {
            System,outprintn("init");
    }
    public EmployeeDAO getEmpDAO() {
            return empDAO;
    }
    @Resource(name="empDAO")
    public void sctEmpDAO(EmployeeDAO empDAO) {
            this.cmpDAO = empDAO;
    }
    @Transactional(propagation-Propagation.REQUIRED)
    public void add(Employee emp) {
            empDAO.save(emp);
    }
    public void destroy() {
            Systemout.prin("destroy");:
    }
}
```

参考文献

[1] 郝玉龙编著 . Java EE 程序设计 [M]. 北京：清华大学出版社，2019.

[2] 崔岩 . Java EE 基础实用教程 [M]. 北京：机械工业出版社，2018.

[3] 聂艳明，刘全中，李宏利，邹青编著 . Java EE 开发技术与实践教程 [M]. 北京：机械工业出版社，2015.

[4] 刘彦君，金飞虎主编 . Java EE 开发技术与案例教程 [M]. 北京：人民邮电出版社，2014.

[5] 刘云玉，原晋鹏，罗刚主编；郭顺超，王传德副主编；石云辉主审 . Java EE 开发教程 [M]. 成都：西南交通大学出版社，2019.

[6] 陈丁 . Java EE 程序设计教程 [M]. 西安：西安电子科技大学出版社，2018.

[7] 方巍编著 . Java EE 架构设计与开发教程 [M]. 北京：机械工业出版社，2019.

[8] 郭克华，唐雅媛，扈乐华主编 . Java EE 程序设计与应用开发 [M]. 第 2 版 . 北京：清华大学出版社，2017.

[9] 郑阿奇主编 . Java EE 教程 [M]. 第 2 版 . 北京：清华大学出版社，2018.

[10] 姜志强编著 . Java EE 企业级应用技术 [M]. 北京：电子工业出版社，2019.

[11] 施一萍，夏永祥，赵敏媛编著 . Java EE 编程及应用开发 [M]. 北京：清华大学出版社，2015.

[12] 曾祥萍，田景贺，杨弘平编著 . Java EE 架构开发案例教程 [M]. 北京：清华大学出版社，2017.

[13] 郝玉龙等编著 . Java EE 编程技术 [M]. 北京：清华大学出版社，北京交通大学出版社，2008.

[14] 史胜辉，王春明，陆培军编著 . Java EE 轻量级框架 Struts2+Spring+Hibernate 整合开发 [M]. 北京：清华大学出版社，2014.

[15] 蒋卫祥，朱利华，闾枫编著 . Java EE 企业级项目开发 Struts2+Hibernate+Spring [M]. 第 2 版 . 北京：高等教育出版社，2018.

[16] 赵彦，许常青，刘丽编著 . 高等院校信息技术规划教材 Java EE 框架技术进阶式教程 [M]. 第 2 版 . 北京：清华大学出版社，2018.

[17] 王晓华，谢晓东主编；陈永，孔德华，邹金萍副主编 . Java EE 架构与程序设计 [M]. 北京：电子工业出版社，2014.

[18] 林培光，耿长欣，张燕主编 . Java EE 简明教程 [M]. 北京：清华大学出版社，2012.

[19] 唐振明主编; 王晓华，修雅慧，徐志立副主编 . Java EE 主流开源框架 [M]. 第 2 版 . 北京：电子工业出版社，2014.

[20] 罗果 . 企业级 Java EE 架构设计精深实践 [M]. 北京：清华大学出版社，2016.

[21] 汪云飞编著 . Java EE 开发的颠覆者 Spring Boot 实战 [M]. 北京：电子工业出版社，2016.

[22] 黄玲 . Java EE 程序设计及项目开发教程 JSP 篇 [M]. 重庆：重庆大学出版社，2017.

[23] 陈永政 . Java EE 框架技术 SpringMVC+Spring+MyBatis [M]. 西安：西安电子科技大学出版社，2017.

[24] 韩少云主编 . Java EE 企业级开发教程 [M]. 北京：高等教育出版社，2019.

[25] 周清平，黄云主编，等 . Java EE 项目开发实践 [M]. 长沙：中南大学出版社，2015.